Prvi dio. Intuicije.

Edizioni PensareDiverso
Cenacolo Jung Pauli

CENACOLO
JUNG PAULI

Bruno Del Medico
Knjigu je ilustrirala Elisabetta Del Medico

Sve boje kvantne zapletenosti

Od mita o Platonovoj špilji, preko sinkronosti Carla Junga, do holografskog svemira Davida Bohma. Kvantna fizika odbacuje materijalizam i otkriva duhovnu komponentu svemira.

Bruno Del Medico Editore
edizioni@delmedico.it

Sadržaj ove knjige.

Sadržaj ove knjige. 5
Uvod. O čemu govori ova knjiga. 10

Prvi dio. Intuicije 13

Neobjašnjive pojave. 14

Srodni blizanci u "kvantnom" načinu. 15
Blizanci Ross i Norris McWhirter. 18
Vikontesa Thelma Furness. 19

Materija, samo materija, apsolutno samo materija. 23

Monizam i materijalistički redukcionizam. 24
Odlučnost i uzročnost. 25
Kontinuitet i usmjeravanje vremena. 27
Koncept "ne-lokalnosti" 28
Objektivna stvarnost. 29
Iluzorni simptomi. 30
Da, međutim, Gödelov teorem o nepotpunosti... 30
Um i mozak. 31

Mit o špilji. 34

Kako se izrađuje stolica? 35
Platon i potraga za znanjem. 37
Platonska filozofija. 39
Mit o Platonovoj špilji. 40
Od Platona do "vitalizma". 45
Rastavite igračku na komade. 46
Od Hansa Driescha do Carla Junga. 47
"Stupnjevi postojanja" Ernsta Schumachera. 48
Snovi koji sugeriraju izume i uspjehe. 55
Od Platona do Berkeleya. 60
Berkeley i srušeno stablo. 61
Svemir postoji jer ga gledamo. 65
Evolucijske kontradikcije oka. 66

Kad stvari nisu onakve kakvima se čine. 69

Čudan slučaj dvojice predsjednika. 71
Objašnjenja skeptika. 74

Kad pet osjetila vara. 76

Objektivnost i subjektivnost. 78
"Psihologija forme". 80

Slučajnosti, kolektivna podsvijest, sinkronicitet. 89

Snažniji od najjačih računala. 90
Djeluje li samo s jednostavnim podražajima? 92

Carl Gustav Jung 94

Razmirice i raskid sa Sigmundom Freudom. 95
Libido i simboli. 98
Simbol. 99
Arhetipovi, ideje, pojmovi. 102
Isključenje četvrtog elementa. 103
Arhetipovi kao "primitivne slike". 105
Kolektivna podsvijest. 107

Jungovski proces individuacije. 111

Prva faza: arhetip Sjene. 113
Druga faza: arhetip Anime ili Animusa. 114
Treća faza: arhetip "mudrog starca". 115
Četvrti stupanj: arhetip Sebstva. 116
Jung i alkemija: individuacija i "Opus alchemicum". 117

Sinkronicitet. 119

Rođenje sinkroniciteta. 123

Filip i njegov brak. 127
Matej i učestalost broja 31 131

Broj, arhetip reda. 137

Brojevi i sinkronicitet. 138
Tetraktis pitagorejaca. 141
Zlatni rez. 141
Prokletstvo Devete simfonije. 144
Klub 27. 146
Wolfgang Pauli i broj 137. 147
Broj 108 u istočnjačkoj kulturi. 148
Broj 666. 150

Determinizam smrti. 152

Božanska pravda u gradu Drynor. 153

Postoji li božanska pravda? ... *157*
Slučajni događaji i "nadnaravni znakovi". ... *158*
Možemo li vjerovati u uskrsnuće? ... *162*
Problem entropije. ... *163*
Povratak u život ... *164*
Reinkarnacija u istočnjačkim religijama. ... *167*
Uskrsnuće u Novom zavjetu ... *168*

Dualizam. Entropija i sinkronicitet. ... 171

Dualizam. ... *172*
Entropijski čovjek. ... *174*
Entropija nije ono što se čini. ... *175*
Sinkronicitet kao inteligentni evolucijski projekt. ... *179*
Kulturni sinkroniciteti. ... *181*

Antropički princip. ... 183

Uloga čovjeka u svemiru. ... *185*
Antropički princip. ... *185*
Brandon Carter. ... *187*
"Slabo" antropičko načelo. ... *189*
"Jako" antropičko načelo. ... *190*
John David Barrow i Frank Tipler. ... *191*
"Definitivno antropsko načelo". ... *192*
"Participativno antropsko načelo" ... *193*
"Misionari savjesti" ... *193*
Antropički princip i vrijeme. ... *193*
Omega Point Franka Tiplera. ... *195*
U duhovnom središtu svemira. ... *196*

Drugi dio. Znanstvene potvrde. ... 198

Ali što je materija? ... 199

Tražeći dokaze. ... *200*
Filozofija i mistika fizike. ... *201*
Kočija kralja Milinda. ... *205*
Descartesovo odvajanje. ... *207*
Zašto postoji nešto umjesto ničega? ... *209*
Sve počinje s Velikim praskom. ... *210*
Atom i njegov klasični prikaz. ... *214*
Kvantna fizika. ... *215*
Kvantizirani atom. ... *219*
"Kvantni skok elektrona". ... *221*
Dualizam val-čestica. ... *226*

Eksperiment s dvostrukim prorezom. 229

Thomas Young 239
Evolucija eksperimenta s dvostrukim prorezom. 241
Moderna verzija eksperimenta s dvostrukim prorezom 241
Opis eksperimenta koji se temelji na lansiranju jednog fotona 242
Je li moguća prisutnost na dva različita mjesta? 250
Prekognitivne sposobnosti subatomskih čestica. 251

Atom, kako se obično predstavlja. 255

"Orbita" i "Orbitalni oblak" 255
Dinamički pogled na atom. 258
Postoje li "stvari" ili postoje događaji? 259
Lokalnost i nelokalnost. 262

Kvantna isprepletenost. 263

Princip kvantne superpozicije. 265
Korelacija subatomskih čestica. 268
Superpozicija dviju čestica. 272
Nelokalnost i ekstrasenzorni fenomeni. 278
Isprepleteni svemir 281

Eksperimentalne potvrde isprepletenosti. 284

"Bog se ne kocka" 286
EPR paradoks. 289
Paradoks Schrödingerove mačke. 290
Nejednakost Johna Stewarta Bella. 293
Eksperimenti koji potvrđuju nelokalnost 298

Treći dio. Buduci izgledi. 303

Sve je "jedno" 304

David Bohm 305
Kvantni potencijal. 311
Uloga promatrača. 316
Nema fragmentacije. 318

"Implicitni poredak" i "eksplicirani poredak"". 326

Ogromni kozmički hologram 336

Holografski svemir. 340

Karl Pribram 343
Postoji li stvarnost ili ne? 346

Gdje idemo. 348

Proučavanje duše postaje dio fizike. 349
Henry Stapp. Kvantna teorija i slobodna volja. 350
Energija Duha. 355

Bibliografija.. 358

Uvod. O čemu govori ova knjiga.

Knjiga je podijeljena u tri dijela. U prvom dijelu (Intuicije) autor se bavi najrelevantnijim hipotezama o lažnoj stvarnosti uočljivog svijeta. Veliki mislioci predvidjeli su postojanje razine svijesti koja nadilazi materiju. Ovu ideju nalazimo u Platonovom "Mit o špilji", u Berkeleyevoj "Nematerijalističkoj teoriji", a također i u "Psihologiji forme" (Gestaltpsychologie). Najautoritativniji izvor leži u radovima o "kolektivnoj podsvijesti" i o "Teoriji sinkroniciteta" Carla Junga.

U drugom dijelu (Potvrde) autor na elementaran, ali detaljan način opisuje put kvantne fizike, od eksperimenta Thomas Young-a s barijerom s dva proreza do fenomena superpozicije stanja i kvantne korelacije. Kroz ove privilegirane ključeve moguće je razumjeti kvantnu zapletenost. U trećem dijelu (Perspektive) autor opisuje teorije koje je David Bohm razvio o "kvantnom potencijalu" o "implicitnom svemiru i eksplicitnom svemiru" i o holografskoj viziji kozmosa. Sve se objašnjava apsolutnom jednostavnošću, bez upotrebe matematičkih formula i uz pomoć mnogih ilustracija.

Čovječanstvo je od svog podrijetla željelo istražiti podrijetlo i sastav stvari, otkriti njihovo funkcioniranje i njihovu intimnu svrhu.

Univerzalno korištena metoda je raščlanjivanje predmeta na sve manje dijelove, a zatim njihova analiza pomoću svih mogućih tehnika, od vizualnog istraživanja do kemijskih reakcija. To se događa i danas. Primjerice, ako znanstvenik želi otkriti kemijsku i fizičku strukturu granitne kocke, rastavit će je na sve manje dijelove dok se ne podijeli na pojedinačne atome.

Međutim, ako sam znanstvenik želi istražiti pojedine čestice koje čine atom, primit će nevjerojatno iznenađenje. Granitna kocka ponaša se poput kocke leda. Znanstvenik vidi materiju koja postaje magla, isparava, nestaje među prstima. Čvrsta tvar postaje energija koja vibrira.

Pojedinačne čestice pretvaraju se u fluktuirajuće valove bez ikakve čvrste tjelesnosti.

Na subatomskoj razini, materija više nije čvrsta tvar, ona postaje nešto drugačije.

Elementarne čestice nas varaju. Izgledaju poput čvrstih točkica ako ih netko promatra, ali ponašaju se poput vibracijskih valova kad ih se ne promatra.

Atomi praktički sadrže samo vakuum.

Na površini vjerujemo da materiju možemo dodirivati, vagati, manipulirati i mjeriti. Ali, u svom najintimnijem sastavu, materija postaje mreškanje praznine, energije, informacija, vala ili vibracija. Ono što nam se čini čvrstim materijalom, u svojoj najintimnijoj biti više nije čvrst materijal.

U ovom je trenutku jasno da više ne možemo govoriti o jednoj stvarnosti. Ovisno o razinama promatranja, od krajnje malih do beskrajno velikih, postoje mnoge stvarnosti, sve različite, ali sve apsolutno istinite.

Ili, možda, postoje mnogi aspekti više stvarnosti, još uvijek nepoznati. Sve filozofije i religije uvijek su pretpostavljale da "zona duha" nadilazi materiju; međutim, nitko nikada nije uspio pružiti dokaze o njegovom postojanju. Danas kvantna fizika otvara ogroman prozor na vidike koje do prošlog stoljeća nismo mogli ni zamisliti. Potvrde potječu od uspješno izvedenih pokusa, posebno onih koji se odnose na fenomen kvantne zapletenosti.

Danas znamo da postoji razina stvarnosti koja više nije podložna ograničenjima Newtonove fizike. Fizika materije više nije dovoljna za opisivanje svemira.

Kvantna fizika pokazuje postojanje razine na kojoj energija i informacije preuzimaju materiju. To je takozvana "ne-lokalna" razina. Mogli bismo to definirati psihičkom ili duhovnom razinom. Na ovoj razini univerzalna Inteligencija komunicira s čovječanstvom. Putovi komunikacije s inteligentnim svemirom prolaze kroz kolektivno nesvjesno koje je teoretizirao Carl Jung.

Jungovske sinkronicitete vode nas u kulturnom evolucijskom projektu. To je projekt kojeg počinjemo postajati svjesni.

Prvi dio. Intuicije.

Neobjašnjive pojave.

Prema nekim poznatim tekstovima zrakoplovne tehnike, stršljen (Vespa crabro) ne može letjeti zbog oblika i težine tijela u odnosu na površinu krila. Ali stršljen ne zna, i zato nastavlja letjeti.
(Igor Ivanovič Sikorski, ruski zrakoplovni pionir)

Guinnessova knjiga rekorda sadrži mnoge neobičnosti. Među tim neobičnim vijestima postoji jedna koja je uistinu posebna. Ovo je rekord za parove blizanaca rođenih u različito vrijeme. Guiness navodi neke parove blizanaca koji su rođeni s najdužim vremenskim razmakom između njih.

Suprotno onome što bismo mogli zamisliti, ovaj se interval ne sastoji od sati ili dana, već od mjeseci. Primjerice, 2000. Sandra Beveridge iz West Lothiana, škotske županije, rodila je blizance u razmaku od 28 dana. Peggy Lynn, dama iz Pennsylvanije, prošla je još bolje. 1995. Peggy je rodila blizance rođene u razmaku od 84 dana. Međutim, trenutni rekord pripada Mariji Jones-Elliot koja je Amy rodila u Irskoj 2013. godine, a njezinu blizanku Katie rodila je nakon 87 dana.

Liječnici preciziraju da su to vrlo rijetki slučajevi. Ti se slučajevi javljaju samo kad blizanci izrastu u dvije odvojene posteljice.

Srodni blizanci u "kvantnom" načinu.

Zanimljiv je aspekt koji me uvjerio da spomenem evidenciju odgođenih rođenja blizanaca. Činjenica je da je knjiga "Guinnessova knjiga rekorda" rođena iz pera dvojice autora. Nazvani su Ross i Norris McWhirter, dva brata blizanca. Ova dvojica blizanaca, osim što su bili autori knjige, bili su protagonisti događaja koji je zasigurno bio „nemoguć".

Guinness je trenutno treća najprodavanija knjiga na svijetu, nakon Biblije i Kurana. Ova knjiga predstavlja praktični razvoj ideje rođene na potpuno ležeran način, tijekom lovnog putovanja koji se dogodio 4. svibnja 1951. godine.

Jedan od sudionika lova bio je Sir Hugh Beaver, generalni direktor pivovara Guinness u Dublinu, a Sir Beaver nije uspio pogoditi neke ptice iz roda "Pluvialis apricaria". Ptice su bile brže od puške Sir Beavera i velikom su brzinom pobjegle čim su osjetile prisustvo lovca.

Ova je neugodnost pokrenula raspravu između Sir Beavera i ostalih lovaca kako bi se utvrdilo koja je ptica najbrža.

Sljedećih dana Sir Beaver, koji očito nije bio previše zauzet ulogom administratora, nastavio je razmišljati o problemu. Na kraju je zaključio da će mnoge, poput njega, zanimati ne samo koja je ptica najbrža, već i bilo koju drugu vrstu izvrsnosti u različitim izvedbama. Stoga je odlučio stvoriti knjigu u kojoj bi svi mogli pristupiti ovoj vrsti informacija.

Sadržaj knjige trebao je biti zbirka primata u različitim aktivnostima. Slijedom toga, Sir Beaver potražio je pomoć od dvojice stručnjaka u atletskom sektoru, braće Ross i Norrisa McWhirtera, i naložio im da napišu knjigu.

Knjiga je prvi put izašla 27. kolovoza 1955. godine s potpisom dvojice braće. Naslov je bio "Guinnessova knjiga rekodova". Knjiga je odmah postigla taj zapanjujući uspjeh koji traje i danas. (Sl. 1). Očito je da su autori postali vrlo poznati, pa su događaji u njihovom životu vrlo dobro dokumentirani i svjedoče im.

Slika 1 - Blizanci Norris (lijevo) i Ross McWhirter (desno) autori prvog izdanja "Guinnessove knjige rekodova". Njih su dvoje bili protagonisti nevjerojatnog slučaja ekstrasenzorne komunikacije.

Blizanci Ross i Norris McWhirter.

Ross i Norris rođeni su 12. kolovoza 1925. od Williama McWhirtera, urednika Sunde Pictorial i Margaret Williamson. Oboje su 1950. postali sportski novinari. Njihov prijatelj, trkač Christopher Chataway, bio je zaposlen u pivovari Guinness. Kad je Christopher saznao da administrator Hugh Beaver traži kompetentne ljude da naprave knjigu o primatima, preporučio je blizance. Njih su dvojica odmah dobili zadatak da napišu knjigu.

Šezdesetih je Ross postao politički aktivist Konzervativne stranke. Bez obzira na teška vremena, podržao je mnoge restriktivne zakone koje je Britanija donijela protiv irskog stanovništva. Ross je čak predložio nagradu od 50.000 funti onome tko je pružio informacije korisne za uhićenje ćelije IRA-e (Irske republikanske vojske). U to je vrijeme IRA izvodila brojne napade u Londonu. IRA je Rossa McWhirtera promatrala kao izravnog neprijatelja.

27. studenog 1975., dva člana IRA-e ubila su novinara Rossa. Njih su ga dvojica čekali kad se vratio kući. Kad je stigao, ubojice su na njega ispalili dva hica. Bilo je 6.45 popodne.

U isto vrijeme kad je Ross ubijen, njegov brat blizanac Norris bio je udaljen oko 45 kilometara i razgovarao s nekim ljudima. Odjednom je Norris snažno dahtao. Stisnuo je glavu rukama, kao da mu je glava pukla. Na zaprepaštenje prisutnih, gotovo je pao u nesvijest. Bilo je 6.45 popodne.

Prisutni su svjedočili o tome. Svjedočenje dokumentira učenjak Guy Lyon Playfair u svojoj knjizi "Twin Telepathy":

> „U ranim večernjim satima 27. studenoga 1975. godine, dvojica naoružanih ljudi ispalila su dva pucnja u pisca i TV ličnost Rossa McWhirtera. Zasjeda se dogodila dok je žrtva stajala na pragu svog doma u sjevernom Londonu. Prebačen je u bolnicu, ali je ubrzo nakon dolaska proglašen mrtvim. Očevidac koji je bio sa svojim bratom blizancem Norrisom McWhirterom dao mi je ovo svjedočenje: "U isto vrijeme kad je Ross ustrijeljen, Norris je imao dramatičnu reakciju, gotovo kao da ga je pogodio nevidljivi metak."

To nije jedini slučaj blizanca koji, budući da je na velikoj udaljenosti, reagira na događaje koji uključuju drugog blizanca.

Vikontesa Thelma Furness.

Thelma Morgan, rođena u Švicarskoj 23. kolovoza 1904., bila je kći Harryja Haysa Morgana, američkog diplomate koji je bio američki konzul u Buenos Airesu i Bruxellesu. Thelma i sestra blizanka Gloria rođeni su od Laure Delphine Kilpatrick. (Slika 2).

Laura Delphine bila je unuka generala Unije i preko bake po majci bila je potomak španjolske kraljevske kuće Navarre.

Stoga su sestre blizanke imale sve potrebne uvjete da pohađaju najbolje društvo toga doba. Thelma je postala ljubavnica princa od Walesa, budućeg kralja Edwarda VIII.

Doista, Thelma je prethodila Wallis Simpson u Edwardovom srcu. Kasnije se, međutim, zbog ljubavi prema

Wallisu, Edward odrekao prijestolja i postao vojvoda od Windsora.

Tijekom veze s princom Edwardom 1929. godine, Thelma se udala za plemića, vikonta Marmadukea Furnessa. Brak nije dugo trajao, ali omogućio joj je da tijekom cijelog života nosi titulu vikontese Furness. Tijekom kratkog braka, Thelma je rodila Williama Anthonyja.

Thelminina blizanka Gloria udala se za Reginalda Claypoolea Vanderbilta. Unatoč raznolikom i bogatom životu, dvije su sestre zadržale snažnu psihičku vezu.

Ta se veza snažno očitovala kada je Thelma, koja je bila trudna s Williamom Anthonyjem, prerano rodila svoje dijete. U to je vrijeme bio u Meltonu Mowbrayu u Velikoj Britaniji.

U to je vrijeme njezina sestra Gloria bila s druge strane oceana, u New Yorku, tako da je bila potpuno nesvjesna preranog poroda.

Međutim, istodobno s onim što se događalo s njezinom sestrom blizankom, Gloria je također doživjela jake bolove u trbuhu, baš kao da je i sama morala roditi dijete.

Gloriji je odmah pružena pomoć, ali nije bilo moguće utvrditi uzrok njezine boli.

Tek je kasnije Glorijine bolove bilo moguće povezati s Anthonyjevim preranim rođenjem, koje se dogodilo u isto vrijeme.

Gloria je misteriozno sudjelovala u Thelminim nevoljama kao da je jedno sa sestrom. Zajednica nije bila samo psihička već i fizička.

Dva slučaja koja sam spomenuo vrlo su poznata. O tim slučajevima postoje brojni i pouzdani dokazi. Ti slučajevi potvrđuju da neki parovi blizanaca, zahvaljujući tajnovitoj vezi uspostavljenoj zajedničkim rođenjem, mogu dijeliti fizičke senzacije na način koji je u suprotnosti sa svim osnovnim zakonima fizike. To je očiglednije kada uzmemo u obzir udaljenost između blizanaca kada se dogode činjenice.

Ozloglašenost i svjedočenja ovih slučajeva otežavaju argument da su to izmišljene priče. Te su epizode toliko dobro dokumentirane da su spomenute i na web mjestu CICAP-a ("Italian Committee for the Control of Claims on Pseudo-sciences").

Ova je udruga postavila svoju misiju da ospori i diskreditira svaku tvrdnju koja se odnosi na ekstrasenzorne pojave. Međutim, CICAP katalogizira slučajeve opisane kao „osjetilne slučajnosti“ i definira ih kao „izrazito senzacionalne slučajeve”.

Zapravo, priče ovih blizanaca pokazuju veliku korespondenciju s nekim tipičnim aspektima subatomskih čestica. Kvantna fizika pokazala je da dvije korelirane čestice, odnosno ujedinjene određenim uvjetima (tipično su rođene iz zajedničkog događaja) stječu sposobnost da ostanu "svjesno" povezane na bilo kojoj udaljenosti, kao da su jedna čestica. O tome ćemo u drugom dijelu knjige.

Slika 2 - Thelma Morgan, vikontesa Furness (desno) sa svojom blizankom Glorijom. Dok je Thelma u Velikoj Britaniji bila u rođenju preranog poroda, njezina sestra Gloria iz New Yorka osjećala je iste bolove.

Materija, samo materija, apsolutno samo materija.

"Materijalisti i luđaci nikad ne sumnjaju."
(Gilbert Keith Chesterton)

Prema trenutnoj znanosti postoje stvari koje "mogu biti", a druge koje "ne mogu biti".

Prva su sve one stvari koje se mogu vagati, mjeriti i reproducirati u laboratoriju. Među tim stvarima također razumijemo povezane učinke, poput magnetizma i sile gravitacije.

Svi ostali slučajevi, počevši od ekstrasenzornih pojava, rezultat su iluzije ili praznovjerja. Zagovornici ovih pojava su ili varalice ili, u najboljem slučaju, pate od mentalnih poremećaja i trebali bi biti na liječenju. Da bi se potkrijepila ova teza, traže se apsurdna objašnjenja koja graniče sa smiješnim. U svakom slučaju, postojanje tih pojava unaprijed se negira.

Mora se reći da trenutna znanost počiva na ovom stavu na očito čvrstim temeljima, odnosno na poznatim fizičkim zakonima. Ti su zakoni uspostavljeni i konsolidirani nekoliko stoljeća. To su zakoni koje i sami možemo provjeriti promatramo li svijet oko sebe koristeći svoja varljiva osjetila. Pokušat ću ukratko sažeti materijalističke teorije.

Monizam i materijalistički redukcionizam.

Koncept monizma vrlo je drevan, potječe iz 5. stoljeća prije Krista, posebno u filozofiju Parmenida. Pojam "monizam" upotrijebio je 1734. godine njemački filozof Christian Wolff koji u svom djelu "Racionalna psihologija" definira "moniste" kao one koji "priznaju jednu vrstu supstance".

Monizam se razlikuje od dualizma ili pluralizma, prema kojima se cjelina može pripisati dvjema ili više vrsta supstanci. Neki tipični dualizmi su:
- psiha / materija
- um / tijelo.

Materijalistička znanost sve stvarnosti svodi na jednu vrstu "supstance", čvrste materije. Istodobno, materijalizam isključuje svaku psihičku ili duhovnu prisutnost. Stvarno je samo sve što je fizičko. Um, misao, svijest samo su ostaci kemijskih procesa koji se odvijaju u mozgu.

Usput, preciziramo da ne postoji samo materijalistički monizam; na primjer, postoji i monizam zvan "idealist". To je "mentalitet", a on govori upravo suprotno: samo je mentalni aspekt stvaran.

Oba su položaja netočna u svjetlu nedavnih otkrića kvantne fizike, kao što ćemo vidjeti kasnije u knjizi. Zapravo, i jedni i drugi negiraju da može postojati svemir u kojem materija i psiha (ili duh) skladno djeluju u velikom kreativnom projektu.

Odlučnost i uzročnost.

Prema tim načelima, svemir je stroj koji radi poput sata. Sve je utvrđeno, sve je određeno. Svaki događaj, svaka promjena objekta funkcionalna je prema njegovom položaju, početnoj brzini i materijalnim silama prisutnim oko njega.

Sjeme apsorbira hranjive sastojke iz tla i stvara klicu. Sjeme određenom silom potiskuje klicu prema gore. Ako je snaga dovoljna, sjemenska klica razbija koru tla i izlazi, inače umire pod zemljom.

Kad izdanak sjemena izroni iz zemlje, snaga korijena potiskuje ga prema gore. Tada se može natjecati s okolnim biljkama u upijanju sunčeve svjetlosti i kiše. Sve djeluje poput sata, biljka raste nizom mehanizama, kojih biljka apsolutno nije svjesna.

Ako bacim kamen, on će slijediti put određen njegovom težinom i silom kojom sam ga bacio. Ako kamen pogodi predmet, udarenom predmetu daje potisak proporcionalan posjedovanoj energiji. Nikad se ne dogodi da se kamen samostalno kreće sam od sebe. Nijedan se objekt ne kreće ako ga drugi objekt ne stimulira.

Stoga je svaka radnja uzrokovana drugom radnjom. Svaka radnja nasljeđuje snagu od radnje koja ju je izazvala i raspoređuje snagu na sljedeće radnje.

To je vrlo korisno za trenutnu znanost jer vam omogućuje da u bilo kojem trenutku odredite položaj svakog objekta u svemiru i da predvidite ponašanje strojeva i industrijske opreme. Strojevi, ako prime prave energije, mogu izvršavati precizne funkcije do tisućinke milimetra kako bi postigli željene rezultate.

René Descartes podijelio je stvarnost na dualizam uma i materije, predviđajući tako koncept determinizma, koji isključuje potrebu za umom. Koncept isključenja uma u korist jedinstvenosti materije kasnije je razvio Isaac Newton. Pierre Laplace također preuzima taj koncept u svojoj knjizi o nebeskoj mehanici. (Mécanique céleste, 1805).

Ovo je bila prva knjiga koja Boga nije spomenula kao uzrok stvaranja. Sam car Napoleon bio je zapanjen i pitao Laplacea: "Zašto u svom radu niste spomenuli Boga?”.

Laplace je odgovorio "To je hipoteza koja mi nije trebala".

Uzročnost apsolutno negira mogućnost postojanja kreativnog projekta u kojem čovjek sudjeluje. Ljudska inteligencija je beskoristan nusprodukt materije. Sve funkcionira u redu bez potrebe za unosom bilo kakve inteligencije.

Kontinuitet i usmjeravanje vremena.

Trenutna znanost uvjerena je da je svaki događaj uzrokovan drugim događajem. Zauzvrat, svaki događaj uzrokuje druge. To implicira koncept da se sve promjene i sva dinamika svemira kontinuirano događaju, bez ikakve stanke, u vrtuljku koji je započeo Velikim praskom i koji nikada neće završiti. Štoviše, sva ta kontinuirana evolucija događa se samo u jednom smjeru, prema smjeru vremena, koje ide samo naprijed.

"Vremenskim smjerom" nazivamo pojavu takvu da fizički sustav može evoluirati od početnog stanja do sljedećeg, u određeno vrijeme, ali se nikada ne može vratiti u početno stanje.

Stvarnost kakvu je opažamo naziva se stvarnošću makroskopske razine. Na ovoj smo razini podložni zakonu entropije. Ovaj zakon kaže da se nered može samo povećavati s vremenom. Dakle, ako razbijete čašu, zasigurno ćete moći razbiti svaki pojedini komad dalje. Međutim, nemojte vjerovati da će se različiti dijelovi ponovno povezati kako bi ponovno stvorili zdravu čašu.

Zanimljivo je da možemo vidjeti da je to istina samo na makroskopskoj razini. Suprotno tome, na mikroskopskoj su razini gotovo svi fizički procesi simetrični. Odnosno, jednadžbe koje ih opisuju pokazuju da bi s vremenom vrlo dobro radili i naprijed i natrag.

Čudno, ali prema principu uzročnosti, znanost je u stanju točno predvidjeti ponašanje svemira oko nas. Međutim, istodobno znanost poriče da možemo unaprijed znati što će se dalje događati u našem osobnom životu. Stoga znanost odbacuje postojanje fenomena znanja o osobnoj budućnosti. Odnosno, znanost tvrdi da može predvidjeti budućnost svemira, ali negira mogućnost predviđanja budućnosti za pojedinca.

Koncept "ne-lokalnosti"

Sve pojave i njihovi učinci su "lokalizirani", tj. Javljaju se u mjerljivom dijelu prostora. Nadalje, svi se fenomeni šire s mjerljivom brzinom i vremenom.

Daljinsko djelovanje između dva objekta je nemoguće bez posredovanja "fizičke sile". Potrebno je da "nešto" ujedini dva predmeta prelazeći prostor koji ih razdvaja. Ta se sila smanjuje kada se udaljenost povećava.

Materijalni objekti imaju ograničenje brzine od približno 300 000 kilometara u sekundi. Ništa ne može premašiti ovu brzinu. To određuje, na primjer, da se komunikacija između svemirskih satelita i površine planeta može čak i puno odgoditi.

Ako se erupcija dogodi na površini Sunca, možemo je vidjeti tek nakon osam minuta. Ovo je vrijeme dok svjetlost od eksplozije putuje na Zemlju. Dakle, ako slučajno gledate u Sunce, znajte da je to Sunce od prije osam minuta. U međuvremenu je sunce možda eksplodiralo i uništilo, ali to ćemo znati tek nakon osam minuta.

Ova značajka sprječava da određene radnje poduzete na jednom mjestu imaju trenutne istovremene učinke na drugom mjestu.

Dakle, da uzmemo prostorni primjer, možemo pretpostaviti da ćemo, ako ludi asteroid pobjegne iz Oortovog oblaka i krene ravno prema planeti Zemlji, imati barem nekoliko godina da razvijemo obrambene strategije.

U tom je smislu znanost s oduševljenjem prihvatila Einsteinovu potvrdu prema kojoj koncept lokalnosti ostaje valjan čak i u kontekstu teorije relativnosti.

Srećom, ograničenje od 300 000 km / sek sprječava asteroid da odmah izazove udar na naš planet.

Na makroskopskoj razini, odnosno u dimenzijama svemira, poznati fizički zakoni sprječavaju da se to dogodi. Naš svakodnevni život također se odvija na makroskopskoj razini. "Lokalni zakon" jamči nam da ako, u kontekstu obiteljske svađe, supruga baci posudu s cvijećem, imamo vremena za pomicanje kako bismo izbjegli predmet.

Kao što ćemo vidjeti, na subatomskoj razini je na snazi "zakon nelokalnosti". Na ovoj razini cvjetnica bi nas udarila istog trenutka kad se baci u našem smjeru, bez obzira na našu udaljenost.

Objektivna stvarnost.

Materijalni svijet je apsolutno neovisan o ljudskoj misli, odnosno o našoj svijesti. Svijest nema težinu ili masu i zato ne može natjerati objekt da se pomiče na daljinu, kao što bi to mogla učiniti biljarska kugla. Nijedna obrada svijesti ne može modificirati materiju niti utjecati na nju.

Ipak, postoje situacije na subatomskoj razini u kojima promatrač svojom voljom, a time i savješću određuje stvarnost. Svojom metodom promatranja promatrač može utvrditi prirodu subatomskog objekta, odnosno može utvrditi je li taj objekt val ili čestica. I ne samo to, promatrač može odrediti ponašanje predmeta. Stoga na subatomskoj razini postoji drugačija objektivna stvarnost. Ovaj ćemo aspekt provjeriti u poglavlju posvećenom eksperimentu s dvostrukim prorezom.

Iluzorni simptomi.

Nadalje, prema zagovornicima materijalizma, sve što nije materijalno je neželjeni proizvod fizičke materije.

Svijest, misao, osjećaji, ljubav ili sažaljenje su pomoćne, "lažne" manifestacije materije, a njihova prisutnost ili odsutnost ne utječe na objašnjenje stvarnih pojava. Fenomeni mogu postojati samo ako su fizički povezani sa samom materijom. Duhovnost i sve mentalne procesi su otpadne tvari kemijskih procesa koji se odvijaju u mozgu.

Da, međutim, Gödelov teorem o nepotpunosti...

Ovu znanstvenu sigurnost znanost odmah dovodi u pitanje. Kurt Friedrich Gödel bio je austrijski naturalizirani američki matematičar, logičar i filozof, najpoznatiji po svojim radovima o nepotpunosti matematičkih teorija.

Teorem koji nosi njegovo ime u osnovi potvrđuje sljedeće načelo. Svaki algoritamski sustav koji se koristi za testiranje matematičkog principa ispada nepotpun ili proturječan, jer će neumitno sadržavati dio koji se ne može dokazati.

To se događa kada je algoritam dovoljno razrađen.

Fizički zakoni su također matematički. Stoga se temelje na matematičkim algoritmima koji neizbježno sadrže dio koji se ne može logički pokazati. Međutim, ovaj dio djeluje.

To znači da, kada matematičar razradi algoritam, on izlazi iz logičkog sustava kako bi uhvatio matematičku istinu koja nadilazi kontekst u kojem se primjenjuju logički postupak i dokaz.

Ta istina već postoji, ali ne može biti "zarobljena" u formuli. Stvarnost se percipira i koristi instinktivno, a da je ne možemo učiniti "sustavnom".

Stoga, ako zakoni fizike vode ponašanje materije, mora se prepoznati da oni sadrže elemente apriori postojeće, koji nadilaze materijalni svijet.

Ta se ideja naziva "matematičkim platonizmom", jer je Platon već pretpostavio da je ponašanje materijalnog svijeta podložno matematičkim simbolima koji ne pripadaju logičkom postupku već arhetipskom svijetu.

Um i mozak.

Je li svemir ništa drugo do hrpa materije ili ima svoju svijest, kako su to uvijek govorile najstarije kulture?

Je li naša svijest nusprodukt kemije mozga ili je izvedena iz univerzalne svijesti?

Teorija većine kultura glasi da je "univerzalna svijest" izvor iz kojeg proizlazi svo stvaranje. Sve je živo i sve je jedno.

Ova koncepcija koju možemo definirati mističnom zanijekala je i odbacila znanstvena kultura posljednjih stoljeća. To je kultura koja se plemenito razvila u prosvjetiteljstvu, ali se potom iskvarila u materijalizmu.

Trenutno većina znanstvenih krugova vjeruje da je um samo tvorevina mozga. Čovjek bi bio samo stroj koji je kao sekundarni učinak stekao sposobnost obrade misli i osjećaja. Da imamo uređaje sposobne za dubinsku analizu mozga, mogli bismo sa sigurnošću utvrditi koja kemijska reakcija u nama stvara osjećaj da imamo dušu, volimo majku ili vjerujemo u postojanje vječnog života.

Nada materijalizma je da će jednog dana biti moguće razviti "deterdžent za mozak" koji inhibira stvaranje ovih dosadnih kemijskih reakcija, oslobađajući čovječanstvo svih praznovjerja.

Stoga znanost kao primarnu osnovu smatra fenomen života koji kreće od dna, odnosno od materije. Materija se agregira u molekule i stanice, koje evoluiraju i penju se evolucijskom ljestvicom pod vodstvom DNK koja se spontano rodila.

DNK stvorena slučajno zauzvrat nasumično generira mozak. U mozgu elektrokemijski podražaji generiraju aranžmane koji tjelesne strojeve rade. Kao nusproizvod, mozak također generira snove, osjećaje, osjećaje, kreativnost i sve ono što nazivamo djelatnošću uma.

Suprotno tome, sve velike duhovne tradicije razmatraju fenomen života počevši odozgo, a ne odozdo. Na prvom mjestu je univerzalna svijest iz koje sve dolazi, na prvom mjestu život.

U svakom obliku života univerzalna svijest je i dalje prisutna, a svaki oblik života ima svoju individualnu svijest. Individualna svijest je fragment univerzalne svijesti. Iz univerzalne svijesti proizlazi sve stvoreno, uključujući i materiju. Materijalni predmeti također su prožeti univerzalnom sviješću. Zahvaljujući tome, fizička tvar može se organizirati u harmoniji, prema projektu koji nije sadržan u "fizičkoj materiji".

Mit o špilji.

Djetetu možemo oprostiti kad se boji mraka. Prava je životna tragedija kada se odrastao čovjek boji svjetlosti.
(Platon)

Kako se izrađuje stolica?

Oduvijek je postojala kulturna struja koja je križanjem različitih disciplina mišljenja, od filozofije do duhovnosti do moderne znanosti, podržavala iluziju stvarnosti u kojoj živimo. Stvorene su teorije najrazličitijih žanrova. U pjesmi "O prirodi" Parmenid tvrdi da su mnogostrukost i promjene fizičkog svijeta iluzorne. Kao što ćemo vidjeti, Platon u "Platonskoj republici" predlaže poznati mit o špilji. Kasnije će George Berkeley tvrditi da osjećamo da stvari zapravo postoje, ali u stvarnosti su to samo apstrakcije. Prema Berkeleyju, ne postoje materijalni predmeti, već samo zbirke ideja.

Do prije nekoliko desetljeća, to se smatralo "znatiželjnim teorijama ili plodovima mašte". Danas je kvantna fizika pokazala da su to ideje s apsolutno vlastitim dostojanstvom.

Zapravo, ispitujemo "stvari" na našoj makroskopskoj razini i smatramo ih konkretnima. Međutim, ako ispitamo "stvari" u beskrajno malom, "stvari" se čine potpuno različitim.

Stolica nam se nedvojbeno čini čvrstim predmetom. Sama stolica, ispitivana na razini atoma i subatomskih čestica koje je čine, postaje skup vibracija raspršenih u golemoj praznini.

Sva materija, ispitivana u svom subatomskom sastavu, ima ove karakteristike. Sve što nam se čini opipljivim, mjerljivim i mjerljivim, takvo je samo kao funkcija onoga što opažaju naša osjetila. Stoga nam osjetila pokazuju iluzorni i zamišljeni kozmos. Osjetila djeluju na ovaj način kako bi nam omogućili život i interakciju s okolinom koja nas okružuje. To ne sprječava da sve stvari budu gigantska iluzija veličine naše tjelesnosti.

Slika 3 - Platon (Atena, 428./427. Pr. Kr. - Atena, 348./347. pr. Kr.), Bio je drevni grčki filosofi. U "Timaju" govori o odnosu između svijeta prirode i svijeta ideja.

U osnovi živimo u lutkarskoj kući sa svim namještajem i namještajem izrađenim prema našim potrebama i potrebama. Izvan kuće je sve vrlo drugačije. Kao što protagonist poznate Shakespeareove tragedije kaže: "Na nebu i na zemlji ima više stvari, Horacije, nego što vaša filozofija zamišlja." (Hamlet, I čin, scena V).

Prema nekim iznenađujućim eksperimentima, sve što doživljavamo kao "stvarnost", uključujući vlastita tijela, moglo bi biti rezultat interakcija koje se javljaju između naše svijesti i bilo kakvih podražaja koje naša osjetila percipiraju. U praksi je naša svijest u potpunosti preradila viziju stvarnosti koja nas okružuje. Znamo vrlo malo o ovoj stvarnosti, o tome kako je stvarno.

Pa što je zapravo stvarnost? Ako se referiramo na ono što možemo dodirnuti, pomirisati, okusiti ili vidjeti, na lažnom smo putu. Svi ti "osjećaji" samo su kemijski, električni ili drugi signali. Naša osjetila percipiraju te signale i šalju ih u mozak. Mozak tada gradi sliku prema malo poznatim postupcima.

Ako pogledamo drvo ispred sebe, vid opaža njegov oblik i šalje ga u mozak. Slika stabla ugrađena je u mozak. Mozak obliku drveta pripisuje boje, mirise, teksturu i druge karakteristike. Osim obrade koju stvara mozak, ne znamo kako je drvo napravljeno, niti koje su boje, niti znamo je li u stvarnosti obojeno.

Platon i potraga za znanjem.

Platon je bio starogrčki filozof. Zajedno sa svojim učiteljem Sokratom i svojim učenikom Aristotelom postavio je temelje zapadne filozofske misli. (Slika 3). Rođen je u Ateni od aristokratskih roditelja: njegov otac Aristone imao je među svojim precima posljednjeg atenskog kralja Codro, dok se kaže da je njegova majka Perictione potjecala od zakonodavca Solona.

Otac mu je dao ime Aristocles, što je bilo isto ime kao i njegov učitelj gimnastike. Kasnije mu je Aristocles dao nadimak Platon, kako zbog širine ramena, tako i kako bi izbjegao da učenik ima isto ime kao i učitelj.

Prema svjedočenju Apolodora iz Atene, Platon je rođen početkom 88. grčke olimpijade, odnosno krajem svibnja 428. pr.

Platon je imao dva brata, Adimanta i Glauconea, koji se spominju u njegovom djelu "Republika". Imao je i stariju sestru, po imenu Potone.

Platon je sudjelovao u tri vojna pohoda, tijekom Peloponeskog rata, na Tanagru, Korint i Delio.

Upoznavši Sokrata, Platon je uništio sve njegove pjesničke skladbe i u potpunosti se posvetio filozofiji.

Susret sa Sokratom bio je temeljni za Platonovu osobnost. Platon je patio jer je atenska demokratska vlada optužila Sokrata za bogohuljenje i korupciju mladih.

Sokrat je osuđen na smrt 399. pr.

Nakon nestanka Sokrata njegovi su učenici, uključujući i Platona, napustili Atenu kako bi se sklonili u Megaru.

Počevši od 395. godine, Platon je počeo pisati prve "dijaloge". U ovim se spisima obraća kulturnom problemu koji predstavlja lik Sokrata i njegovoj nepravednoj osudi. Platon oštro kritizira funkciju sofista. Sofisti su bili "majstori vrline" koji su dobivali plaću za poklanjanje svojih učenja, zbog čega su ih nazivali "prostitutkama kulture".

387. godine Platon se vratio u Atenu; i kupio park posvećen Academu. U ovom je parku osnovao školu koju je nazvao "Akademija".

Akademija je primijenila određenu nastavnu metodu nazvanu dijalektika. Nastava se odvijala kroz debate, u kojima su sudjelovali i sami učenici, u režiji Platona ili starijih učenika. Ponekad su Akademija držala predavanja slavnih ljudi koji su prolazili Atenom. Platon je umro 347. pr.

Platonska filozofija.

Prema Platonu, ljudsko biće se sastoji od dva dijela. Prvi dio sastoji se od tijela, nepovratno povezanog sa svijetom zamjetljivih stvari. Stoga tijelo čovjeka slijedi istu sudbinu kao i sve što pripada ovom svijetu, poput biljaka i životinja.
Drugi dio ljudskog bića je duša, sastavljena od savjesti i razuma. Ovaj dio nije napravljen od materije i stoga je besmrtan, jer ne može završiti fizičkim raspadom.

Platon potvrđuje postojanje psihičkog mjesta pod nazivom "Svijet ideja". Ovaj svijet postoji kao što postoji i svijet materijalnih stvari. Svijet ideja privilegirano je mjesto za postojanje duše i čovjek ga može promatrati kroz razum.

Duše se zaustavljaju u Svijetu ideja čekajući da se nastane u tijelu. U ovom čekanju duše sazrijevaju savršeno znanje o Idejama. Međutim, kad se duše spuste u tijelo, oni zaborave to znanje, ili pak imaju samo slabo sjećanje na njega. Stoga bilo koji oblik učenja koji se razvija u ljudskom životu nije novo stjecanje informacija, već postupak prisjećanja na već poznate, čak i zaboravljene.

Konceptualna osnova Platonove filozofije razvija se u raznim dijalozima kao što su "Meno", "Fedon" i "Teeteto". U tim djelima poriče da je potraga za znanjem nemoguća, kako tvrde filozofi "Eristi". Teze ovih filozofa mogu se sažeti kako slijedi:

- Pretpostavimo da ne znate što tražite. Ako ga pronađete, nećete ga prepoznati kao cilj pretraživanja.
- Ako već znate što tražite, vaša pretraga nema smisla.

Platon rješava problem suprotstavljajući svoju filozofiju Ideja ovim pretpostavkama:

- Predmet istraživanja samo je djelomično nepoznat, jer duša svakog čovjeka promišlja izvorne Ideje prije rođenja, ali ih zatim zaboravlja. Slijedom toga, cilj čovjekova istraživanja je znanje koje je već prisutno u njemu, čak i ako je zaboravljeno.

Mit o Platonovoj špilji.

Za Platona su ideje savršene i nepromjenjive i postoje neovisno o tijelima, stoga ne mogu proizaći iz osjetila (vida, sluha, mirisa i tako dalje). Pet osjetila su nesavršeni alati tijela. Da bi objasnio ovaj koncept koristi se mitom o špilji. Špilja je mjesto zatvora za muškarce koji su prisiljeni gledati varljivu stvarnost, odnosno sjene koje se odražavaju na stražnjem zidu. Stvarne slike nalaze se izvan špilje, u svjetlu sunca, to jest u svjetlu razuma i znanja koje ne posreduju osjetila; nažalost, zatvorenici ne znaju.

Platon predlaže ovo što je najpoznatiji od njegovih mitova u VII knjizi njegova djela "Republika" i izlaže ga dijalogom između Sokrata i učenika Glaukona. Dijalog se odvija otprilike ovako:

"Sada Glaucon, zamislite da ljudsko stanje nalikuje situaciji poput ove koju vam opisujem. Zamislite da neki muškarci borave u podzemnom stanu u obliku špilje. Ulaz, otvoren svjetlu, širok je kao i cijeli usta cijele špilje. Ljudi su ovdje zatvoreni od djetinjstva s lancima oko stopala i vrata, tako da se ne mogu kretati i mogu gledati samo ravno ispred sebe. Iza njih svijetli svjetlost goruće vatre. "

Glaucone je odgovorio: "Kako je čudna ova slika i kakvi čudni zatvorenici!"

Sokrat je dalje rekao:

"Svakako, zatvorenici izgledaju čudno. Mislite li da su u životu vidjeli išta osim sjena koje je bacala vatra na dnu špilje?

Kad bi mogli razgovarati, vjerojatno bi tema razgovora bile sjene koje se pojavljuju na dnu špilje. "

"Bez sumnje."

"Dakle, zatvorenici bi vjerovali da su sjene tih predmeta jedina postojeća stvarnost."

"Apsolutno je tako."

"Pa, ako netko oslobodi zatvorenike iz njihovih lanaca, što bi se moglo dogoditi? Kad bi zatvorenik iznenada uspio ustati i razgledati se, izaći i pogledati svjetlo, što bi se dogodilo? Vjerojatno, uz zasljepljujuće svjetlo, zatvorenik moći će vidjeti svijet oko sebe.

Ne mislite li da bi zatvorenik bio zbunjen? Zatvorenik bi mogao zaključiti da su sjene, prije vidljive, bile istinitije i prikladnije od svjetlosti koja ga sada zasljepljuje. Ne mislite li da je to slučaj? "

Mit o špilji predstavlja savršenu analogiju između stanja zatvorenika i našeg stanja. Analizirajući simboliku mita možemo uspostaviti neke paralele:

- Zatvorenici nas predstavljaju, u smislu da živimo u sličnoj situaciji.
- Unutrašnjost špilje naš je empirijski svijet, odnosno svakodnevni svijet našeg iskustva.
- Lanci koji nas zatvaraju su pet osjetila. Osjetila su apsolutno nesavršeni alati koji nas prisiljavaju da vidimo lažnu stvarnost.
- Sjene koje se pojavljuju na dnu špilje su snovi, strahovi, maštarije i iluzije. Oni se temelje na ukupnoj neistini situacije.
- Osloboditi se lanaca da bismo vidjeli stvarnost i svjetlost sunca, znači osloboditi se uvjetovanosti osjetila.

Ovo uvjetovanje nije filozofsko već fizičko. Možemo čuti i vidjeti samo u uskim granicama mogućih frekvencija, možemo okusiti u granicama slatkog i slanog. Stoga možemo imati samo ograničene informacije o objektima. Njihovu čvrstoću i toplinu možemo procijeniti vrlo okvirno. Istodobno ne možemo razumjeti ništa o elementarnom sastavu molekula i atoma koji čine materiju.

Naša percepcija svijeta mora biti oslobođena okova. Oslobođenje ne može biti fizičko, jer ne možemo prisiliti pet osjetila da funkcioniraju drugačije. Uostalom, moramo biti zahvalni pet osjetila za njihovo funkcioniranje, jer nam omogućuju interakciju s makroskopskom stvarnošću u kojoj živimo.

Stoga oslobađanje mora biti intelektualno. Moramo u sebi izgraditi svijest da postoji stvarnost "vani". Osjetila nam ne dopuštaju da vidimo ovu stvarnost. Međutim, ovu se stvarnost može doživjeti s razlogom.

Na razini svijesti možemo prepoznati da su sve istine koje negiraju osjetila kao što su, na primjer, duhovnost, duša, psihička dimenzija ideja i uređujuća Inteligencija kozmosa upravo tamo i mogu se snažno manifestirati u naše savjesti. To se može dogoditi unatoč činjenici da u svakodnevnom iskustvu ostajemo okovani zatvorima fizičkih osjetila.

Zatvorenici nikada nisu vidjeli ništa osim svojih sjena, pa misle da su sjene stvarnost. Međutim, zatvorenik pobjegne i osvrne se oko sebe. On vidi predmete i razumije da su oni stvarniji od sjena. Izlazi iz špilje i zaslijepljen je suncem. Sluti da je izvan špilje sve istinitije. Pita se odakle dolazi svjetlost i shvaća da svjetlost daje značenje cjelini. Svjetlost predstavlja znanje i ideju dobra i ljepote.

Međutim, Platon sjenama ne dodjeljuje potpuno negativnu vrijednost. Put koji vodi iz špilje započinje točno iz sjene. Sjene su povezane sa stvarnim objektima. Prema Plaronu, prije svega postoje "Ideje". Iz "Ideja" proizlaze predmeti razumnog svijeta. "Ideje" su "Psihički arhetipovi", tj. "Izvorni primitivni modeli". Predmeti, koji se zatvorenicima čine kao sjene, oblikovani su na ovim modelima.

Sva Platonova filozofija ima mnogo sličnosti s "teorijom arhetipova" i "teorijom kolektivne podsvijesti" koju je mnogo stoljeća kasnije razvio Carl Jung.

Slika 4 - Neke ličnosti koje su iznosile teorije protiv materijalizma (fotografija s weba).

Top fotografija: Hans Driesch i Ernst Schumacher.

Dno fotografije: Gottfried W. Von Leibniz i Henri-Louis Bergson.

Od Platona do "vitalizma".

Vitalizam se razvio između 18. i 19. stoljeća, na tragu neoplatonskih ideja i renesansne filozofije. Prema ovoj struji mišljenja, Platonove Ideje proširuju se na cijelu prirodu i postaju sastavni dio svakog pojedinog organizma i svega što postoji. Stoga je čitav kozmos animiran inteligentnim principom, Dušom svijeta. (na latinskom "Anima Mundi").

Ovaj filozofski izraz ukazuje na vitalnost prirode u cjelini, smatrajući je sličnom jednom velikom živom organizmu. Stoga je to objedinjujući princip kozmosa. Pojedinačni organizmi oblikuju se od njega: oni su, premda artikulirani i diferencirani svaki prema svojim individualnim specifičnostima, ipak povezani zajedničkom univerzalnom Dušom.

Gottfried von Leibniz pripisivao je život i sposobnost razmišljanja čak i inertnoj čvrstoj tvari. To je, naravno, bilo u potpunoj suprotnosti s materijalističkim determinizmom, koji nikada nije prihvaćao mogućnost dubokog jedinstva cijele prirode.

Veliki pobornik vitalizma u dvadesetom stoljeću bio je Henri-Louis Bergson (1859.-1941.), Francuski filozof i Nobelova nagrada za književnost 1927. U svojim spisima, u suprotnosti s materijalističkim determinizmom, ponovno potvrđuje da se biološki život ne sastoji u slučajnom agregacija kemijskih spojeva koji se razmnožavaju, ali to je trajna i neprestana tvorevina.

Bergson tvrdi da u osnovi svega postoji vitalni impuls koji gura materijal prema sve složenijim ostvarenjima. Taj se zamah širi u različitim smjerovima i različitim intenzitetima. Na taj način objašnjava postojanje svijeta biljaka odvojenog od svijeta životinja. U Bergsonovoj koncepciji materijalističke teze o mehanizmu i determinizmu više nemaju značenje. Evolucija koju je zamislio Bergson polazi od pretpostavke da ništa nije fiksirano ili određeno, već je sve stvarnost u pokretu. Evolucija je i subjekt i objekt samog sebe, jer slijedi proces koji ima jedno podrijetlo. Taj se proces odvija u kontinuiranom poticaju prema životu, stoga Bergsonov proces predstavlja kreativnu evoluciju. U ovom kontekstu, materija je samo vrhunac razvoja određenog puta kreativnog zamaha. Prema tome, prema Bergsonu, materija je manifestacija duha.

Bergson također osuđuje pokušaje otkrivanja misterije života analizirajući pojedine dijelove živog bića. U tom smislu, on dijeli afirmaciju Mefistofela u Faustu:

> „Da bi razumjeli i opisali živo biće, mnogi počinju ubijanjem i rastavljanjem. Tada su vam u ruci ostali samo inertni fragmenti koji, nažalost, nemaju nikakvih referenci na život ".

Rastavite igračku na komade.

Misterij života nikada neće biti shvaćen rastavljanjem živog bića. Zapravo, materijalisti bi to htjeli raditi, imitirajući dijete koje rastavlja igračku kako bi shvatilo kako ona djeluje. S igračkom se to može učiniti, jer misterij kako ona funkcionira leži u nekoj mehaničkoj opruzi ili nekoj opremi, pa se tajna nalazi unutar igračke. Misterija života, međutim, nije unutarnja za biološko stvorenje: ona dolazi izvana, ona je dio Duše svijeta.

Od Hansa Driescha do Carla Junga.

Lik od posebnog interesa na polju vitalizma je Hans Driesch, (1867. - 1941.), njemački filozof i biolog, pionir istraživanja na polju embriologije. Između 1891. i 1900. provodio je istraživanje morskih ježeva na zoološkoj stanici u Napulju. Isprva je pokušao objasniti razvoj zametaka utemeljen na mehanicističkim teorijama, no ubrzo je morao priznati neprimjerenost tih teorija. Iznio je vlastitu hipotezu o nematerijalnom principu života, svojstvenom organizmima, ali koji dolazi izvan njih. Ovo se načelo podudara sa svrhom prirode. Princip koji je Driesch pretpostavio uzrok je evolucijskog razvoja živih bića, i kao vrste i kao pojedinačne jedinke u vrsti, svaka sa svojim posebnostima.

Polazeći od Aristotelovih studija, Driesch je taj princip nazvao "entelehijom". Ovaj pojam ukazuje na stvarnost koja u sebi sadrži konačni cilj prema kojem teži razvoju. Primijenjena na vrstu ili čak na pojedinca, entelehija pretpostavlja postojanje "mjesta" na kojem ove informacije borave.

To je "mjesto" izvan tjelesnosti pojedinca. Međutim, pojedinci mogu crpiti informacije s ovog "mjesta".

Drieschove teorije bile su posebno fascinantne Carlu Jungu. U svom radu objavljenom 1952. godine, "Sinkronicitet kao princip neregularnih veza", s kojim je službeno objavio svoju teoriju sinhronosti sa svijetom, švicarski psiholog priznaje da je od 1925. godine na njega utjecalo čitanje Drieschevih djela.

Jungova razmišljanja o sinkronosti već su započela 1916. godine, ali prve eksplicitne formulacije teorije datiraju oko 1925. godine, podudarajući se s usporedbama s Drieschovim teorijama.

"Stupnjevi postojanja" Ernsta Schumachera.

U svom svesku "Epohalna zima. Trenutačna razmatranja" Hanspeter Padrutt preuzima i komentira poseban rang koji je u prošlom stoljeću formulirao Ernst Friedrich Schumacher, o različitim stupnjevima bića (sl. 5).
Ernst Schumacher bio je utjecajni njemački filozof i ekonomist, rođen u Bonnu 1911. (sl.4). Emigrirao je u Englesku prije Drugog svjetskog rata kako bi izbjegao život pod nacizmom: ipak, na izbijanju rata smatran je "neprijateljskim tuđincem" te je interniran na izoliranu farmu u Ujedinjenom Kraljevstvu. U tom je razdoblju upoznao poznatog ekonomista Johna Keynesa. Keynes je cijenio neka njegova djela i ishodio njegovo puštanje. Na taj je način Schumacher mogao doprinijeti gospodarskom i financijskom oporavku britanske vlade. Kao rezultat toga, Schumacher je dobio dobar položaj na Sveučilištu u Oxfordu.

THE SCALE OF BEING
According to Ernst Schumacher

	**Inanimate matter**	**M**
	**Plant**	**M + x**
	**Animalss**	**M + x + y**
	**Man**	**M + x + y + z**

M = Matter
X= Life
Y = Consciousness, perception
Z = Self-reflection, person

„Ljestve postojanja“.
Prema Ernstu Schumacheru.

Slika 5 - Prema Ernstu Schumacheru, utjecajnom njemačkom filozofu i ekonomistu, svaka razina stvarnosti implicira postojanje više razine.

Svaka viša razina uključuje sve niže razine. U isto vrijeme, viša razina dodaje viša svojstva nižim razinama.

Na najnižem kraju ljestvice nalazimo neživu čvrstu tvar.

Idući ljestvama, susrećete biljke i životinje.

Schumacher stavlja čovjeka na najvišu razinu.

Ernst Schumacher se zainteresirao za probleme rudarenja ugljena, a postao je poznat po svojoj kritici zapadnih gospodarstava i prijedlozima u vezi s usvajanjem humanijih industrijskih tehnologija.

Godine 1977. objavio je "Vodič za zbunjene". U ovom eseju kritizira znanstveni materijalizam i zadubljuje se u istraživanje prirode i organizacije znanja o biću. U ovom malom "vodiču za život u svijetu" Schumacher se odriče paradigmi klasične znanosti.

Schumacher poziva čitatelja da se osvrne na sebe i vrati svoj život i smisao postojanja u posjed.

Uz ekonomiju i filozofiju, njegova velika strast bilo je vrtlarstvo kojem se strastveno posvetio. Umro je 1977. godine dok je putovao po Švicarskoj.

Dio svojih filozofskih istraživanja prenio je u eksplanatornu shemu. To pokazuje njegovu izobrazbu kao ekonomista. Doista, Schumacher svoju ideju o različitim razinama svijesti i znanja izražava na neobičan način koji više podsjeća na matematičke formule nego na filozofske koncepte. Bez sumnje, ova metoda daje veliku jasnoću pojmovima.

Psiholog i filozof William James (predsjednik Društva za psihička istraživanja od 1894. do 1895.) poznat je po svojoj izjavi:

> “Ono što znamo samo je mala kap u velikom oceanu neznanja.”

Ovo zapažanje staro je dva stoljeća, ali je još uvijek istinito i aktualno, osobito danas. Godine 1835. Auguste Comte, francuski filozof koji se smatra ocem pozitivizma, bezočno je izjavio da nikada ni na koji način ne bismo mogli proučavati kemijski sastav zvijezda. Danas se to radi normalno.

U znanstvenom polju, danas više nego jučer, posve je jasno da znamo vrlo malo. Prije samo nekoliko desetljeća vjerovalo se da su atomi najmanji dio materije i da nije dalje djeljiv; umjesto toga, danas se nove čestice i dalje otkrivaju u akceleratorima, a kvantna fizika postavlja ozbiljne sumnje o tome što su čestice, idući toliko daleko da pretpostavlja da one uopće ne postoje, već da se sastoje samo od vibrirajuće energije.

Horizont ljudskog znanja ide sve dalje i dalje: teorija relativnosti upravo je poremetila naše uvjerenja o postojanosti vremena i prostora, a mi već utvrđujemo kako nam je taj svemir, za koji smo mislili da ga tako dobro poznajemo, barem nepoznat za 90% svoje suštine. Tamna tvar bi mogla biti vrijedna do 90% svemira. Što se tamne materije tiče, ona podsjeća na "arapskog Feniksa" kojeg spominje pjesnik Metastasio: "Svi kažu da postoji, ali nitko ne zna gdje je".

Svakim danom osvajamo jedan mali prostor znanja, da bismo potom shvatili da je taj prostor otvoren prozor u nove nepregledne i nepoznate teritorije. Danas znanost ima otvorene stotine ako ne i tisuće prozora na panoramama čije je postojanje jedino sigurno dok.

Znamo da smo sazdani od materije. Mi smo skup molekula, koje se pak sastoje od skupova atoma, koji se pak sastoje od skupova elementarnih čestica. Međutim, gdje iskra života pripada, gdje stanuje? Gdje se nalazi organizacija ovih nakupina materije? Naše tijelo je vozilo, izuzetno učinkovit stroj; ali vozač, gdje je on?

Je li sve bilo slučajno? Čudesna nesreća nasumično je agregirala materiju u oblik našeg tijela. Je li se nakon toga dogodilo još jedno čudo koje je podarilo samosvijest ovoj nakupini inertne materije?

Godine 1981. dva poznata astronoma, Fred Hoyle i Chandra Wickramasinghe, htjeli su izračunati kolika je vjerojatnost da se život rodio tek tako, slučajno. Zaključili su da bi postojala vjerojatnost jednaka onoj od uragana koji bi, ispuštajući svoju snagu na otpad metala i pomičući ih u vrtlogu vjetrova, mogao formirati Jumbo Jet spreman za let. Savršen. Ali čak i da se to nekim čudom dogodilo, odakle bi se pojavio pilot sposoban da poleti u letu?

Unatoč naporima materijalista, očito je da sama materija ne može prijeći određenu granicu. Iza savršenstva svemira mora postojati inteligencija, superiorna svijest koja sve vodi.

Čovječanstvo čeka da si znanost konačno postavi za cilj odustajanje od materijalizma i traženje nematerijalne razine. Ova bi razina bila "Univerzalna svijest" neovisna o vremenu i prostoru, "energetsko i informacijsko polje".

Zadatak znanosti bit će identificirati "Projekt", "Knjižicu s uputama". Govorimo o svoj mudrosti svemira. Naša savjest crpi iz univerzalne mudrosti, nesvjesno. Ovo se sada događa.

Naša individualna svijest dio je veće svijesti iz koje crpi informacije i mudrost.

Moje srce vjerojatno ne zna da je dio veće cjeline, odnosno da je dio mog tijela. Isto tako, i ja sam dio veće cjeline, a da to ne znam. Međutim, veća cjelina čiji sam dio poznaje me i brine za mene.

U tom smislu Schumacher u svojoj shemi predlaže različite faze u kojima je dio svemira dio veće cjeline, čak i bez znanja; veća cjelina, zauzvrat, uključuje dijelove niže na ljestvici i dodaje nešto više (sl. 5).

Najniža razina (M) je inertna materija koja se može izvagati na vagi i mjeriti u svojim dimenzijama. To je dio više razine, one u svijetu povrća. Ova razina uključuje "M", ali dodaje "x", što znači život.

Dakle, ako je mineralna razina samo M (materija) sljedeća razina, ona biljna, je M+x, tj. materija + život. Ali ova je razina pak dio više razine, treće razine.

Treća razina, koja se odnosi na životinjsko carstvo, uključuje inferiorno (M+x) ali dodaje "y", tj. svijest i sposobnost opažanja. Dakle, treća razina postaje M+x+y.

Cijela treća razina je dio četvrte razine, odnosno razine koja se odnosi na čovjeka. Četvrta razina dodaje "z", tj. samosvijest o svom "Ja". Prema tome, u "stupnjevima postojanja" čovjek je M+x+y+z.

Schumacher ovdje zaustavlja svoje ljestve. Ali ako svaki korak prirodno pripada višem stupnju, onda i četvrta razina, ona čovjeka, mora imati višu razinu.

Što je gornja razina za čovjeka?

Zašto ne bi postojala i viša razina, uključujući M, x, y, z ali i "nešto više"?

Najprirodniji odgovor je da. Postoji peta razina, ona "Univerzalne svijesti", koja dodaje još jednu vrijednost.

Ne znajući kako definirati ovu vrijednost, nazivamo je "beskonačno". Njegov simbol je ∞.

Peta razina ljestvice postala bi M+x+y+z+∞.

Ljestvica stupnjeva bića, tako dovršena, čini čovjeka dijelom univerzalne Svijesti koja uključuje cijeli svemir: Materiju, život, svijest, samosvijest, beskonačnu energiju i informacije.

Na taj način nematerijalni dio nas samih, naš osobni pilot, sjedinjuje se s velikim univerzalnim pilotom od kojeg dobiva svoju letačku dozvolu. Naša osobna savjest je neprestano u neprekidnom dijalogu s univerzalnom Sviješću. Kad bi to bio slučaj, konačno bismo znali odakle dolaze naše duboke intuicije, naše apriorno znanje, naši najplemenitiji osjećaji.

Dakle, znali bismo odakle dolazi onaj dio nas koji je životinjskom apsolutno stran. Izašli bismo iz čisto životinjskog stanja u koje nas materijalizam želi prisiliti.

Istina, kroz ljudsku povijest čovjek je uvijek intuitivno vjerovao u nešto više. Čovjek je ovu višu stvarnost nazvao koristeći beskonačna imena beskonačnih božanstava.

Sigurno postoji Kozmička inteligencija, koja nadilazi naše razumijevanje. Stalno smo pod utjecajem ove inteligencije.

Čini se da čovjek ima urođenu potrebu vjerovati u nešto veće. Uostalom, čak i uvjerenje da nema ničeg većeg još uvijek je uvjerenje, čin vjere.

Snovi koji sugeriraju izume i uspjehe.

Tvrdnju da poruke korisne za razvoj pojedinca ili čak čovječanstva proizlaze iz Univerzalne svijesti potvrđuju mnoge poznate ličnosti iz umjetnosti i znanosti, koji tvrde da su inspiraciju za svoje kreacije dobili u snu. Priča je puna problema riješenih u zoru. Na primjer, Friedrich Kekulé, njemački kemičar čije se ime povezuje s definicijom strukture benzena i aromatskih spojeva, sanjao je zmiju koja grize vlastiti rep i nakon buđenja je shvatio da je molekula benzena heksagonalna.

Mendeljejevljev periodni sustav.

U ruskim znanstvenim krugovima tvrdi se da je Dmitrij Ivanovič Mendeljejev došao do utvrđivanja sastava Tablice elemenata zahvaljujući snu. Slavni kemičar (1834. – 1907.) želio je racionalno organizirati 65 kemijskih elemenata poznatih u njegovo vrijeme. Naslutio je da organizacijski obrazac mora biti povezan s atomskom težinom, ali nije mogao odrediti točan odnos. Prema ruskom kemičaru B.M. Kedrov, Mendeljejev je izjavio:

> "U snu sam vidio ravnu površinu na kojoj su svi elementi poredani u traženom redoslijedu. Nakon buđenja odmah sam nacrtao taj raspored na listu papira".

Tako je rođen periodni sustav koji poznajemo i danas. Mendeljejev je primijetio da je raspored viđen u snu bio toliko točan da je otkrio da su neki elementi prethodno bili netočno izmjereni.

Googleova tražilica.

Larry Page, suosnivač Googlea, kaže da mu je ideja o tražilici s karakteristikama Googlea pala na pamet tijekom "živog" sna. Nakon razgovora o tome sa svojim prijateljem Sergeyem Brinom, zajedno su stvorili Backrub, preteču današnjeg Googlea.

Paul McCartney i "Yesterday".

Paul McCartney priča svom biografu Barryju Milesu da se jednog jutra 1965. godine probudio uz glazbu u glavi. Ustao je i na glasoviru odsvirao pjesmu koja će postati "Yesterday". Danas se ova pjesma rođena u snu nalazi u Guinnessovoj knjizi kao najviše snimana pjesma.

Prijenos signala u mozgu.

Početkom 1900-ih znanstvenici su pogrešno vjerovali da je prijenos signala u mozgu električni. Umjesto toga, san Otta Loewija sugerirao je ispravnu teoriju. Loewi je bio predavač na Sveučilištu u Grazu u Austriji, ali se za vrijeme nacističkog režima preselio u Sjedinjene Države. Ovdje je predavao na Sveučilištu u New Yorku, gradu u kojem je umro 1961. Njegove studije bile su usredotočene na farmakologiju tvari koje djeluju na autonomni živčani sustav, kako na simpatički tako i na parasimpatički, otkrivajući da medijatori aktivni u funkcioniranju živaca i mišića su kemijskog tipa, a ne električnog tipa.

Loewi je do ovog otkrića došao nakon sna. Probudio se i nažvrljao neke bilješke na komad papira. Nakon buđenja shvatio je da je napisao temelje teorije koja će promijeniti povijest medicine: da se informacije prenose kemijski, preko aktivnih kemijskih posrednika. Zahvaljujući tom otkriću Otto Loewi je 1936. dobio Nobelovu nagradu za fiziologiju.

.Niels Bohr i atom

U članku koji je na Massachusetts Institute of Technology (MIT) napisala Edwina Portocarrero s nekim od svojih suradnika, čitamo sljedeće:

> «Niels Bohr (1885–1962) razvio je atomski model na temelju svog sna. U snu je Bohr sjedio na suncu dok su svi planeti, kružeći okolo, ispuštali šištave zvukove i kretali se kao na žici».

Doista, trenutni atomski model sastoji se od središnje jezgre i niza elektrona koji kruže oko nje. Portocarrerov članak bio je posvećen upravo snovima, a naslovljen je "Lekcije na jastuku: diskontinuirano sučelje za prisjećanje i reprodukciju snova".

Mary Shelley i Frankenstein

U svibnju 1816. skupina književnika odsjela je u hotelu u Ženevi. Među tim piscima bili su Lord Byron, njegova ljubavnica Claire Clairmont sa svojom sestrom Mary Shelley i drugi ljubitelji književnosti. Dan je bio kišovit, a dosadu su odlučili pobijediti čitajući priče o duhovima. Byron zatim predlaže da sami sastave priču o duhovima: svi su prihvatili. Mary Shelley nije imala pojma odakle početi, ali je tijekom noći u snu vidjela trenutak kada je ludi znanstvenik stvorio Frankensteina. Sljedećeg jutra prionuo je na pisanje jezivog nastavka, a knjiga je bila uspješna koliko znamo. Što bi danas bila horor književnost bez Frankensteina?

"Misery" ne mora umrijeti

Ovo je jedna od najpopularnijih knjiga Stephena Kinga, po kojoj je snimljen i film. Sam autor kaže da mu je ideja za radnju, temeljenu na obožavateljici koja svoju omiljenu spisateljicu drži zatočenu kako bi prepisala kraj priče, došla tijekom sna u avionu.

Šivaći stroj Eliasa Howea

Izum šivaćeg stroja pripisuje se Eliasu Howeu (1819. – 1867.), koji je imao zasluge za znatno poboljšanje nekih postojećih dizajna i patentiranje svoje poboljšane verzije. Dugo je vrijeme Howe bio zaglavljen sa svojim projektom: zapravo, Howe nije znao gdje postaviti ušicu igle.

Zbog tog problema rad je bio zaustavljen i on je skoro pao u siromaštvo. Njegova izvorna ideja bila je slijediti tradiciju i postaviti ušicu igle na gornji kraj igle. No, pritom se konac uvijek zapetljao. Nikada mu nije palo na pamet postaviti ušicu igle blizu vrha igle.

Godine 1845. Howe je imao čudan san. Neki kanibali su ga uhvatili i probadali su ga kopljima. Njegovo uvježbano oko primijetilo je da koplja imaju rupu blizu vrha. Rekavši to, primijenio je tu ideju na svoj izum i šivaći stroj je rođen.

Snovi Wolfganga Paulija

Dobitnik Nobelove nagrade za fiziku Wolfgang Pauli opetovano je tvrdio da je u snovima dobio inspiraciju, korisnu za formuliranje svojih znanstvenih teorija.

Jedan od snova koje je Pauli pamtio do kraja života bio je ono što je nazvao "Svjetski sat". Pauli je u snu vidio dva koncentrična kotača koji su rotirali u neharmoničnom smjeru. Jao, kotači su bili povezani nemogućom središnjom osi. Za vrijeme dok je Pauli imao san bio je podvrgnut psihološkoj analizi u Jungovom studiju, i shvatio je da slika sadrži poruku koju treba prenijeti u svoje znanstveno istraživanje. Za Paulija su dva kotača predstavljala psihu i materiju, koje je trebalo objediniti u znanstvenoj teoriji. Nažalost, unatoč tome što je težio ovom cilju kao cjeloživotnoj misiji, Pauli nije uspio pronaći način da pomiri znanstveni materijalizam s duhovnošću. Doista, moderna znanost odbacuje bilo kakvo spominjanje psihe ili duha kao da se radi o gubi.

Od Platona do Berkeleya.

U mitu o špilji Platon sugerira da sve stvari, kako ih mi vidimo, nisu ništa više od goleme iluzije, ali ne ide toliko daleko da eksplicitno izjavi da stvari ne postoje. Taj se koncept, međutim, nekoliko puta spominje u ljudskoj misli i postaje okosnica filozofije Georgea Berkeleya (sl. 6). Berkeley je bio irski teolog i anglikanski biskup. Uz Johna Lockea i Davida Humea, Berkeley je bio jedan od tri velika britanska empirista. Prema Berkeleyju, jedini predmet ljudskog znanja su ideje.

Ono što definiramo kao stvar nije ništa drugo nego skup ideja. Na primjer, jabuka nije ništa drugo nego kombinacija određene boje, određenog okusa, određenog mirisa, određenog oblika, određene konzistencije.

Svi predmeti za koje vjerujemo da postoje (jer nas osjetila tjeraju da vjerujemo da postoje) zapravo uopće ne postoje: nemaju dosljednost, nemaju tijelo, samo su ideje koje, prenijete osjetilima u mozak, mi konfigurirati pripisujući im lažni dojam materijalnosti.

Mi uopće ne poznajemo predmete: poznajemo samo ideje o objektima koje osjetila prenose u naš mozak. Živimo kao u snu, kao zatočenici Platonove pećine koji promatraju sjene, vjerujući da su stvarne. Imamo prostorno-vremenske percepcije povezane s pretpostavljenim objektima koji ne postoje.

Berkeley i srušeno stablo.

Korisno je ponovno postaviti staro pitanje: ako drvo padne u šumi i nema nikoga u blizini, proizvodi li buku? Ovo pitanje postavio je George Berkeley.

Berkeley je rođen u Kilkennyju u Irskoj 12. ožujka 1685., a umro je u Oxfordu 14. siječnja 1753. Diplomirao je 1707. nakon što je završio sveučilišni studij matematike, logike, klasične književnosti, teologije i filozofije na Trinity Collegeu u Dublinu. Odmah je produbio svoje znanje o velikim misliocima svoga vremena čitajući djela Lockea, Gassendija, Newtona, Descartesa, Hobbesa i drugih, dajući tako oblik i smjer evoluciji svoje misli, tako da je mogao izreći kardinal načelo njegove filozofije: nematerijalizam.

Godine 1709. objavio je knjigu "Esej o novoj teoriji vida", a sljedeće godine knjigu "Traktat o principima ljudskog znanja". Godine 1713. napisao je i "Dijaloge između Hilasa i Filonija".

Godine 1728. oženio je Anne Forster, najstariju kćer Johna Forstera, predsjednika Donjeg doma irskog parlamenta. Nakon što je imao koristi od značajnog nasljedstva, njegov gorljivi vjerski duh potaknuo ga je da poželi otići, sa svojom ženom, u nove zemlje Amerike gdje je namjeravao vršiti misionarsku aktivnost osnivanjem vjerskog koledža na Bermudskim otocima.

Slika 6 - George Berkeley bio je irski filozof, teolog i anglikanski biskup. On tvrdi da su jedini objekti ljudskog znanja ideje; stvari same po sebi ne postoje, one su samo skup ideja.

Dok je čekao da dobije obećana sredstva, Berkeley se preselio u Ameriku i nastanio na Rhode Islandu, gdje je rođen Henry, njegovo prvo dijete. Jao, tada je filozof bio prisiljen napustiti inicijativu. Nažalost, kraljica nije održala prvotno obećanje o financiranju. Vrativši se u Irsku, imenovan je biskupom Cloynea (za Irsku crkvu).

Berkleyjeva filozofska misao je sva usredotočena na idealizam koji on snažno suprotstavlja "prosvjetiteljstvu" koje proviruje između kraja 1600-ih i početka 1800-ih. Berkeley odbacuje materijalizam koji degenerira u skepticizam i ateizam. Na tu temu skladao je "Alkifrona", polemički dijalog protiv slobodnih mislilaca toga doba.

Berkeley je tvrdio da objekti postoje samo onako kako su percipirani. Stoga, ako drvo padne u šumi u kojoj nitko ne svjedoči padu, ono ne stvara nikakvu buku.

Sa stajališta našeg zdravog razuma mogli bismo prigovoriti da očito padajuće stablo stvara buku, jer lomljenje drvenastih vlakana i sudar s granama drugog drveća uzrokuje zračna kretanja tipična za zvučne valove.

Očito je, međutim, sama znanost intervenirala izrazivši povoljno mišljenje Berkeleyju. Zapravo, jedan od najstarijih i najprestižnijih časopisa za popularnu znanost, "Scientific American", koji je 1845. utemeljio Rufus Porter, zauzeo se ovom temom 1884. S dobro dokumentiranim člankom racionalno je pokazao da drvo koje pada ne čini buka ako nema nikoga tko može čuti zvuk pada.

U praksi, tvrdi časopis, istina je da pad stabla proizvodi vibracije u zraku, ali one se mogu detektirati samo slušnim sustavom koji ih kroz unutarnje dijelove uha može prevesti u zvukove. Stoga, u nedostatku slušnog sustava koji može detektirati buku, to ne postoji. Besprijekorno objašnjenje.

Na taj način rješavamo pitanje koje se ponekad pogrešno pripisuje zen filozofiji: ako stablo padne kad ga nitko ne čuje, ono ne stvara nikakav zvuk.

Vrativši se na Berkeley, kako bi osnažio svoju tezu, skovao je izreku "Esse est percipi" (Biti znači biti opažen). Cjelokupno biće predmeta sastoji se u tome da se percipira, i ništa drugo. To je sažetak njegove nematerijalne teorije, prema kojoj stvari nisu ništa više od niza ideja i nastaju tek kad se percipiraju.

Ovo nije osobito iznenađujuće otkriće za kvantnog fizičara. Kao što ćemo vidjeti, one na razini elementarnih čestica mijenjaju svoje ponašanje bilo da ih netko promatra ili ne: štoviše, ovisno o tome kako se promatraju, mogu promijeniti oblik u kojem se pojavljuju.

Nakon stoljeća ironičnog hihotanja, Berkeleyeve teorije počinju poprimati čvrstu dosljednost sa stvarnošću.

Iste vrste kao i drvo koje pada više je tehnološka dilema: ako upalimo žarulju u praznoj prostoriji, gdje je nitko ne može promatrati, emitira li ona svjetlost? Obično bi netko odgovorio da; Osim toga, svjetlo nije ništa više od percepcije živčanog sustava, stoga ako u prostoriji ne postoji sustav koji može percipirati svjetlost, tj. oko, svjetlosti nema. Svjetlost počinje postojati kada je netko može vidjeti: ona ne postoji sama po sebi, ona je samo elaboracija vizualnog sustava. Zapravo, zatvaranjem prekidača, jedan oblik energije teče i mijenja se u drugi oblik energije, koji mi, međutim, ne znamo. Poprima izgled svjetlosti tek kad ga netko promatra.

Slično bismo rekli: kakvog je okusa to primamljivo jelo koje vam je servirano? Nitko. Hrana će imati okus kada je predate svom nepcu. Sam po sebi, okus je kvaliteta koja nije potpuno povezana s hranom koju jedete.

U ovom trenutku čini se razumnim zapitati se jesmo li mi ti koji se prilagođavamo stvarnosti ili je stvarnost ta koja se prilagođava nama.

Svemir postoji jer ga gledamo.

Vratimo se temi svjetla. Ako je istina da žarulja u zatvorenoj prostoriji ne emitira svjetlost jer je nitko ne može vidjeti, na isti način možemo reći da da nismo tamo da gledamo svemir, svemir bi bio mračan. Zvijezde ne bi sjale, samo sunce ne bi sijalo svjetlost, da ih nema tko gledati.
Da bi svemir bio onakav kakvim se čini, netko mora biti tamo da ga vidi. Bez očiju sposobnih transformirati fotone koje emitiraju zvijezde u svjetlost, svemir bi bio mračan.
U drugom stihu Biblije (Postanak 1, 2) autor započinje izvještaj o stvaranju ovim riječima:

> "I reče Bog: "Neka bude svjetlost," i bi svjetlost. I vidje Bog da je svjetlost dobra, i rastavi svjetlost od tame..."

Bog je vidio da je svjetlo dobro. Nakon što ga je stvorio, vidjevši ga priznao je da je to dobra stvar. Svjetlost postaje dobra stvar kada je Bog vidi. Ne samo to, kad Bog stvara čovjeka, stvara ga "na sliku i priliku Božju". Na taj način i čovjek može vidjeti svjetlo tako da kreacija ostaje "dobra stvar" jer je u svojoj biti nešto što se divi.
Glavna primjedba tome trebala bi dolaziti iz teorije evolucije, prema kojoj sva živa bića potječu od jednoga praorganizma iz kojeg se razvija sva današnja biološka

raznolikost. Za svako živo biće razvili bi se najprikladniji organi koji bi jamčili njegov opstanak. Svi organi (ruke, noge, rep, perje, uši, koža i tako dalje) bili bi rezultat progresivnog poboljšanja već postojećih organa ili u svakom slučaju razvijeni od strane pretka..

Stoga se peraja može transformirati u nogu kako bi pratila prijelaz ribe do kopnenih životinja: to jest, organ razvijen u određenom stanju kao koristan za preživljavanje u tom stanju može evoluirati u drugačiji organ koji će biti koristan u drugom stanju. Ova teorija je vjerodostojna za gotovo sve organe, ali ne i za oko.

Evolucijske kontradikcije oka.

Ako postoji jedan problem koji proganja darviniste, to je upravo onaj o evoluciji oka. Sam Darwin u svom djelu "Podrijetlo vrsta" zapravo tvrdi:

> "Pretpostaviti da je oko, sa svim svojim neponovljivim mehanizmima [...], moglo biti formirano pomoću prirodne selekcije, čini se, slobodno priznajem, izrazito apsurdnim."

Prvi očigledno učinkovit pokušaj objašnjenja postupnog razvoja oka datira iz 1994.: to je poznati rad Nilssona i Pelgera "Pesimistična procjena vremena potrebnog da se oko razvije". Prema tim znanstvenicima, oko bi se razvilo iz početnog sloja stanica osjetljivih na svjetlost, zahvaljujući kojima bi se prvobitni organizam mogao usmjeriti prema izvoru svjetlosti. To u svakom slučaju potvrđuje da je potreba za gledanjem već bila svojstvena prvom organizmu. Naknadno bi evolucijski procesi uzrokovali skupljanje ovih fotoosjetljivih stanica u neku vrstu hemisferičnog bunara; kad je kokpit postao dovoljno dubok, na rubovima se pojavila dijafragma sposobna za skupljanje. Konačno, gušće područje koje može djelovati kao leća formiralo bi se u šupljini već ispunjenoj prozirnom tvari.

Nažalost, evolucijski lanac opisan u ovim odlomcima nipošto nije postupna i kontinuirana evolucija i ne odgovara onome što bi trebale biti uzastopne minimalne modifikacije iste karakteristike, budući da uključuje dodavanje drugih potpuno neovisnih organskih struktura. Potrebni su "proto-primitivna zjenica" i "proto-leća primitivnog oka".

Zapravo, oko ne predstavlja evoluciju jednog primordijalnog organizma, već zahtijeva dodavanje različitih i sofisticiranih dijelova, kao što su leća, regulacijski mišići, osjetne stanice i inervacije. Leća bez mrežnice, kao ni mrežnica bez leće, nije funkcionalna. Ipak, mrežnica i leća nisu dio istog evolucijskog procesa jer imaju različite kvalitete tkiva koje impliciraju različito podrijetlo kako u embriogenom razvoju tako iu evoluciji.

To nedvojbeno potvrđuje da je oko proizvod evolucijske konvergencije različitih dijelova u jednoj integriranoj funkciji: dakle, ako želimo govoriti o slučajnosti, to bi bila slučajnost podignuta na n-tu potenciju.

Zaključno, nezamislivo je da bi tako specijalizirani uređaj poput oka mogao nastati slučajnim razvojem, sve u početku bez specifičnih evolucijskih prednosti, koje su se zatim čudesno integrirale u vidnu funkciju.

Možemo zamisliti razvoj primordijalnog oka, lišenog mrežnice i kristalnog, samo ako ga shvatimo kao obavezni korak prema budućoj funkciji: to jest, kao dio projekta koji je već predviđao kakva će biti njegova upotreba u kasnijim razdobljima. Svakako ne slijepa evolucija, već projekt vođen i potpomognut univerzalnom inteligencijom.

Kad stvari nisu onakve kakvima se čine.

Čovjek je dio cjeline koju nazivamo "svemir", dio ograničen vremenski i prostorno. Sebe, misli i osjete doživljava kao nešto odvojeno od ostalih, u svojevrsnoj optičkoj varki svijesti.

Ta je iluzija svojevrsni zatvor koji nas ograničava na naše osobne želje i naklonost prema nekoliko ljudi koji su nam najbliži. Naš zadatak je osloboditi se iz ovog zatvora širenjem našeg suosjećanja u koncentričnim središtima kako bismo zagrlili sva živa bića i cijelu prirodu u njezinoj ljepoti.

(Albert Einstein, fizičar, Nobelova nagrada)

Čudan slučaj dvojice predsjednika.

U novije vrijeme vrlo je moderno, u trač tisku, tražiti čudne slučajnosti koje spajaju slavne osobe. Konkretno, potraga za činjenicama, događajima i okolnostima koje uključuju Kate Middleton i Charlene od Monaka postaje luda.

Podudarnosti su brojne, ali se ne čine posebno značajnim. Na primjer, mnogo se ističe da Kate i Charlene nemaju plavu krv. Obje su žene rođene u siječnju, Kate 9., a Charlene 25. Ipak što se tiče datuma, Kate i Charlene su se vjenčale 2011. godine.

S osobnijeg stajališta, dvije su plemkinje sportašice i vole sudjelovati na svim vrstama natjecanja, okušavajući se u raznim disciplinama. Nadalje, oboje se moraju nositi s dvije prilično "glomazne" svekrve, Lady Dianom za Kate i Grace Kelly za Charlene.

Zasigurno je intrigantnije pripovijedanje o slučajnostima koje povezuju dvojicu najpoznatijih predsjednika Sjedinjenih Država. Razgovarajmo o Johnu Fitgeraldu Kennedyju (slika 7) i Abrahamu Lincolnu (slika 8). Najrelevantnije podudarnosti vezane su uz modalitet njihove smrti. Zapravo, oba su predsjednika ubijena u vrlo sličnim okolnostima, Lincoln 14. travnja 1865., a Kennedy 22. studenog 1963. Evo nekih od poznatijih podudarnosti vezanih uz njihova ubojstva:

- Obojica su ubijena u petak, hicima iz vatrenog oružja u glavu.
- Obojica su pored sebe imali suprugu koja nije pogođena.

- Kennedy je ubijen dok je bio u limuzini Ford Lincoln Continental; Lincoln na predstavi "Naši američki rođaci" u Ford Theatreu u Washingtonu.
- U trenutku napada, i Lincoln i Kennedy bili su u pratnji para: u oba slučaja muškarac, koji je bio pokraj predsjednika, bio je ozlijeđen.
- Oba ubojice (John Wilkes Booth za Lincolna, a Lee Harvey Oswald za Kennedyja) imala su tri imena za ukupno petnaest slova.
- Oba ubojice umrla su u nerazjašnjenim okolnostima prije suđenja. Njihova smrt dogodila se otprilike u "isto doba dana" kada su umrle njihove žrtve. Obojica su umrla od prostrijelnih rana.

Zatim, tu su slučajnosti vezane uz privatni život ili političku karijeru.

- Oboje su nosili prezime od sedam slova, a kršteni su istim imenom kao i baka i djed. Nadalje, oboje su drugorođeni u svojim obiteljima.
- Obojica su se borili u ratu; Lincoln u ratu crnih jastrebova i Kennedy u Drugom svjetskom ratu.
- Obojica su u predsjedničkom mandatu izgubili sina. Lincoln je izgubio Williama Wallacea, a Kennedy Patricka Buoviera.
- Obje su u trenutku smrti imale četvero djece.
- Obojica su prvi put izabrani u Kongres 1946.; isto tako 1956. bili su kandidati za potpredsjednike, ali nisu izabrani jer je njihova stranka izgubila izbore.

.

Slika 7 - Nevjerojatan niz slučajnosti povezuje dvojicu najpoznatijih predsjednika Sjedinjenih Država, Abrahama Lincolna i Johna Fitgeralda Kennedyja, obojicu žrtava napada.

- Obojica su bili uključeni u obranu prava crnačke populacije, Lincoln u vezi s ukidanjem ropstva, a Kennedy u promicanju građanskih prava
- Obojicu je naslijedio potpredsjednik po imenu Johnson: Andrew Johnson za Lincolna, a Lyndon Johnson za Kennedyja.

Ako to nije dovoljno, tko god želi moći će pronaći stotine drugih podudarnosti koje povezuju živote dvojice predsjednika, na stranici (na engleskom): https://www.near-death.com/.

Objašnjenja skeptika.

Dok polovica svijeta nastoji proučavati ovakve slučajeve kako bi popisu dodala još slučajnosti, druga polovica nastoji pokazati da bi neke od predstavljenih slučajnosti bile lažne i pokušala bi upotrijebiti neke netočnosti da sve porekne.
Zatim postoje neki opći prigovori koji su dobri za svaku priliku, poput onog da nije tako teško pronaći podudarnosti između dviju nasumično odabranih činjenica, ako se ide ispitivati sve pojedinosti.
Prema zakonu velikih brojeva, ako se detaljno procijeni život i djelo dvoje slavnih ljudi, nije teško konstruirati popis slučajnosti. Kad bismo, primjerice, spomenuli Masaniella i generala Lamarmoru, vjerojatno bi obojica voljeli napuljsku pizzu i obojica nosili veličinu od 44 stope, ali ne znam kakve bi se druge uistinu značajne podudarnosti mogle pronaći.

Slika 8 - Abraham Lincoln, žrtva pokušaja atentata 14. travnja 1865. Mnoge okolnosti njegova života i smrti nevjerojatno se poklapaju sa sličnim onima koje uključuju predsjednika Johna Kennedyja.

Kad pet osjetila vara.

Ali zašto znanost pruža toliki otpor paranormalnom? Zapravo, zapadna je znanost provela nekoliko stoljeća svog života ne vjerujući u to, a sada kada su se u ovoj granitnoj izvjesnosti počele pojavljivati pukotine, prepušta se oportunizmu. Doista, teško se odreći pogodnosti, učvršćenih pozicija, karijera izgrađenih na afirmaciji materijalizma.

Štoviše, mi sami, koji smo voda po kojoj klizi brod znanosti, toliko smo ovisni o tim položajima da ih uzimamo zdravo za gotovo, unatoč činjenici da se svakodnevno suočavamo s paranormalnim ili s natčulnim percepcijama. Sada smo navikli vjerovati samo u ono što se može opipati, izvagati i izmjeriti, pa ni dokazi ne mogu iz našeg mentaliteta iskorijeniti dogme materijalizma.

Tjeskoba nas tjera da pridajemo važnost samo opipljivom, zaboravljamo da se u većini slučajeva najvažnije stvari ne mogu držati u ruci kako bi se pretvorile u novac.

Glavni izvor našeg blagostanja su misli, pozitivna raspoloženja, osjećaji i sve aktivnosti vezane uz duh ili psihu koje uspijevaju našem postojanju dati duboka značenja i motivacije ili ga, naprotiv, uspijevaju učiniti beskorisnim i beskorisnim. budućnost.

Činjenice koje se događaju oko nas oblikovane su našim načinom tumačenja, našim optimizmom ili pesimizmom, našim gradijentom povjerenja i nade ili očaja. Oko nas nema objektivne stvarnosti, stvari nisu nepokretne, već se mijenjaju prema našem ključu tumačenja, odnosno kroz filter naše savjesti i našeg razuma.

U tom smislu, ono što percipiramo s pet osjetila, tj. osjetilna stvarnost, uvijek je rezultat ekstrasenzorne obrade.

Umjesto toga, kontinuirano doživljavamo ekstrasenzorne sposobnosti koje se ne mogu mjeriti i vagati, ali svakako postoje, kao što su hrabrost, optimistična vizija budućnosti, svijest da se život sastoji od uspona i padova. Nakon svakog niskog uvijek prirodno dolazi visoki. Povjerenje u sebe i bližnjega, sažaljenje i dobrota, sposobnost pomoći i pomoći, sve to čini naša uvjerenja čvrstima. Svaki vjetar može puhati koliko god jako želi, a da nikada ne uspije iščupati ova uvjerenja.

Ono što opažamo sa svojih pet osjetila, u burnim i mirnim razdobljima, uvijek je posredovana istina. To vrijedi ne samo na psihološkoj razini, već i na praktičnoj. Naša osjetila, koja nam se čine tako savršena, dizajnirana su za maksimalnu uštedu. Oni služe samo da nam pruže pomoć potrebnu za kretanje i djelovanje u okolišu bez pretrpljenja štete.

Na primjer, naš sluh je sposoban uhvatiti vrlo niske zvukove (frekvencije oko 30 Hertza) do onih vrlo visokih, frekvencije oko 10-15 000 Hertza. Međutim, postoji beskrajna raznolikost zvukova izvan ovog raspona. Nažalost, naše uši ne mogu percipirati te zvukove. Na primjer, ultrazvuk, koji često čuju mnogi naši kućni ljubimci. Zašto čujemo samo frekvencije od 30 do 15 000 herca, a ne i one više ili niže? Jednostavno, jer ne bi bile korisne za naš opstanak.

Niže zvučne frekvencije mogu signalizirati tutnjavu lavine koja se približava, a više zvučne frekvencije mogu signalizirati siktanje zmije. Ne treba nam ništa drugo da preživimo.

Prisiljeni granicama sluha, svu božanstvenost umjetnosti kao što je glazba smještamo u ovaj raspon frekvencija, a niti ne pomišljamo koje bismo simfonije mogli skladati (ali prije svega čuti) da je raspon širi. Za nas je sva glazba ograničena na mizernu skučenost onoga što naše uho percipira, od 30 do 15 000 herca. Ne možemo ni zamisliti postojanje nevjerojatno razrađenijih i privlačnijih harmonija. Za nas ne može postojati druga glazba osim one koju naše uši čuju.

Ne vjerujemo da postoji koncert rastućeg drva, menuet rascvjetanog cvijeta ili mračna simfonija stijene koja godinama stenje dok se sprema odvojiti od planinske padine.

Te nedostatke nadoknađujemo ubacivanjem lažnih zvučnih zapisa u dokumentarce, prikladnih za naš slušni opseg; očito, to nisu pravi zvukovi.

Onda kada nam govore o šamanima koji uspijevaju putovati tim svjetovima i slušati te zvukove, te skrivene glasove prirode, ne vjerujemo onima koji nam govore i osuđujemo ih ludima.

Naša osjetila nisu stvorena da nas približe svemiru nego, mnogo prozaičnije, da nas spriječe da lupimo nožnim prstima o neki ugao dok hodamo ili da ne stavimo prevruću hranu u usta dok jedemo. Također nam pomažu da izbjegnemo otrov nekog malog bića koje je previše šareno ili previše prekriveno trnovitim bodljama.

Naša su osjetila još uvijek ona neandertalskog čovjeka, dok smo sada evoluirali daleko iznad stadija "Sapiens sapiens", sada smo "Homo ciberneticus". Moramo razviti nova osjetila, prilagođena našem novom evolucijskom stupnju.

Objektivnost i subjektivnost.

Ono u što vjerujemo određuje kvalitetu našeg života.

Možemo birati između objektivnosti i subjektivnosti.

Objektivnost nužno podrazumijeva našu nemogućnost interveniranja na stvari koje nas okružuju. Stvari stoje ovako, htjeli mi to ili ne. S objektivne točke gledišta sve se formira i događa izvan nas samih i uključuje nas bez mogućnosti bijega. Mi smo mehaničke igračke koje neprestano ponavljaju programirani zadatak marširajući i udarajući u tamburicu i po suncu i po kiši, dok sunce neizbježno blijedi naše boje, a kiša rđa na našim zupčanicima.

Naprotiv, subjektivnost nas čini sposobnima razumjeti i prihvatiti stvari posredujući ih, ona je mreža koju pletemo i kroz koju filtriramo stvarnost. Subjektivnost pruža moćne i učinkovite alate za suprotstavljanje ili podržavanje onoga što nam život nudi.

Suočiti se sa životom sa subjektivne točke gledišta znači osloboditi se nametanja masovne sudbine i izgraditi osobnu, posredovanu sudbinu, obojenu različitim prilikama za svakoga.

Život koji se živi subjektivno više nije mjerljiv i vagljiv u laboratoriju, jer standardne mjere više ne vrijede; svaki postavlja svoje vlastite vrijednosti koje stoga izmiču provjeri vanjskih promatrača. Oni više nisu laboratorijski provjerljivi, ali su stvarni za svakoga u srcu, u krvi, u trbuhu, na koži i nadasve u duši.

Ljubav, vjernost, velikodušnost, prijateljstvo, povjerenje u sebe i druge neobjektivne su stvarnosti po kojima oblikujemo svoje živote.

Stoga postoji stvarnost koja daleko nadilazi pet osjetila i omogućuje nam da napustimo dimenzije strojeva kako bismo postali ljudska bića, što i jesmo.

Pobjeda subjektivnosti predstavlja poraz materijalizma i smanjivanje pet osjetila koja više nisu pokazatelji apsolutne istine, već jednostavna pomagala korisna za smještanje našeg postojanja u osjetilni univerzum. U ovom svemiru, onom Newtonove fizike, koji se temelji na tri klasične dimenzije plus vrijeme, pet osjetila nam pomaže na doista uzoran način. Međutim, kada uzmemo u obzir postojanje psihičkih svemira, slobodnih od materije, u kojima prevladavaju različite percepcije vezane uz misao i dušu, tada shvaćamo da nam pet osjetila više ne pomažu, naprotiv, često nas varaju.

Posljednjih je stoljeća materijalizam povjerio pet osjetila zadaću apsolutnog predstavljanja svih mogućih ljudskih iskustava. Istina, sama materijalistička znanost našla se u poteškoćama pred onim što danas nazivamo fenomenima povezanima s materijom, kao što su magnetizam i elektricitet.

Jedno od najvarljivijih osjetila, kada ga želimo upotrijebiti u druge svrhe od onih za koje je razvijeno, odnosno preživljavanje, jest vid. Vid obrađuje objekte i živa bića kao oblike, koji se pamte kako bismo ih mogli prepoznati tijekom sljedećih susreta. Ne radi se o preciznom pamćenju, jer smo u stanju prepoznati lice osobe čak i kada su joj se crte lica jako promijenile, nakon desetaka godina. Suprotno tome, teško se sjećamo kakav je krajolik bio u pozadini ili koji su automobili i ljudi prolazili cestom iza nje. No, naše su oči vidjele i te detalje.

"Psihologija forme".

Između 19. i 20. stoljeća eksperimentalna psihologija posvetila je mnogo energije istraživanju mehanizama putem kojih se povezujemo s vanjskom stvarnošću.

Osnova istraživanja obično je polazila od razmatranja da sve što opažamo osjetilima ne poprima istu važnost u elaboraciji koju radimo.

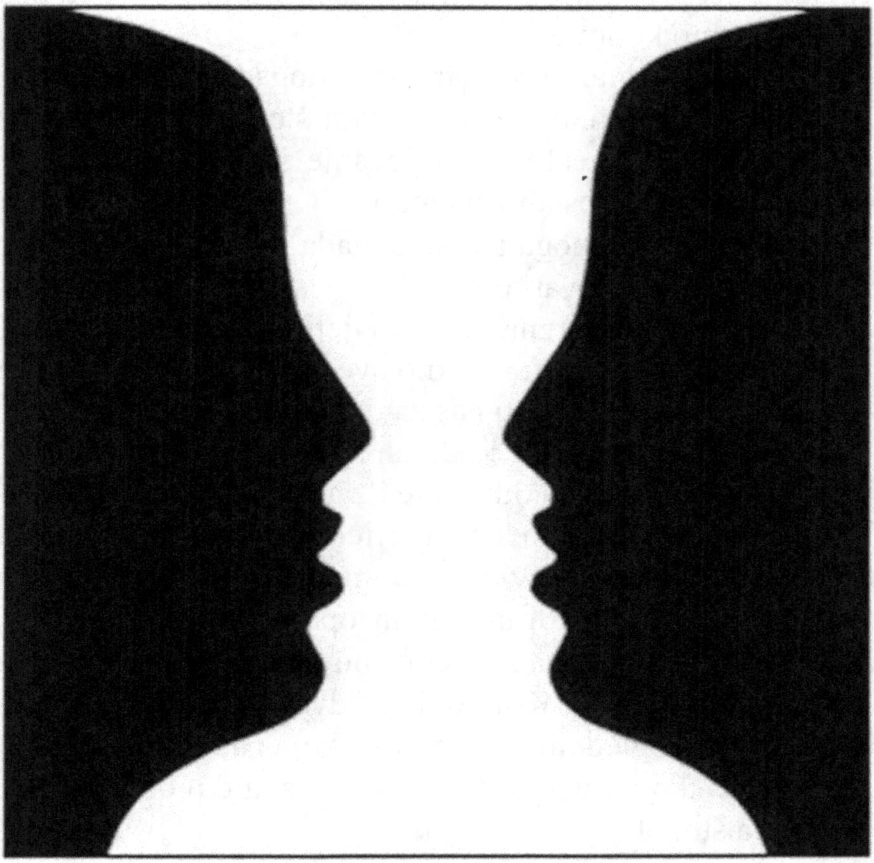

Slika 9 - Gornja reproducirana figura Rubina može imati dva različita značenja, prema subjektivnom tumačenju promatrača.

Slušajući razgovor obično filtriramo svu pozadinsku buku. Promatrajući prizor koncentriramo se na bitnu činjenicu dok zanemarujemo konture.

Drugim riječima, promatranim događajima možemo dodijeliti hijerarhiju, odnosno utvrditi što nas zanima, a što ne, kako bismo ojačali razumijevanje samo jednog dijela promatrane slike, a ostali zanemarili.

Naša percepcija onoga što se događa oko nas nikada nije točna reprodukcija stvarnosti.

To znači da naše znanje o svijetu nikada ne postaje cjelovito, jer ne bilježimo vjerno sve što se događa u našim mislima, već samo ono što nas zanima.

Svi percipirani podražaji odmah se dijele na „zanimljive“ ili ne, tako da se većina odbacuje i zauvijek gubi.

Rubinova slika, predložena na slici 9, može se tumačiti na dva načina. Moguće je vidjeti, u sredini, oblik čaše, ili, sa strane, dva ljudska profila. Brzim opažanjem naša osjetila registriraju jedno od dva značenja, no hoće li to biti ono koje odgovara stvarnosti? Koliko još "dvosmislenih" kadrova sagledavamo pogledom iz stvarnosti koja nas okružuje?

Pitanje je: tko odlučuje što nas zanima, a tko odlučuje što odbaciti, a što, obrnuto, zadržati?

Pozivajući se na ove aspekte ljudske percepcije, neki istraživači poput češkog psihologa Maxa Wertheimera i Nijemaca Wolfganga Köhlera i Kurta Koffke započeli su niz studija kojem su dali naziv Psihologija oblika (Gestaltpsychologie).

Ove su studije bile usmjerene na razumijevanje principa prema kojima se neki percipirani elementi skupljaju kako bi sastavili "formu" koja se pojavljuje u pozadini, zanemarujući druge elemente.

Slika 10 - Na slici Kanizsa prikazanoj gore, bijeli trokut je savršeno vidljiv u sredini. Ovo, međutim, nije nacrtano ni na koji način, a može se samo zamisliti s obzirom na složenost crteža.

Ovi elementi, iako prisutni u percepciji, smatraju se suvišnima, kao da nisu također dio percipirane ukupnosti. Tada shvatimo da nam pet osjetila više ne pomažu, naprotiv, često nas varaju.

Koffka je tvrdio da postoje stvari i "ne-stvari": stvari su smještene u scenarij "ne-stvari". Slika Mona Lise izranja na pozadini pejzaža koji uglavnom zanima samo likovne kritičare. Umjesto toga, milijuni ljudi koji su promatrali sliku, nakon određenog razdoblja, nejasno se sjećaju barem prisutnosti mosta (ili je to kula?). Obično se nitko ne sjeća točno koliko se čempresa vidi u pozadini.

U stvarnosti, navika povezivanja s vanjskim svijetom kroz pet osjetila vodi nas da transformiramo svu stvarnost u stvari: nije uzalud što govorimo na isti način kad smo suočeni s objektom ili činjenicom koju govorimo ne razumijem: Što je ovo?

Da bi bile prihvaćene našim osjetilima, stvari moraju imati veličinu i težinu i moraju biti pravilno postavljene u odnosu na druge stvari oko sebe. Stolica postavljena pokraj stola je nešto što nas ne zabrinjava, jer bi se moglo dogoditi da se stolica pojavi i nestane ili da lebdi u zraku.

To vrijedi sve dok promatramo scenu, minuciozno je detaljno analizirajući, odnosno namećući sebi cjelovitu analizu situacije.

To obično nije slučaj. Naša su osjetila mnogo brža, a i moraju biti jer su prizori poput rijeka koje teku, mogu se mijenjati u djeliću sekunde.

Stoga osjetila nikada u potpunosti ne analiziraju cijelu situaciju, već samo izdvajaju bitne elemente, a to je u većini slučajeva varljivo i proizvoljno.

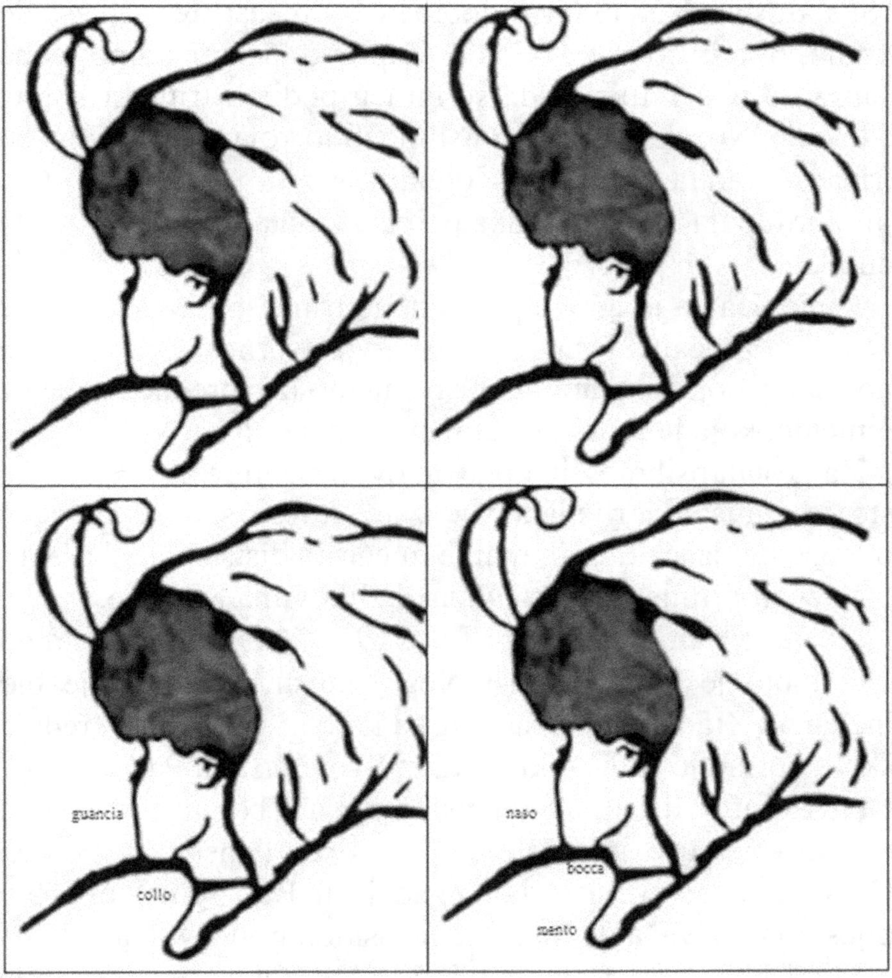

Slika 11 - Ova figura je teže dešifrirati, a prikazuje lice mlade žene ili, pak, profil starije gospođe.

Često citiran primjer je dijeljenje trinaest karata u igri "Scalaforty". Kad bi igrač dobio svih trinaest srca, od asa do kralja, bilo bi to gotovo čudo. Zapravo, postoji samo jedna šansa od 635 milijardi da se igraču podijeli trinaest karata iste boje. No, ako bolje razmislimo, bilo koja kombinacija od trinaest karata može se dogoditi samo jednom od 635 milijardi puta, tako da svaka podjela karata predstavlja malo čudo.

Činjenica da je igraču podijeljeno trinaest karata iste boje za nas je značajna i zapanjujuća, no u stvarnosti je to sasvim normalna pojava. Samo mi pripisujemo izvanredno značenje činjenici koja je sama po sebi apsolutno obična.

Za gestalt psihologiju događaj ove vrste nije značajan zato što je statistički rijedak, već zato što se snažno ističe u odnosu na tisuće drugih manje linearnih distribucija karata

Poznati primjeri predstavljeni su likovima Kanizse.

Gaetano Kanizsa, rođen u Trstu 1913. i umro u istom gradu 1993. bio je talijanski psiholog i slikar. Otac mu je bio mađarski Židov, majka slovenska katolkinja. Nakon srednje škole upisao je filozofski fakultet Sveučilišta u Padovi, gdje ga je Cesare Musatti uveo u psihologiju. Zbog rasnih zakona oduzeto mu je talijansko državljanstvo. Nakon Cassibileovog primirja pobjegao je u Rim, gdje je dobio mjesto istraživača na Institutu za psihologiju CNR-a.

Slika 10 jasno prikazuje bijeli trokut. Ovo, međutim, nije nacrtano ni na koji način, a može se samo zamisliti s obzirom na složenost crteža. Iako ga nema, upada u oči puno više od ostalih geometrijskih figura. I ne samo to, njegova unutrašnjost nam se čini "bjeljom" od bijelog u kojem se nalazi ostatak slike. Slika potvrđuje kako su naša osjetila sposobna natjerati nas da vidimo stvari koje ne postoje.

Slika 11 je teže dešifrirati, a prikazuje lice mlade žene ili, pak, profil starije gospođe. Vrlo je teško dokučiti oba značenja bez znanja o njihovom postojanju. Ali naša osjetila nisu osposobljena za točnu analizu neprestanog bombardiranja podražaja koje primaju. Stoga će osjetila registrirati jedno od dva značenja figure, zanemarujući postojanje drugog. No, jesmo li sigurni da će snimiti onu koja najbolje odgovara stvarnosti? U 50% slučajeva, suočeni s prikazom ove vrste, naša osjetila će nas prevariti. Oni će vjerojatno registrirati značenje najbliže onome što bismo očekivali, odnosno bit će "sukladni" s našom stečenom kulturnom prtljagom. To znači da će se, normalno, svaki intelektualni poticaj ostaviti po strani u korist očuvanja i jačanja postojećeg.

Pretpostavka Gestalt psihologije je da naša osjetila percipiraju i organiziraju percepcije duž nekih privilegiranih, tajanstvenih, ali čvrsto operativnih linija.

Koffkine studije identificirale su organizacijske principe percepcije.

Među njima glavni su sličnost, simetrija, blizina ili udaljenost i drugi.

Na primjer, niz brzih zvučnih signala tumači se kao znak opasnosti; dva psa ovčara u stadu ovaca izdvojena su kao par koji se razlikuje od ostalih figura; niz od tri blisko razmaknute crne mrlje, plus tri druge blizu jedna drugoj, ali malo udaljene od prvih, ne tumači se kao skup od šest točaka, već kao dva niza od tri.

Posebno je zanimljivo načelo vremenske blizine. Skloni smo organizirati percepcije i signale koje primamo izvana također prema vremenskoj vezi koja ih ujedinjuje. Drugi važan kriterij je razum. Postoje percepcije koje skaču pred našim očima poput svjetionika u noći, zbog toga kako su raspoređene kroz vrijeme i zbog smisla, značenja koje nam nadahnjuju.

Ali ovdje ulazimo u jedno drugo polje, polje značajnih slučajnosti.

Slučajnosti, kolektivna podsvijest, sinkronicitet.

"Ono što znamo o sebi samo je dio,
i možda vrlo mali dio onoga što jesmo bez našeg znanja."
(Luigi Pirandello, talijanski dramatičar, pisac i pjesnik)

Snažniji od najjačih računala.

U prethodnom poglavlju vidjeli smo kako naša osjetila skeniraju ogromnu količinu podataka, koji ne dopiru do naše svijesti čim ih detektiraju. Podaci se obrađuju u skladu s postupcima koji mogu iz mase izdvojiti one koji su za nas najveći interes. Nakon toga se zanimljivi podaci pohranjuju prema shemama s visokim simboličkim sadržajem. To nam omogućuje da prepoznamo lice mnogo godina nakon što smo ga zadnji put vidjeli. U praksi ne pamtimo lice kakvo jest, već oblik lica, neke reference koje se godinama kasnije mogu pratiti unatrag do izvornika.

Kao da je određeni softver, koji se nalazi u našoj svijesti, manipulirao golom stvarnošću onakvom kakva se čini osjetilima, pretvarajući je u apsolutno fleksibilne oblike ili koncepte, koji se mogu prilagođavati i ponovno koristiti prema potrebi. To omogućuje kategorizirati kao "stolicu" svaki predmet opremljen s jednom ili više nogu i vodoravnom površinom prikladnom za smještaj donjeg dijela leđa.

Prepoznavanje mirisa iznimno je moćna funkcija. Nakon desetljeća u stanju smo prepoznati jedan i odmah rekonstruirati prizor u kojem smo ga prvi put ugledali. Na primjer, miris nasutih algi odmah nas vraća na školski izlet dječaka u primorski grad.

Prepoznavanje lica jedna je od privilegiranih funkcija našeg osobnog softvera. S kakvom god neobičnom panoramom se suočili, odmah smo u mogućnosti prepoznati mogući oblik lica u rasporedu predmeta i elemenata. Lako prepoznajemo lica u formacijama oblaka, ili u stjenovitim izdancima ili čak u vlažnim mjestima na drevnim zidinama.

U praksi, svaki podražaj koji dolazi izravno iz osjetila obrađuje softver koji se nalazi u našoj svijesti i transformira ga tako da se može koristiti u sljedećim situacijama; to je stoga softver za učenje i pamćenje, čija je glavna značajka da je opremljen snažnim algoritmom za oporavak.

U ranim danima informatike, svaki student koji je namjeravao napisati male programe suočavao se s problemom pohranjivanja i dohvaćanja podataka. Na primjer, želeći napisati mali program koji može naznačiti glavni grad nacije, student je stvorio datoteku u dva stupca koja sadrži parove nacije i glavnog grada (Italija - Rim, Francuska - Pariz, Španjolska - Madrid, i tako dalje).

Unoseći ime nacije (Španjolska) kao ulaz u računalo, stroj je skrolao kroz cijelu datoteku dok nije pronašao par koji sadrži Španjolsku i ispisao rezultat na ekranu: Madrid.

To se zvalo sekvencijalni pristup i moglo je funkcionirati sve dok parovi podataka ne pređu nekoliko tisuća, nakon čega je sustav postao prespor da bi bio stvarno koristan.

Danas živimo u eri tražilica koje mogu pregledati milijarde podataka. Naravno, pretraga više nije sekvencijalna. Tražilice imaju vrlo sofisticirane algoritme koji mogu izvući informacije u vremenu od nekoliko milisekundi.

Možete upisati "quantum entanglement" u Googleovu liniju pretraživanja i vidjet ćete da će za 0,36 sekundi biti prikazano da postoji približno 9.700.000 rezultata (pretraženo u svibnju 2018.).

Pa, mnogo prije nego što je čovjek razvio ove algoritme, nešto slično, ako ne i sofisticiranije, već je bilo prisutno u ljudskom umu. Naši mentalni algoritmi sposobni su izvući informacije korisne za naš svakodnevni život u milisekundama crpeći iz mase od milijardi milijardi megabajta koju su tijekom godina stekli naša osjetila. Ali neće samo naznačiti koliko referenci postoji: odmah će odabrati najkorisnije za nas u tom trenutku.

To je čudesno i zapanjujuće učinkovita organizacija. Je li moguće da to nije ništa drugo doli plod raznih pokušaja, neuspjeha i ponovnih pokušaja evolucije, kako to žele argumentirati materijalističke teze? Sumnje su opravdane.

Djeluje li samo s jednostavnim podražajima?

U ovom trenutku moramo se zapitati radi li naš softver samo onako kako smo ga vidjeli do sada, obrađujući bez našeg znanja podražaje primljene od osjetila, odbacujući ili birajući prema misterioznim kriterijima zanimljive oblike za zadržavanje i upravljanje ovom masom podataka bez ikakve intervencije s naše strane. Ili ako ne možemo pretpostaviti mogućnost naše aktivne uključenosti.

Moramo krenuti od pretpostavke. Ako je naš softver sposoban razlučiti što može biti korisno, a što ne, nužno mora biti obdaren ne samo inteligencijom, već i sposobnošću razlučivanja. Odnosno, mora znati što će nam biti od koristi u budućnosti, dakle mora imati viziju našeg postojanja koja nadilazi iskustvo prošlosti i sadašnjosti, ali se proteže i u budućnost, u one okolnosti i prilike koje nastat će u budućnosti. Stoga bi naš softver trebao znati našu budućnost kako bi obradio trenutne informacije na koristan način.

Ako je to istina, a zasigurno jest, onda možemo napustiti koncept softvera, jer softver nije ništa više od programa izgrađenog za izvođenje određenih radnji. Koliko god neki softver bio inteligentan, nikada neće biti inteligentniji od programera koji ga je stvorio.

Softver sposoban poznavati prošlost i budućnost nadilazi ljudske mogućnosti. Ono što djeluje u našoj savjesti nije inteligentan softver, niti softver razvijen slučajno tijekom evolucijskih nestalnosti vrste. To je Inteligencija, ili bolje rečeno već postojeća Mudrost, koju možemo definirati kao Univerzalnu Inteligenciju.

Univerzalna inteligencija poznaje našu prošlost, sadašnjost i budućnost jer postoji u drugačijoj dimenziji od one u kojoj smo navikli živjeti, sačinjena od materije koja podliježe pravilima Newtonove fizike (gravitacija, vrijeme itd.).

Razina univerzalne inteligencije mora biti čisto psihička; to je razina sačinjena od energije i informacija, u kojoj nema materije.

Je li moguće da takva razina postoji? Svakako da, kao što ćemo vidjeti u sljedećim poglavljima. Kvantna fizika je otkrila i eksperimentalno potvrdila postojanje ove razine.

Kvantna fizika sigurno ni na koji način nije potvrdila postojanje Univerzalne inteligencije, ali mi volimo zamišljati da postoji, inače se cijeli niz fenomena ne bi mogao nikako objasniti, uključujući i ono što je već rečeno o inteligentnom pohranjivanju oblika. prerađene iz sirovih percepcija naših osjetila.

Osobitost ove Inteligencije je njena sposobnost da uspostavi neku vrstu interaktivnosti s našim savjestima. Uz praktički automatsku ulogu konstruiranja i pamćenja oblika korisnih za naš opstanak, Inteligencija konstruira životne upute i upute. Nadalje, Univerzalna inteligencija gradi prijedloge usmjerene na promjenu, ispravak, često jednostavno na poboljšanje našeg odnosa sa stvarnošću. Ovi prijedlozi oblici su komunikacije koje je desetljećima proučavao švicarski psiholog Carl Jung. Nazvao ih je značajnim slučajnostima ili sinkronicitetima.

Načela organizacije naših percepcija, kojima upravlja ono što smo nazvali Univerzalna inteligencija, ne odnose se samo na stvarnost koja se percipira trenutno po trenu, shvaćena kao slijed različitih pojava, već i na percepciju činjenica, pojava i slučajnosti koje se normalno čine bez ikakvog odnosa ili veze među njima. Ponekad te percepcije . pojavljuju se potpuno spontano, u našoj svijesti. Vidimo kako se pojavljuju logične veze i intuicije koje daju značenje tim slučajnostima i čine ih značajnima za naše razumijevanje.

Možemo reći da inteligencija za nas gradi sinkronicitete i čini nas sposobnima da intuitiramo poruku koja je tamo skrivena. To je moguće kada cijenimo eventualnost i prisutnost sinkroniciteta, izbjegavajući razmatranje pukih slučajnih događaja.

Sat koji se zaustavlja u trenutku smrti svog vlasnika predstavlja značajnu slučajnost, zbog istovremenosti dvaju događaja; to ne bi bio slučaj da se sat zaustavio dva dana kasnije ili ranije.

Isto tako, susret s poznanikom iz prošlosti, nakon što ste ga sanjali prethodne noći, smatra se značajnom slučajnošću.

Carl Gustav Jung

Carl Gustav Jung bio je jedna od glavnih intelektualnih figura psihološke i psihoanalitičke misli, psihijatar, psihoanalitičar, antropolog i švicarski filozof (sl. 12).

Rođen je 26. srpnja 1875. u Kesswilu u Švicarskoj od roditelja Paula Achillesa Junga, protestantskog pastora i teologa, i Emilie Preiswerk. Diplomirao je medicinu i 1900. godine otišao raditi u psihijatrijsku bolnicu u Zürichu.

U početku je bio blizak misli Sigmunda Freuda, slažući se s njegovim tumačenjima psihičkih fenomena. Njih su se dvoje susreli u Beču 1907. godine i tom prilikom razgovarali su trinaest sati.

Kao rezultat te suradnje, Junga su počeli nazivati "dupinom" psihoanalize, a očekivalo se da će naslijediti Freuda na čelu psihoanalitičkog pokreta.

Razmirice i raskid sa Sigmundom Freudom.

Umjesto toga, već nakon nekoliko godina pojavili su se prvi znakovi njihovih nesuglasica, iz kojih su se rodile dvije glavne povijesne orijentacije psihoanalize, koju je Freud shvaćao kao terapiju, a Jung kao način razumijevanja psihe.

Ova dvojna vizija brzo se ustalila, toliko da je već 1909. Sveučilište Clark, planirajući ciklus konferencija u Sjedinjenim Državama, pozvalo obojicu.

Tijekom putovanja brodom, dvoje znanstvenika odlučilo je vježbati analiziranje snova jedno drugoga. Međutim, Jung nije bio zadovoljan Freudovom suradnjom jer je Freid, po njegovom mišljenju, pokušavao sakriti neke aspekte svog privatnog života koji bi bili neophodni za bolju analizu.

Kad je Jung izrazio ovu zbunjenost, Freud nije zanijekao, ali je potvrdio da razlog njegove suzdržanosti leži u činjenici da nije mogao otkriti aspekte vlastite osobnosti koji bi ugrozili njegov autoritet. Od ove epizode Jungovo poštovanje prema Freudu počelo je blijedjeti, kao i njegovo uvažavanje njegovih teorija.

Tome je pridodano produbljivanje prilično izmučenog itinerara pojmovne diferencijacije. Taj je put doživio vrhunac kada je 1912. godine Jung odlučio objaviti svoje djelo (Libido. Simboli i transformacije) u kojem je razotkrio sva svoja teorijska neslaganja.

U ovoj knjizi Jung očituje svoju orijentaciju usmjerenu na proširenje analitičkog istraživanja s priče o pojedincu na globalnost čovječanstva: zapravo, prema Jungu, uz individualnu podsvijest postoji i kolektivna podsvijest, koja očituje svoju prisutnost i djeluje kroz arhetipove.

U ovoj viziji, život pojedinca postaje put kroz koji se odvija realizacija osobnog Sebstva. Jung ovaj proces naziva "procesom otkrića".

Nakon objavljivanja ove knjige, njegova veza s Freudom je pukla. Komentirajući Freudovo razmišljanje, Jung je rekao: "Mozak se vidi kao dodatak genitalija."

Što se tiče sadržaja dviju interpretacija i njihovog razlikovanja, moramo priznati da je Jung u početku s Freudom dijelio sud o duševnoj bolesti.

Prema tim hipotezama, razumijevanje bolesti zahtijeva poznavanje individualne povijesti bolesnika i "procesa potiskivanja" koji se odnose na sadržaje isključivo seksualne prirode.

Međutim, kasnije je Jung formulirao hipotezu da fenomeni psihe nisu oni koje je opisao Freud. Prema Jungovoj novoj teoriji, te su pojave bile manifestacije energije prisutne u prirodi, libida.

Slika 12 - Carl Gustav Jung. Njegovo razmišljanje postulira da, osim "individualne podsvijesti", postoji i "kolektivna podsvijest" koja se izražava kroz arhetipove. Na život pojedinca se gleda kao na put koji se naziva "proces individuacije".

Libido i simboli.

Libido je neka vrsta vitalnog impulsa, nagona koji dinamički cilja na život i očuvanje vrste.

Stoga u psihološkoj terapiji nije potrebno imati na umu samo biološku komponentu. Ovo bi bio pesimističan pristup. Nasuprot tome, treba imati na umu i duhovnu komponentu. Ova komponenta daje pojedincu zdravu napetost usmjerenu na ostvarenje poboljšanja.

Prema Jungu, impulsi libida također se mogu preusmjeriti prema nematerijalnim konceptima i ambicijama i stoga mogu generirati duhovnu evoluciju. Mentalna bolest se javlja kada je ovaj evolucijski proces blokiran; u tim uvjetima nastaju neuroze. Libido djeluje tako što proizvodi simbole. Zahvaljujući tome, primitivni je čovjek mogao prenijeti svoje neposredne porive usmjeravajući ih prema stvaralaštvu, čime je započeo prijelaz s instinktivne životinjske razine na kulturnu.

Simboli libida imaju sadržaje koji nadilaze individualnu svijest i mogu pomoći u transformaciji čovjekove prirode.

Neki od ovih simbola su univerzalni, zajednički i dijele ih svi pojedinci. Jung ih naziva arhetipovima, što je izraz izveden iz grčkog. Značenje "arhetipa" može se učiniti razumljivijim ako ga definiramo kao "izvorne slike", "modeli", "virtualne slike", "moguće reprezentacije".

Arhetipovi odgovaraju iskustvima koje je čovječanstvo steklo kroz svoju evolucijsku povijest, razvijajući svijest. Oni su sjećanje čovječanstva, a zatvoreni su u prostoru koji Jung naziva "kolektivna podsvijest". Ova podsvijest je kolektivna jer nije individualna, već zajednička, dostupna cijelom čovječanstvu i svakom pojedinom ljudskom biću.

Arhetipovi koji se nalaze u kolektivnoj podsvijesti imaju moć intervenirati u živote pojedinačnih pojedinaca generirajući epizode koje Jung naziva sinkronicitetima.
U izgradnji ove teorije, Carl Jung je imao kulturnu podršku i moralnu podršku poznatog fizičara Wolfganga Paulija, dobitnika Nobelove nagrade (Sl. 13), koji ga je potaknuo da svoje zaključke iznese eksplicitno unatoč tome što je Jung godinama oklijevao da to učini. Pauli je nagovorio Junga da zajedno objave, 1952., knjigu koja je sadržavala teoriju sinkroniciteta u obliku eseja pod naslovom "Sinkronicitet kao načelo neslučajnih veza".

Simbol.

Simbolički karakter arhetipova za posljedicu ima da čak i sinkroniciteti koje oni generiraju imaju simboličke aspekte.
Ovo je potkrijepljeno iskustvom, a neki Jungovi analitičari ne oklijevaju definirati sinkronicitete kao "sanjarenja".
U stvari, snovi su potpuno neovisni o našoj volji i teško da bismo mogli intervenirati kako bismo ih upravljali u našem običnom životu. Slično tome, sinkroniciteti su jedinstveni događaji koji se pojavljuju u našim životima kako bi probudili zbunjenost i čuđenje. Sinkroniciteti su zbog svog simboličnog oblika uvijek okruženi aurom misterije.
Čudne slučajnosti čiji smo ponekad protagonisti također imaju simboličku vrijednost, no njihovo nas ponavljanje može voditi ka dešifriranju simbola i razumijevanju poruke.

Slika 13 - Wolfgang Pauli, vrlo mladi učenik Gimnazije Döblinger u Beču. Kao odrasla osoba upoznao je Junga na terapeutskom tretmanu koji je ubrzo rezultirao čvrstim prijateljstvom i razmjenom pisama koja je trajala četvrt stoljeća.

To, kad se dogodi, slijedi tajanstvene procedure. Ponekad se dogodi: jednostavno nam svijest pred očima razotkrije značenje simbola, iako ne možemo rekonstruirati postupak po kojem se to moglo dogoditi.

Prema uobičajenom značenju, simbol je nešto što stoji na mjestu nečeg drugog. Većinu vremena skriveno značenje simbola nam izmiče. Iako nam se čini da ga imamo "na vrhu jezika", on zuji oko nas, a da ga ne možemo uhvatiti.

U tom smislu simbol stvara napetost između onoga što se čini i onoga što izmiče razumijevanju, sadrži dio poznatog i dio nepoznatog. Predstavlja izazov savjesti, a savjest pati od nemira neriješenog problema, neodgovorenog pitanja, pijuna kojemu nema mjesta.

Nije nemoguće pobijediti u izazovu. Doista, sinkroniciteti imaju funkciju prenošenja poruka iz kolektivne podsvijesti, koristeći našu individualnu podsvijest.

Tajanstvena poruka teče iz kolektivne podsvijesti, napisana jezikom i sa simbolima izgrađenim na evoluciji koju je doživjelo cijelo čovječanstvo i stoga neodgonetljiva do najvećeg stupnja za viziju koju dopušta naše krajnje ograničeno iskustvo. Recimo da naša savjest nema dovoljno velike oči da bi mogla vizualizirati i shvatiti cjelokupno značenje poruke.

Kada prolazi kroz našu individualnu podsvijest, poruka se pokušava učiniti razumljivom našoj savjesti.

Posredovan individualnom podsvijesti, simbol je odjeven u stvari koje su se dogodile kojih se više ne sjećamo ili koje želimo zaboraviti; pretura po skladištu ruševina i fragmenata uništenih zgrada koje su nam, međutim, u datom trenutku bile poznate, i koristi se njima da bi se izrazio bliže našem iskustvu. Zadržavši svoju zagonetnu prirodu, postaje lakše dešifrirati.

Da nije povezana s kolektivnom podsvijesti, naša individualna podsvijest bila bi samo tužna beskorisna stvar, groblje zakopanih iskustava.

Zahvaljujući kolektivnoj podsvijesti, naša individualna podsvijest postaje dragocjen alat, te se pretvara u medij uzbudljivih životnih trenutaka, sanjarenja koja nas mogu voditi prema duhovnoj evoluciji i boljem životu.

Arhetipovi, ideje, pojmovi.

Riječ arhetip dolazi iz starogrčkog i može imati značenje originala, modela, marke. Prema nekima može značiti i p "početak". Prvi ga je upotrijebio Filon Aleksandrijski, starogrčki filozof poznat i kao Filon Židov, koji je živio u Aleksandriji u Egiptu i bio Isusov suvremenik. Kasnije su taj izraz preuzeli drugi grčki filozofi poput Dionizija iz Halikarnasa i Lucijana od Samosata.

No, razvoj teme arhetipova može se umetnuti u platonsku tradiciju, gdje se oni pojavljuju kao ideje, odnosno izvorni uzori osjetilnih stvarnosti. Neki neoplatonisti, poput Plotina, smatrali su ih već postojećim idejama u božanskom umu i modelima stvorenih stvari.

Unutar te tradicije, Jung arhetipove smatra iskonskim slikama koje čine kolektivnu podsvijest, ili čak primitivnim oblicima na kojima se temelje mitovi i religije.

U analitičkoj psihologiji arhetipovi dobivaju etičku i afektivnu vrijednost za subjekta i uvjetuju ga više ili manje svjesno tijekom njegova postojanja.

Doista, arhetipove, kako ih je Jung zamislio, mnogi su autori uspoređivali s mitskim strukturama i popularnim bajkama. Zapravo, otkrile bi mnoge sličnosti u značenju s bajkama i mitovima. Recipročno, postoje temeljne teme u mitovima i religijama koje se mogu smatrati arhetipovima. U svojoj knjizi "Psihološki tipovi" Jung navodi: "Glavni mitološki motivi svih vremena i svih rasa vjerojatno su ovog tipa (slično arhetipovima)."

Isključenje četvrtog elementa.

Jung je bio vješt predavač, koji je u svakom slučaju uspijevao zainteresirati publiku čak i kada je nisu činili ljudi upućeni u znanstveno okruženje. Suprotno frojdovskoj prozi, neuljepšano i odmjereno, Jung zna kako izraziti svoju bogatu i kultiviranu osobnost čak iu tehničkim ili najsustavnijim djelima. U ovom se poglavlju uglavnom pozivam na tri njegova eseja, predstavljena u obliku predavanja. Prvi, "Arhetipovi kolektivnog nesvjesnog", napisan je 1934. i revidiran 1954. Drugi, "Koncept kolektivnog nesvjesnog", napisan je 1936.

Treći rad, "Sinkronicitet kao princip neslučajnih veza", objavljen 1952. godine, gotovo je kompendij prvih iu njemu on u potpunosti izražava svoju teoriju sinkroniciteta.

Jung je vrlo oklijevao objaviti ovaj esej, a tek 1952. njegov prijatelj i dopisnik Wolfgang Pauli ga je nagovorio da to učini.

Njih su dvojica surađivali više od dvadeset godina kroz intenzivnu razmjenu ideja, upravo o tim pitanjima.

Zapravo, unatoč tome što je bio jedan od utemeljitelja kvantne fizike, sposoban dobiti Nobelovu nagradu 1945., Pauli je uvelike dijelio Jungove ideje i volio bi da znanstveno okruženje može prevladati nepovjerenje, skepticizam i ismijavanje uzimajući u obzir mogućnost paralelnog puta i zajedničkog jezika između znanosti i psihe, što je moglo omogućiti bolje razumijevanje.

Intelektualni sukob između Junga i Paulija generirao je istraživanje poznato kao "četvrti isključeni element". Zapravo, predmet njihova proučavanja težio je razriješiti mnoge dvojbe koje je postavila kvantna fizika u pogledu potpunosti modela trijade klasične fizike: vrijeme, prostor, uzročnost; Jung i Pauli zamislili su "isključeni četvrti element" koji je dobio ime sinkronicitet.

Pauli je bio fasciniran mogućnošću dodavanja četvrtog elementa trijadi.

Jung je sa svoje strane bio fasciniran prvim studijama subatomskih čestica koje su počele otkrivati nevjerojatna svojstva. Na primjer, te se čestice mogu pretvoriti u vibracije ili mogu nestati i ponovno se pojaviti na udaljenim točkama u svemiru. Elementarne čestice mogle bi komunicirati na golemim udaljenostima putem tajanstvenih nefizičkih veza. Jung sam vidio kvantnu fiziku u nastajanju, a također i Einsteinovu teoriju relativnosti, kao moguće znanstvene potvrde njegovih psiholoških koncepata o sinkronicitetu i paranormalnom.

Pauli je posjedovao duboku intuiciju (za koju je rekao da je mnogo toga proizašla iz njegovih snova) i iznimnu sposobnost razmišljanja.

Kao vrlo mlad objavio je članak o teoriji relativnosti koji je objavio '"Enzyklopadie der mathematischen Wissenschaften". Kad ju je Einstein, otac teorije, pročitao, komentirao je sljedeće:

> "Svatko tko proučava ovo djelo ne bi vjerovao da ga je napisao mladić od samo dvadeset jednu godinu. Ne znam čemu bih se više divio: psihološkom razumijevanju evolucije ideja, točnosti matematičkih

zaključaka, duboka intuicija, sposobnost da se rad predstavi sa sustavnom lucidnošću, činjeničnom potpunošću ili kritičkom nepogrešivošću."

Nažalost, Jung je, kao i svi geniji, uvijek nailazio na hladnoću i nerazumijevanje svojih kolega i radne okoline prema svojim najoriginalnijim idejama. Njegovo žaljenje, a možda i patnja što u svoje intuicije nikada nije uspio uključiti ni najbliže, vidljivo je sa stranica "Sjećanja, snova, razmišljanja". Ova je knjiga svojevrsni dnevnik-ispovijest, povjeren peru Aniele Jaffè. Stoga, kako je sazrijevao, Jung je instinktivno zauzeo stav koji nije bio voljan objaviti svoje najnaprednije teorije.

Pauli je bio taj koji je prevladao svoju suzdržanost uvjerivši ga da zajedno objave knjigu, u kojoj su se pojavila dva eseja; jedan autora samog Paulija pod naslovom "Utjecaj arhetipova na Keplerove znanstvene teorije" i drugi, koji potpisuje Jung, "Sinkronicitet kao princip neslučajnih veza".

Arhetipovi kao "primitivne slike".

Knjiga objavljena s Paulijem predstavljala je sintezu desetljeća rada. Prvi put kada je Jung upotrijebio termin arhetip datira iz 1919. godine, prigodom simpozija održanog u Londonu.

“U nesvjesnom nalazimo i osobine koje nisu individualno stečene, već naslijeđene, odnosno instinkte shvaćene kao poticaje za aktivnosti koje dolaze, bez svjesne motivacije, iz unutarnje prisile. Njima se pridodaju urođeni oblici intuicije, tj. arhetipovi opažanja i razumijevanja, (...) Nagoni čovjeka navode na specifično ljudsko ponašanje. Slično tome, arhetipovi prilagođavaju percepciju i intuiciju prema specifično ljudskim aspektima. Instinkti i arhetipovi intuicije tvore kolektivno nesvjesno."

Jung je ubrzo razvio uvjerenje da su arhetipovi ideje vanjske individualnoj svijesti, koje uvijek postoje i usko su povezane s primordijalnim mitovima. O događaju koji ga je naveo da uvjerljivo prihvati tezu o odnosu s mitovima govori sam u eseju "Pojam kolektivnog nesvjesnog" napisanom 1936. godine.

"Otprilike 1906. godine naišao sam na čudnu zabludu, prisutnu kod paranoičnog shizofreničara koji je godinama bio u bolnici. Bolesnica je bolovala od mladosti i bila je neizlječiva. Studirao je u državnoj školi i bio zaposlen kao službenik u uredu. Nije imao posebne sklonosti, a ja u to vrijeme nisam znao ništa o mitologiji ili arheologiji. Jednog dana zatekao sam bolesnika kraj prozora, zabacio je glavu i žmirkao u suncu. Rekao mi je da učinim isto kako bih vidio nešto vrlo zanimljivo. Kad sam ga pitao što vidi, začudio se što ne vidim ništa: "Definitivno vidiš penis sunca... kad pomičem glavu naprijed-natrag, penis se također pomiče. Iz ovog kretanja dolazi vjetar." Naravno da nisam razumio ovu čudnu ideju, ali sam je zapamtio.

Zatim, otprilike četiri godine kasnije, tijekom mojih mitoloških studija, naišao sam na knjigu pokojnog

Albrechta Dietericha, poznatog filologa. Knjiga je rasvijetlila ovu fantaziju. Djelo, objavljeno 1910., bavi se grčkim papirusom iz Nacionalne knjižnice u Parizu. Dieterich je mislio da je u jednom dijelu teksta otkrio mitraistički ritual. Tekst je nedvojbeno vjerski recept koji se odnosi na djelovanje određenih čarolija u kojima se spominje Mitra. (...) U tekstu se mogu pročitati sljedeće naznake:

"Udahnite zrake, udahnite tri puta više koliko možete i osjetit ćete kako se dižete i hodate prema gore i činit će vam se da ste u sredini zračnog područja... Vidjet ćete put bogova vidljiv kroz disk sunce, koje je Bog moj otac. Također ćete vidjeti takozvanu cijev, koja je izvorište sažaljivog vjetra. Jer vidjet ćete nešto poput cijevi kako visi sa sunčevog diska. Vidjet ćeš ovo prema predjelima zapada, beskrajno kao vjetar koji puše s istoka."

(...) Apsolutno je nemoguće da je pacijent mogao imati bilo kakva saznanja o grčkom papirusu objavljenom četiri godine kasnije".

Jung je ovu epizodu smatrao prvim dokazom bliskog odnosa između arhetipova koji se materijaliziraju u ljudskom umu i simbola drevnih mitologija..

Kolektivna podsvijest.

Kolektivna podsvijest je pojam iz Jungove analitičke psihologije. Za razliku od osobne podsvijesti koja je individualna, kolektivnu podsvijest dijele svi ljudi i potječe od zajedničkih predaka cijelog čovječanstva. U tom smislu ono predstavlja univerzalni psihički spremnik, odnosno dio zajedničke podsvijesti koju dijeli cijelo čovječanstvo. Sadrži arhetipove, tj. oblike i simbole tipične za sve narode svih kultura (sl. 14).

Važno je napomenuti da arhetipovi ne proizlaze iz iskustva pojedinca, oni postoje a priori, budući da su baština iskustva cijelog čovječanstva. Neki znanstvenici dijele kolektivnu podsvijest prema različitim slojevima: najdublji potječe iz arhaičnih korijena prošlosti; srednja stratifikacija sadrži vrijednosti i društvene običaje trenutka u kojem živimo, a treća stratifikacija sadrži potencijal i moguće buduće evolucije čovječanstva.

Svoju teoriju Jung predstavlja i brani u eseju "Pojam kolektivnog nesvjesnog", objavljenom 1936. godine.

On uvodi koncept izjavom da osobna podsvijest duguje svoje postojanje osobnom iskustvu i da je u biti sastavljena od sadržaja koji su bili svjesni, iako su možda kasnije zaboravljeni ili uklonjeni.

Nasuprot tome, sadržaji kolektivne podsvijesti nikada nisu bili u individualnoj svijesti i stoga nikada nisu bili individualno stečeni, već svoje postojanje duguju isključivo nasljeđu.

Posljedično, on razlikuje dva tipa podsvijesti prema njihovom sadržaju: individualna podsvijest sadrži prije svega komplekse, kolektivnu podsvijest, s druge strane, bitno tvore arhetipovi.

Jung brani svoju ideju o arhetipu kao već postojećem obliku, citirajući druge istraživače poput Lévy-Bruhla koji u svojim studijama o psihologiji primitivnih definira arhetipove kao "kolektivne reprezentacije". Jung također citira Huberta i Maussa, koji u svojim proučavanjima komparativne religije definiraju arhetipove kao "kategorije imaginacije". Također navodi Adolfa Bastiana koji u svojim etnološkim studijama definira arhetipove kao "elementarne misli" ili "iskonske misli".

Osnažen ovim znanstvenim konvergencijama, Jung predstavlja svoju tezu prema kojoj:

> "Osim naše neposredne svijesti, koja je potpuno osobne prirode i koju smatramo jedinom empirijskom psihom (čak i ako osobnu podsvijest dodamo kao dodatak), postoji drugi psihički sustav. Ovaj sustav je kolektivan, univerzalan i neosoban, te je identičan u svim pojedincima.
>
> Ta se kolektivna podsvijest ne razvija individualno, već se nasljeđuje. Sastoji se od već postojećih oblika, arhetipova, koji tek kasnije mogu postati svjesni i dati određeni oblik određenim psihičkim sadržajima".

Jung zatim nastavlja ilustrirati značenje kolektivne podsvijesti i počinje referiranjem na terapeutsku psihologiju u viziji Sigmunda Freuda i Alfreda Adlera, koja je isključivo personalističke prirode i negira bilo kakav vanjski doprinos ili vezu s pojedincem.

Jung ističe kontradikciju zbog činjenice da se, koliko god bila individualna, vizija Sigmunda Freuda i Alfreda Adlera odnosi i na čimbenike koji nisu samo individualni, kao što je, na primjer, seksualni instinkt ili nagon za samopotvrđivanjem.

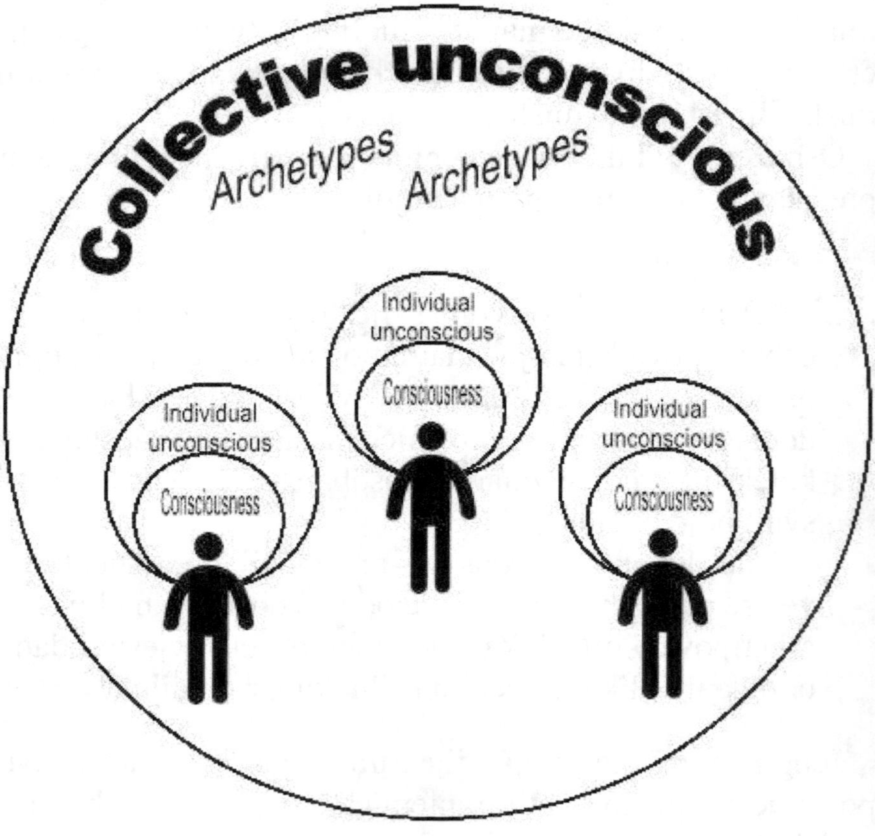

Slika 14 - Razine svijesti prema Carlu Jungu.
1. Kolektivna podsvijest zajednička je cijelom čovječanstvu
2 Arhetipovi dolaze iz kolektivne podsvijesti.
3-4 Svaki pojedinac ima individualnu podsvijest i svijest.

Čak ni Freud ni Adler nisu mogli zanijekati postojanje instinkata koji postoje a priori i prisutni su i kod ljudi i kod životinja. Instinkti svakako nisu osobne, već univerzalne i naslijeđene komponente psihe, i često djeluju iznad svijesti. U tom smislu, instinkti pokazuju vrlo bliske analogije s arhetipovima.

Shodno tome, prema Jungu, hipoteza o postojanju kolektivne podsvijesti nije smionija od one koja predlaže postojanje instinkata. Na temelju tog obrazloženja brani se od optužbi za misticizam koje se upućuju na njegovu teoriju kolektivne podsvijesti. Baš kao što su instinkti u stanju utjecati na misao, svijest i djelovanje pojedinca na posve mističan način, to mogu činiti i arhetipovi kolektivne podsvijesti.

Jungovski proces individuacije.

U prvom poglavlju svog rada "Aspekti suvremene drame" Jung piše sljedeće:

> "Arhetipovi su poput korita rijeka koje je voda napustila, ali koja nakon određenog vremena opet mogu dočekati vodu. Arhetip je sličan planinskom klancu u koji se voda (struja života) odavno ulijeva. Što je voda više kopala ovo korito, što je više držala ovaj smjer, to je vjerojatnije da će se, prije ili kasnije, u njega vratiti".

Psiha se u biti sastoji od svjesnog dijela (svijesti) i nesvjesnog dijela, u kojem možemo razlikovati individualnu podsvijest i kolektivnu podsvijest.

Dinamiku između ta dva dijela (svjesno – podsvjesno) Jung smatra motorom koji pojedincu omogućuje da se suoči s dugim putovanjem usmjerenim ka spoznaji vlastite osobnosti.

Interakcija između svijesti i podsvijesti stvara proces koji Jung naziva "individuacija". Na tom putu pojedinac se susreće i suočava s nesvjesnim aspektima (arhetipovima) vlastite osobnosti: suočavanjem s njima može proširiti vlastitu svijest.

Proces individuacije predstavlja put integracije i objedinjavanja kompleksa koji tvore osobnost, tj. progresivno približavanje "Ega" "Sebstvu", kroz put koji vodi do svijesti o Sebi i do oslobađanja od Ego iz njegovih unutarnjih sukoba.

Jung smatra da je zadatak psihoanalize uspostaviti hijerarhijski odnos između "Ja" i "Ega", upravo smatrajući da je prvo ukupnost, a drugo samo dio. Ovaj bi odnos trebao omogućiti nastavak harmoničnog zbližavanja između njih dvoje, kada je ono zaustavljeno neurozom koja je posljedica ukočenosti zahtjeva "Ega" u odnosu na individualne potrebe "Jastva" (otuda naziv : proces individuacije).

Pristup se odvija kroz dešifriranje značenja simbola s kojima se pojedinac susreće tijekom života. Simboli se mogu pronaći kako u unutarnjem svijetu, kroz regresivna i progresivna kretanja libida, tako iu vanjskom svijetu, zahvaljujući epizodama sinkroniciteta. Stoga su sinkroniciteti valjana pomoć u razvoju procesa individuacije.

Pod tim svjetlom, individuacija je plod kontinuirane suradnje između Svijesti, Podsvijesti, Ega i Sebstva. Proces individuacije predstavlja duhovno putovanje prema većoj samosvijesti. Napredak na putu prepoznaje se po prekretnicama.

Prva faza: arhetip Sjene.

Prvi stadij karakterizira arhetip Sjene, odnosno svi oni aspekti koje pojedinac ne zna ili želi sakriti o sebi, kao i sve ono što je uklonjeno nakon kompromisa zbog obrazovanja i utjecaja okoline.

Sjena predstavlja najneugodniji i najnegativniji dio psihe; poklapa se čak i s najnižim instinktivnim impulsima, koje smo inače skloni potisnuti. Također predstavlja mane i sklonosti koje pojedinac negira da su njegove, ali koje, unatoč tome, utječu na njegovo ponašanje i manifestiraju se gnusnim stranama karaktera ili "iskušenjima" koja svjesni dio pokušava ignorirati.

Ovaj se arhetip može manifestirati u snovima i simbolima s demonskim figurama, čudovištima i potjerama, noćnim morama koje se žive u mraku.

Arhetip koji se često spominje zajedno sa sjenom je onaj osobe.

Osoba (od latinskog, "maska glumca") je arhetip koji ukazuje na ulogu koju subjekt igra u društvenom kontekstu u kojem djeluje. Osoba je upravo maska, tajni identitet pod kojim djelujemo i zahvaljujući kojem smo ono što bi drugi željeli da budemo i ono što vjerujemo da jesmo.

Druga faza: arhetip Anime ili Animusa.

Drugu fazu karakterizira susret s arhetipom Anime (za muškarca) i Animusa (za ženu). Unatoč imenu koje podsjeća na dušu, ono se ne odnosi ni na jedan religijski ili dogmatski koncept.

Sliku anime muškarci projiciraju na žene, dok je kod žena odgovarajući arhetip, animus, koji se projicira na muškarce.

Duša predstavlja kontakt s psihičkim i mentalnim aspektima, odnosno prvi pristup pojedinca sa njegovom psihologijom, gotovo inicijacijski obred. To su vrata koja omogućuju pristup transcendentnom svijetu.

Ona je arhetip velike komunikacije jer predstavlja mnoge nesvjesne slike, stvara nesporazume, gradi iluzije i posljedično i krize.

U tom smislu, suočavanje s dušom mnogo je zahtjevnije od onog sa Sjenom; uključuje ulazak na teritorije gdje postoji opasnost od zgnječenja. Sve što Duša dotakne postaje numinozno, odnosno apsolutno, opasno, podložno tabuu, magično.

Animus (muška komponenta žena) predstavlja tipično praktične i konkretne, racionalne i stvarne aspekte. U snovima se predstavlja ratom, kovačem i sličnim simbolima. Ima sadržaje refleksivnosti, kontrole, analize, ponderiranja, racionalnosti, proračuna, odluke, planiranja, razlikovanja.

Ova dva arhetipa daju nam širok pogled na to koliko psiha može biti dualna.

Prema Jungu, svaki arhetip sadrži aspekt života i svoju suprotnost, s tim da se razumije da oba imaju svoju vrijednost i svoje mjesto. Nasuprot tome, Freudova misao je usredotočena na sukob i borbu za eliminaciju jednog od to dvoje.

Prema Jungu, dualnost psihe osigurava potčinjavanje koje pobjeđuje zlostavljanje i ljubav koja pobjeđuje mržnju. Također mora postojati skladna suradnja između svjesnog i nesvjesnog.

Jungovska dualnost također ostaje važeća u pogledu različitosti spolova, budući da psiha unutar sebe ima mušku i žensku energiju, a svaki muškarac ima žensku stranu, baš kao što svaka žena ima mušku stranu. Očigledno je da svaki posjeduje dominantnu energiju, ali ipak nosi, iako u pozadini, i suprotnu.

Na reljefima indijskih hramova, muško i žensko su prikazani kao muškarac i žena zagrljeni; alegorijski su dvije univerzalne figure. Početno jedinstvo dvaju žanrova proizlazi i iz religioznih ili mitskih predaja, gdje čitamo da je Eva rođena iz Adamova rebra, a Atena je izašla iz Zeusove glave (odnosno teleta).

Treća faza: arhetip "mudrog starca".

Treća faza odgovara susretu s arhetipom "mudrog starca", koji se može shvatiti kao muška očinska figura, koja odražava arhetip Grance Madre. Cjelokupno iskustvo pojedinca zatvoreno je u Starom Mudracu, a s njim i sva njegova sposobnost rasuđivanja i predviđanja. Predstavlja transformativni cilj do kojeg se dolazi nakon suočavanja s arhetipovima prethodnih faza. U tom stanju čovjek postaje sposoban procijeniti prošlost, sadašnjost i budućnost. Mudri starac prikazan je kao filozof sposoban za savjetovanje.

"Velika majka" predstavlja krajnji cilj ženske psihologije. U jungovskoj psihologiji to je arhetip velike i ambivalentne moći, u isto vrijeme razarača i spasitelja, koji hrani i proždire. Ono je odjeveno u svetost, tako da je jedna od numinoznih moći nesvjesnog.

Četvrti stupanj: arhetip Sebstva.

Arhetip Sebstva je konačni razlog procesa individuacije, odnosno pojedinčev razlog postojanja, koji mu se otkriva i otvara pred njim poput rascvjetanog cvijeta.

Prikazuje se kao svjetlo, kvatern, središte stvari. Njegov simbol može biti mandala, lik koji u budističkoj i hinduističkoj religijskoj tradiciji predstavlja kozmos i oslikan je na tkanini ili freskama na zidovima hramova.

Sebstvo predstavlja samog pojedinca, sa svim iskustvom i znanjem koje je skupio na svom putu individuacije. Kada pojedinac susretne Sebstvo, to znači da su neuroze pobijeđene i da je postignut unutarnji sklad.

Stoga je Sebstvo cilj, vrhunac ostvarenja osobnosti, vrhunac u kojem se skupljaju i ujedinjuju svi svjesni i nesvjesni aspekti pojedinca.

Ostali klasični arhetipovi predstavljaju univerzalne slike koje istovremeno izražavaju pozitivnost ili negativnost: Voda, Broj, Heroj, Čarobnjak, Buntovnik, Vladar, Nevini, Apolon, brojne religijske figure itd.

Kada se arhetipovi odnose na mitske, religijske ili legendarne figure, Jung ih naziva "numinoznim moćima", preuzimajući izraz koji je već skovao Rudolf Otto, njemački teolog i povjesničar religija.

Jung i alkemija: individuacija i "Opus alchemicum".

Posljednja knjiga koju je Jung napisao 1956. godine nosi naslov "Mysterium Coniunctionis" i bavi se istoimenim arhetipom, koji se odnosi na sveti ili "alkemijski" brak između Sunca i Mjeseca. Jung se fokusirao na alkemiju u mnogim svojim djelima, pokušavajući istaknuti značenje "Opus alchemicum" (Alkemijski rad) kao duhovne potrage.

Njegovo je istraživanje imalo za cilj otkriti analogije koje postoje između alkemijskih procesa i onih povezanih s psihičkom sferom. Posebno je analizirao faze kroz koje će se odvijati alkemijski rad, odnosno postupak dobivanja kamena mudraca. Ovaj postupak uključuje nekoliko faza, koje su izvorno bile četiri:

- "Nigredo" ili crnjenje, povezano s elementom zemlje.
- "Albedo" ili izbjeljivanje, povezano s elementom vode.
- "Citrinitas" ili žutilo, povezano s elementom zraka.
- "Rubedo" ili crvenilo, povezano s elementom vatre.

Ova četiri stupnja odgovarala bi psihičkom procesu individuacije.

Konkretno, prva faza identifikacije, tj. usporedba s arhetipom Sjene, našla bi korespondenciju u fazi alkemijskog procesa zvanoj "nigredo".

"Nigredo" je latinski izraz koji znači "crna boja" ili "crnilo". Označava "Phase to Black" Opusa, početak procesa stvaranja kamena mudraca. I faza truljenja i razgradnje. Ovo je najdelikatniji trenutak kojeg simbolizira crna vrana. U ovoj fazi potrebno je pustiti sve sastojke da odumru, dugo ih macerirati i kuhati dok se ne stvori tamna masa.

Druga faza, odnosno susret s Animom ili Animusom, našla bi korespondenciju u fazi Opusa "albeda", latinskog izraza koji znači "bjelina". Ovu fazu simbolizira bijeli labud i naziva se "Opera al Bianco". Sastoji se od pročišćavanja bezoblične mase nastale iz "nigreda", kako bi se isprale nečistoće i pripremile za sljedeću fazu. U kemijskom jeziku odgovara destilaciji. Metaforički, ovim odlomkom duša se oslobađa okova tjelesnosti.

Treća faza, odnosno susret s mudrim starcem, odgovarala bi fazi alkemijskog procesa zvanom "Citrinitas".

"Citrinitas" je faza žućenja ili spaljivanja materijala Opusa. Boja mu je citrin žuta, simbol volje i dinamične savjesti. Iz početnog truljenja dobiven je destilirani spoj namijenjen sublimaciji.

Četvrta faza, individuacije, tj. susreta s arhetipom Sebstva, našla bi korespondenciju u fazi Opusa poznatoj kao "Rubedo".

Latinski izraz rubedo može se prevesti kao "crvenilo". Predstavlja "crvenu fazu" i završetak je kemijske transmutacije, koja bi se trebala poklopiti s realizacijom kamena mudraca sposobnog pretvoriti osnovne metale u zlato. Rubedo se događa djelovanjem vatre, odnosno Duha. Njegovi simboli su feniks, crvena ruža, jaje, okrunjeni kralj.

Rubedo ima i druge simboličke vrijednosti, povezane s činjenicom da crvena boja u alkemijskoj tradiciji predstavlja međuboju između crne i bijele. Stoga predstavlja spoj suprotnosti i jedinstvo između duha i materije ili između muškog i ženskog.

Konačno, kao što je "nigredo" odgovarao alkemičarevom fizičkom tijelu, a "albedo" njegovoj duši, "rubedo" odgovara njegovom duhu, odnosno najvišem dijelu od tri sastavna elementa ljudskog bića.

Sinkronicitet.

Upravo u predjelu srca događa se spontano prepoznavanje veza koje um često tek kasnije shvati. Ove isprva gotovo neobjašnjive veze, ali percipirane s apsolutnom sigurnošću definiraju se kao sinkroniciteti, ili slučajnosti, ili jednostavno čuda.
(Ruediger Schache, Savjeti iz srca)

Svoju teoriju sinkroniciteta Jung u potpunosti objašnjava u eseju "Sinkronicitet kao princip akauzalnih veza". Svoje razmišljanje započinje definiranjem pojmova kauzalno - akauzalno.

Jung počinje svoje izlaganje naglašavajući kako je koncept koji leži u osnovi zakona prirode taj da je svaki događaj posljedica nekog uzroka. Međutim, to nije uvijek točno; u prirodi postoje događaji koji međusobno nisu povezani uzročno-posljedičnim vezama i stoga se moraju različito tumačiti.

Bilo bi uzaludno tražiti ove događaje u makrofizičkom svijetu, makar samo zato što bi ih bilo nemoguće objasniti. Zamislimo da se biljarska kugla kreće bez ikakvog guranja. Lopta nije primila udarac druge lopte, guranje vjetra, nije na nagnutoj ravnini. Takva činjenica nije vjerodostojna. čak ni ako to govore mnogi svjedoci.

Ovo je potvrda koncepta determinizma, prema kojemu je svaka fizikalna pojava ili događaj nužno determiniran drugom pojavom ili događajem koji se prethodno dogodio.

Da bi se neka pojava uzela u razmatranje, nije dovoljno samo jedno svjedočanstvo, potrebno ih je mnogo. Unatoč tome, čak i kada postoje mnoga svjedočanstva, fenomen će se i dalje negirati u nedostatku ponovljivosti, odnosno mogućnosti normalnog reproduciranja. Ponovljivost mora biti moguća pod bilo kojim analognim uvjetima. Ponekad se, međutim, može uzeti u obzir i rijedak fenomen, kao što se događa u biologiji, gdje jedan jedini primjerak nepoznate vrste čini postojanje cijele vrste vjerodostojnim.

Pitanje koje si Jung postavlja glasi: postoji li, na apsolutno opći način, mogućnost dobivanja potvrde događaja bez uzroka? Postoje li događaji bez odlučujućeg uzroka?

Njegov odgovor je pozitivan. Jung govori o svijetu "slučajnosti", u kojem se čini da događaji nisu uzročno-posljedično povezani s drugim događajima.

Kada govorimo o slučaju, uobičajeno je tvrditi da se čak i događaji definirani kao "slučajnost" ili "slučajnost" mogu objasniti. Kada se ti događaji ne mogu pripisati uzroku, to ovisi samo o činjenici da ga ne znamo .

Ali, nastavlja Jung, princip prema kojem svaki događaj mora imati uzrok je relativan, odnosno primjenjiv samo na kontekst makrofizičke stvarnosti, one u kojoj živimo. Posljedično, iako se priznaje da velika većina događaja mora imati uzrok, to ne isključuje da ga neki događaji možda nemaju.

Među velikom većinom događaja povezanih s uzrocima, mogu se pronaći rijetki slučajevi u kojima uzrok ne postoji, gdje se uz pomno proučavanje uzročna veza čini nezamislivom. Ovdje Jung daje primjer:

> “Prisiljen sam se uvjeriti da moja karta za tramvaj ima isti broj kao i karta za kazalište koju kupujem odmah nakon toga. U toku iste večeri primam telefonski poziv u kojem se spominje isti broj. Ovom prilikom uzročna veza čini mi se vrlo nevjerojatnom, pa čak ni najluđa mašta ne bi mi dopustila da pomislim da bi veza mogla postojati, iako svaki slučaj uzet za sebe jednako očito ima svoj uzrok.

Očito je da sve slučajnosti mogu biti poput slučajno pogođenih meta, ali ova teorija može biti valjana sve dok ne prelazi razumnu razinu vjerojatnosti. Kada se taj prag prekorači, očito je da kompleks slučajnosti postaje neobjašnjiv i da se ne može povezati ni s jednim uzrokom.

Međutim, Jung dopušta mogućnost da bi grupiranje slučajnosti moglo biti posljedica isključivo slučajnosti.

Međutim, mogu postojati skupine "čudnih slučajnosti" koje poprimaju drugačiju i vrlo značajnu vrijednost za protagonista. To su slučajevi u kojima upletena osoba uspije povezati slučajnosti dajući im značenje.

Pojava ovih skupina slučajnosti sadrži numinoznu komponentu, to jest tajanstvenu, svetu, koja ih čini značajnima, a kada se to dogodi, Jung skupini daje naziv sinkronicitet.

Ilustrirajući značajne podudarnosti, Jung ih grupira u tri kategorije.

Prvi predviđa da postoji veza između psihičkog stanja subjekta i suvremenog i objektivnog događaja, koji odgovara psihičkom stanju. Primjer je epizoda koju je ispričao sam Jung: dok mu je pacijentica pričala da je sanjala bubu sličnu bubi, kukac te vrste zabio se u prozor radne sobe.

Druga kategorija značajnih podudarnosti predviđa da postoji veza između psihičkog stanja subjekta i vanjskog događaja, koji se odvija na drugom mjestu, ali se kasnije može provjeriti. Kao primjeri mogu poslužiti bezbrojna svjedočanstva snova koji najavljuju smrt neke osobe, za koje se potom utvrdi da su se dogodili u isto vrijeme kad i san.

Treća kategorija predviđa da postoji veza između psihičkog stanja subjekta i događaja koji se još nije dogodio, ali će se dogoditi u budućnosti. Na primjer, može se dogoditi da se iznenada sjetite nekoga s kim ste izgubili kontakt i sretnete ga sljedeći dan.

U sva tri slučaja evidentna je potreba za postojanjem psihičkog stanja koje omogućuje subjektu da presretne signale koji najavljuju događaj, pridajući im značenje i motivirajući u sebi onaj naboj očekivanja koji će koincidirati s pojavom događaja. sebe.

Nažalost, signali koje bismo mogli definirati kao nagovještajne često se zanemaruju, koliko god bili brojni, jer smo prirodno navikli gledati svijet prema parametrima determinističke fizike i rastreseno razmatrati neobične događaje i čudne slučajnosti, koje svodimo na slučajevi bez značaja.

Rođenje sinkroniciteta.

U svom djelu "Sinkronicitet kao princip akauzalnih veza" objavljenom 1952., Jung navodi primjer sinkroniciteta:

> “Da navedem jedan među mnogim primjerima, zabilježio sam sljedeći slučaj od 1. travnja 1949. Danas je petak. Imamo ribu za ručak. Svi se prolazno sjećaju upotrebe "travanjske ribe". Tijekom jutra označio sam natpis: "Est homo totus medius piscis ab imo". Popodne mi bivša pacijentica koju nisam vidio mjesecima pokazuje neke posebno sugestivne slike riba koje je u međuvremenu naslikala. Navečer mi pokazuju vez koji predstavlja morska čudovišta u obliku riba. Rano ujutro 2. travnja, bivša pacijentica koju nisam vidjela nekoliko godina ispričala mi je san u kojem je, nalazeći se na rubu jezera, vidjela veliku ribu kako brzo pliva u

> njenom smjeru dok nije "poletjela" kod njezinih nogu. U ovom razdoblju bavim se istraživanjem čija je tema povijesni simbol ribe. To zna samo jedan od gore navedenih ljudi. Očigledna je sumnja da bi se u ovom slučaju mogla raditi o značajnoj slučajnosti, o neslučajnoj vezi. Moram priznati da me se ta koncentracija dojmila. Za mene je to imalo određeni numinozni karakter. U takvim slučajevima poznata je rečenica: "Ne može biti čist slučaj!". Ribe se često pojavljuju kao simboli nesvjesnog sadržaja."

U jeziku psihologije oblika, značaj je kvaliteta koja razlikuje 'stvari' od 'ne-stvari', središnju scenu od pozadine, relevantne radnje koje sastavljaju nebitne oblike i konture.

Mogli bismo podijeliti percepcije na fotografije i video snimke, kako bismo sugerirali da ne postoje samo trenutne percepcije, usporedive s fotografijama. Često percipiramo neke strukturiranije situacije, sa svojim razvojnim vremenom, složene događaje koji se ističu na pozadini drugih događaja, kao što se događa u filmovima gdje središnja radnja zaokuplja svu pozornost na uštrb obrisa.

U ovom slučaju je riječ o događajima, okolnostima, značajnim slučajnostima, od kojih svaka ima svoje značenje. Svi zajedno doprinose izgradnji složenije forme, sačinjene od filmskih isječaka, neovisnih jedan o drugome, ali sveukupno obdarenih simbolikom koja se odnosi na događaje i potrebe našeg života. U ovom slučaju govorimo o sinkronicitetu.

Vjerojatno najjednostavniji način objašnjenja što je sinkronicitet jest simulacija procesa kojim se on gradi, odnosno oblikuje u svijesti pojedinca.

Slika 15 - Zamislimo da isprekidani kvadrat zatvara razdoblje života osobe koju označavamo kao Filipa. Dan, tjedan ili više. Svaka točka predstavlja jedan od bezbroj događaja koji su se dogodili u tom razdoblju.

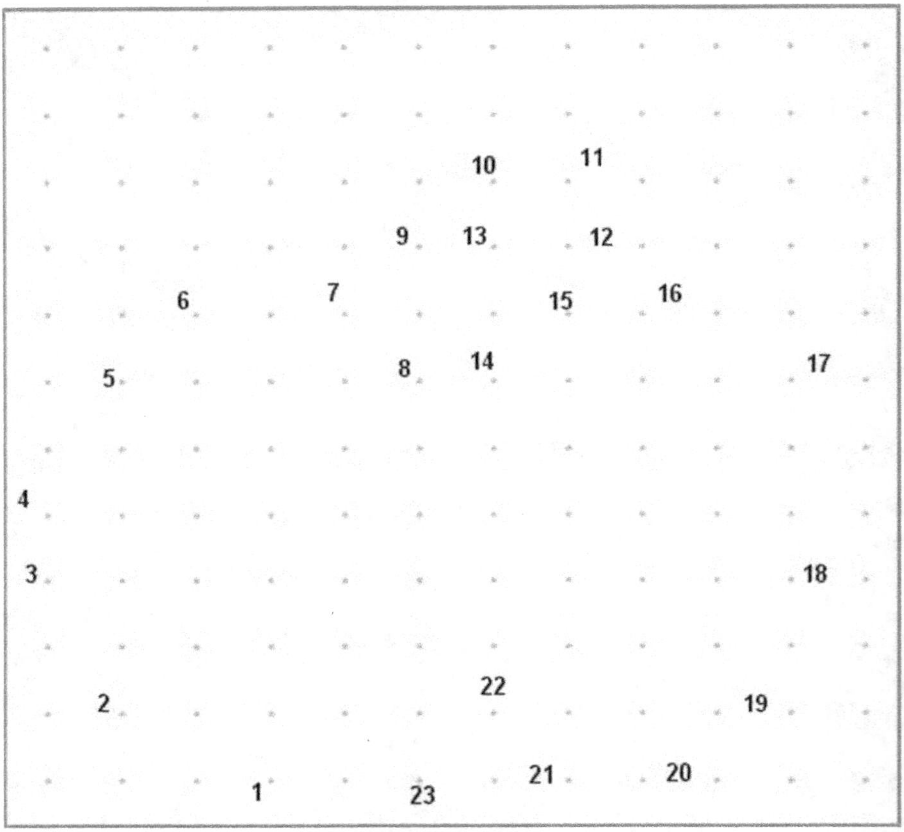

Slika 16 - Naravno, neke su epizode relevantnije od drugih. Zatim postoje neki (oni podebljani) koji imaju posebno značajnu vrijednost za Philipa, čak iako on sam nije u stanju objasniti razloge.

Stoga ćemo zamisliti rekonstruiranje prolaza kroz koje bi se sinkronicitet mogao pojaviti i postati učinkovit u savjesti prijatelja, kojemu dodijelimo konvencionalno ime Filip.

Filip i njegov brak.

Slika 15 simbolično zatvara u razgraničeno područje (kvadrat) vremenski period Filipova života, otprilike tjedan dana. Svaka točka unutar tog područja predstavlja jedan od bezbrojnih događaja koji su ga uključivali tijekom tog razdoblja, od jutarnjeg vezanja cipela do gašenja svjetla kad bi navečer išao spavati. Svaka točka ima svoju važnost, no svakako su neki događaji važniji od drugih, kao što bi to, primjerice, mogla biti pohvala dobivena na poslu u odnosu na bacanje odbijenice u smeće.

Ipak, neke situacije ostaju posebno utisnute u Philipovo sjećanje, čak iako ne zna zašto. To su događaji koji nisu međusobno povezani niti imaju ikakvog utjecaja na uobičajeni tijek njegova dana.

Jednostavno, to su bljeskovi svjetla koji zasljepljuju um kao što bi munja mogla zaslijepiti oko. Kao što znamo, efektu bljeskalice potrebno je neko vrijeme da se oko oslobodi nelagode, pa tako i čudan osjećaj izazvan nekim događajima nastavlja titrati u umu, bez nekog posebnog razloga.

Na slikama 16 i 17 htio sam sve prikazati kao da se radi o poznatoj igrici "Spoji točkice".

Zapravo, Filip mora nastojati povezati neobične činjenice, snove i slučajnosti kako bi im dao smisao, odnosno konstruirao oblik koji daje zajedničko značenje događajima koji naizgled ne bi trebali imati ništa zajedničko.

U noći između ponedjeljka i utorka Filippo sanja čudan san. Nalazi se na otoku u Tihom oceanu i uključen je u zabavu koju organiziraju stanovnici jednog sela. Mnogi plešu, drugi sviraju instrumente karakteristične za ovo mjesto, a treći prinose vijence cvijeća, a sve to u ozračju spokojne radosti. Mlada žena prilazi Filipu i stavlja mu na glavu krunu od raznobojnog i mirisnog cvijeća koje mu leži na ramenima i spušta se na grudi. Odjednom, sudjelujući u svečanoj atmosferi, Filippo spušta pogled i ugleda malog kukca koji isklizne iz čaške cvijeta i počne mu grickati latice. Ubrzo nakon toga pojavljuju se drugi kukci i napadaju sve cvijeće. Ove brzo venu i trunu. San se pretvara u noćnu moru; Filippo se trgne i shvati da je doživio samo neugodno iskustvo u snu, ali slika raskošnog cvijeća koje trune pred njegovim očima ostaje živa u njegovoj svijesti.

Sljedeći dan otkriva da se na TV kanalu koji inače ne gleda emitira dokumentarac o vojnoj organizaciji Rimskog Carstva. Oduvijek ga je zanimala povijest starog Rima pa odlučuje pratiti emisiju. Video prikazuje organizaciju "castruma". "Castrum" je bio logor koji je svaka legija morala izgraditi u nekoliko sati na kraju jednodnevnog marša. Na početku je vojska iskopala jarak i unutar njega podigla palisadu. Unutar logora, zemljište je bilo podijeljeno "Via Principalis" i "Via Praetoria". U raznim sektorima bili su šatori zapovjedništva, časnika i vojnika. Po završetku izgradnje tabora, zapovjednik je prinio žrtvu božanstvima zazivajući zaštitu novopodignutog tabora.

"Kako čudno, - misli Filip, ti su ljudi prinosili žrtve bogovima u svakoj prilici. Stoga, zašto na tako dobro organiziranom polju nisu izgradili i mali hram božanstvima?".

Ta ga pomisao iznenađuje: nikad ne bi pomislio da će se brinuti oko izgradnje vjerskog hrama. Filippo želi ostaviti tu misao po strani, ali ona mu se stalno vrti po glavi.

Treća neobična slučajnost događa se nakon nekoliko dana, dok radi u uredu, i nađe se u kontaktu s najlonskim markerom koji je predugo stajao nezačepljen pa je tinta na vrhu suha. Nestrpljiv, baca ga u smeće. Umiješa se kolega Guido i kaže mu:

"Nemoj to bacati, daj mi ga. Uz malo strpljenja, regenerirat ću ga i koristiti za objave za stavljanje na oglasnu ploču kluba".

Guido je tajnik i faktotum u kuglačkom klubu koji oboje pohađaju i gdje se zbog oskudnih sredstava štedi na svemu.

Filippa zbunjuje pomisao na oglasnu ploču i potrebu za pisanjem recikliranim flomasterima.

Za nekoliko dana, neshvatljivo, Filippa je privukao niz zanimljivih i potpuno nepovezanih činjenica. Počinje se pitati ima li sve to smisla.

Sanjao je svježe cvijeće koje su pokvarili štetnici. Iznenadio ga je nedostatak poganskog hrama. Zamislite oglasnu ploču ispisanu markerima iz smeća.

Odjednom, kao u trenu, zajednička veza doslovno eksplodira u Philipovu umu.

Zajednički nazivnik je crkva, naravno. Ne bilo koja crkva, nego crkvica u kojoj se vjenčao. Cvijeće je ono za ceremoniju, hram je sama crkva, oglasna ploča je ona koja sadrži obavijest o vjenčanju.

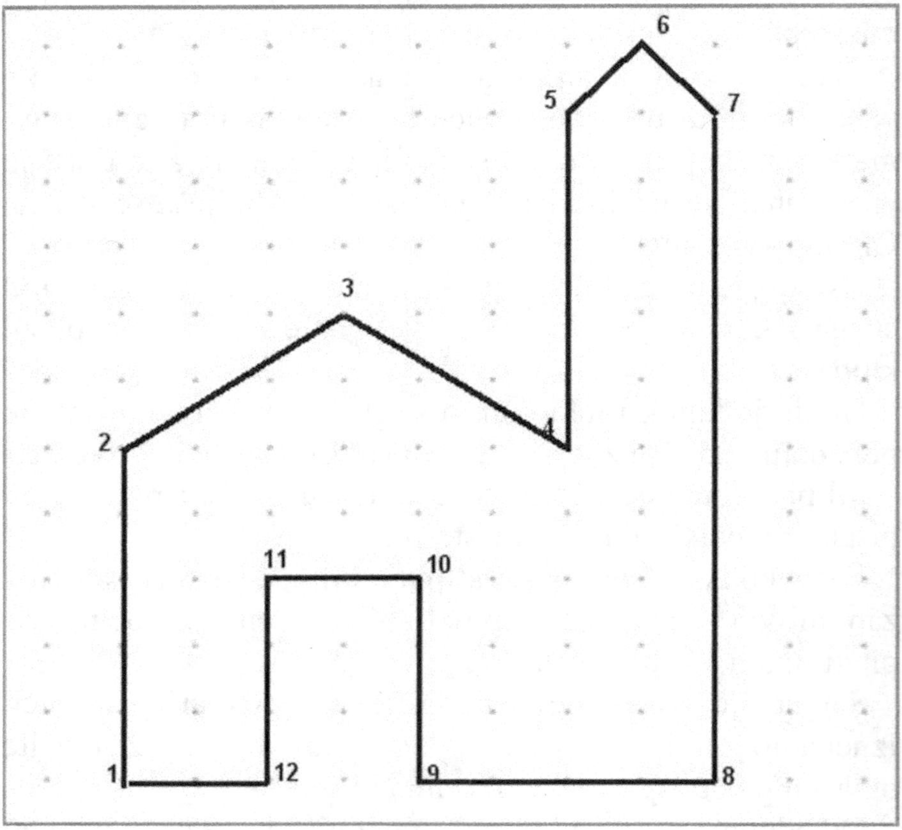

Slika 17 - Značajne podudarnosti omogućuju da se "oblik" materijalizira u Philipovoj savjesti, kao što bi se moglo dogoditi u igri "Spoji točkice".

U našoj metafori igre "Spoji točkice", kao što se može vidjeti na slici 17, Filip spaja točkice i dobiva oblik crkve koju odmah identificira kao onu u kojoj se vjenčao.

To još uvijek nije dovoljno, crkva je jednostavno simbol, zbroj mnogih simbola.

Filip mora shvatiti poruku koja se krije iza simbola. Cvijeće koje napadaju insekti i trunu, zavjetni hram kojeg nema, potrošeni najlonski flomaster. Sve to povezano s crkvom u kojoj je započela njegova bračna avantura, čini ga da shvati da je njegov život kao para patio od zanemarivanja i da njegov brak proživljava težak trenutak. Pogoršanje bračne situacije dogodilo se dok on, okupiran poslom i svakodnevnim poslovima, to nije primijetio.

Ako Philip uspije dešifrirati sinkronicitet u kojem je on bio protagonist, vjerojatno će uspjeti spasiti svoj brak.

Matej i učestalost broja 31

Drugi primjer koji predstavljam temelji se na neobičnoj učestalosti kojom broj može privući našu pozornost. Razgovarat ćemo o Matteu i njegovim ponovljenim susretima s brojem 31.

Jednog blijedog jesenjeg jutra Matteo, voditelj prodaje svoje tvrtke, zakazivao je sastanke s nizom klijenata. Matteo je najvažniji sastanak ostavio za kraj, onaj s dr. Corradinijem, voditeljem nabave tvrtke s vrlo zanimljivim budžetom. Nažalost, Corradini je imao neprijateljski i ponekad neugodan karakter. Matteu je uvijek bilo neugodno u raznim radnim kontaktima koje je morao održavati s njim. S uzdahom je podignula slušalicu i pozvala ga. Dr. Corradini je toga dana bio neobično ljubazan, pa je razgovor ubrzo završio dogovorom za termin.

- Pa doktore, možemo li se naći 31.? - predložio je Matej.
- Zašto tako dalek termin? – usprotivio se Corradini.
- Pa, kraj je mjeseca, još tjedan dana.
- Ali gledajte, gospodine Matteo, niste u pravu. U studenom smo, koji ima 30 dana. Ali koji kalendar on koristi? Aztečki kalendar?

Matteo je na trenutak ostao zbunjen, a onda je osjetio da tone. Kakva greška! Kvragu, samo s Corradinijem! Promrmljao je neke isprike i dogovorio termin za 30.

Međutim, epizoda ga je šokirala. Kako je mogao krivo izračunati datum važnog sastanka? Bilo je očito da studeni ima 30 dana. Kaže to i poznata dječja pjesmica: "Trideset dana ima studeni, s travnjem, lipnjem i rujnom...". A onda je na stolu imao otvoren dnevni red. Kako je mogao smisliti taj prokleti broj 31, izlažući se ironiji svog klijenta?

Ostatak radnog dana Matteo nije uspio puno završiti, mučio ga je taj broj 31.

Napokon je došao kraj radnog vremena i Matteo je izašao na ulicu kako bi otišao do autobusne stanice, gdje će čekati autobus broj 218 koji će ga odvesti kući. Ali na stanici Matteo pronašao je natpis: "Zbog radova autobus broj 218 privremeno je obustavljen. Alternativno, gospoda putnici mogu uzeti autobus broj 31 koji vozi ulicom Via Panoramica".

Ako je vjerovao da se riješio broja 31, Matteo je bio u krivu. Uzeo je ovo novo vozilo koje ga je dovelo blizu njegove kuće. Prije nego što je otišao do kuće, otišao je do kemijske čistionice pokupiti nešto odjeće.

Signora Pina, vlasnica praonice, predala mu je odjeću s računom.

- Duguje mi 33 eura.

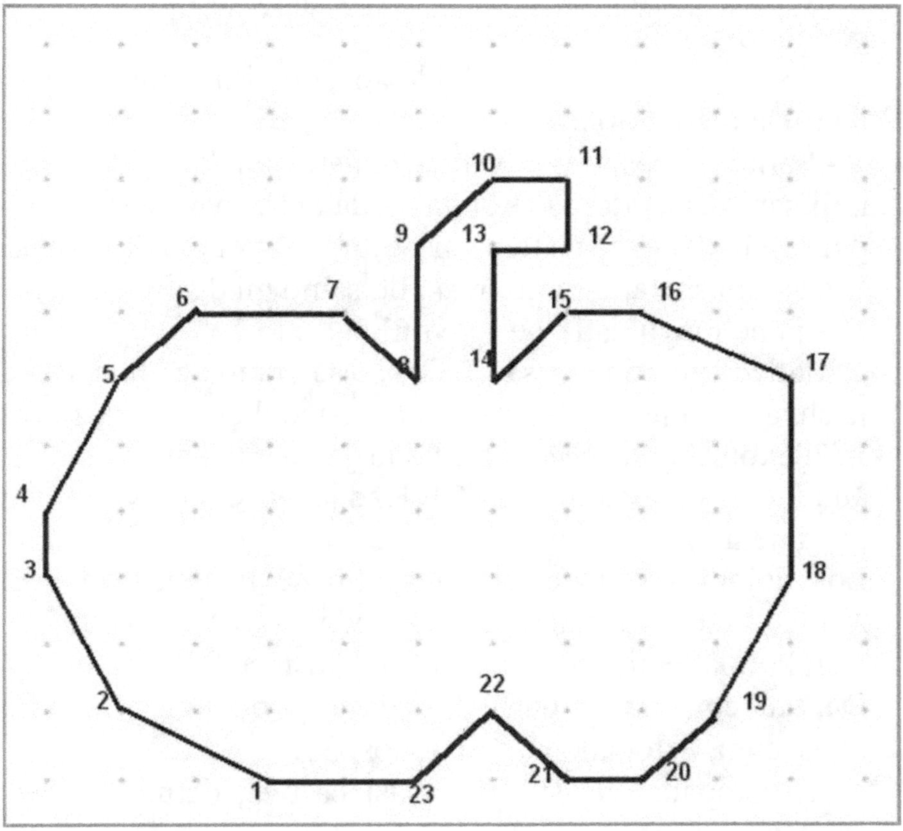

Slika 18 - Igra "Spoji točkice" kao metafora sinkroniciteta uključuje Mattea i kroz simbologiju bundeve navodi ga da svoju pozornost usmjeri na zabave za Noć vještica iz mladosti.

Matteo nije bio škrt, ali se volio cjenkati oko cijena kad god je to bilo moguće.

- Tako puno? 33 eura? Hajde gospođo Pina, imao sam loš dan! Da platim 30 eura.

- Šalite se, gospodine Matteo? Niste vidjeli račun za struju koji sam danas dobio! I onda vlada svaki dan izmišlja novi porez. Gledajte, g. Matteo, apsolutno ne mogu raditi popuste. U svakom slučaju, samo ovaj put, samo mi daj 31 euro. Nižu cijenu ne mogu dati, vjerujte mi!

Matteo je platio i izašao. Tek kad se vratio na ulicu, Matteo je shvatio da je broj 31 ponovno postao dio njegova života.

Tijekom cijele večeri nastavio je razmišljati o tom vrlo čudnom ustrajavanju broja 31. Kad je legao u krevet, shvatio je da ne može spavati.

Loš dojam kod Corradinija spalio se na poseban način. Matteo je osjetio ironiju njegova odgovora:

“Ali koji kalendar ona koristi? Onaj astečki?”.

Da, studeni ima 30 dana. Možda je pobrkao s prethodnim mjesecom, listopadom, koji donosi 31.

- 31. listopada. Na što me podsjeća ovaj datum? rekao je Matteo u sebi.

Naravno, Noć vještica! (Sl.18)

Počeo se prisjećati noći Noći vještica provedene sa svojim prijateljem Fulviom. Svake godine, u noći Noći vještica, njih dvoje postavljali su veliku praznu bundevu s upaljenom svijećom na ulazu u most. Zatim su čekali prolaznike, vikali i galamili kako bi ih prestrašili.

Fulvio je bio nekoliko godina stariji od njega i bio je pravi majstor u krađi najprikladnije bundeve u okolnom selu.

Matteov je um dugo lutao kroz ta sjećanja. S Fulviom se dugo nije čuo. Tko zna kako mu je bilo?

Pogledao je na sat. Još nije bilo kasno za telefonski poziv. Iz starog telefonskog imenika izvukla je Fulviov broj i nazvala ga.
Fulviova slušalica zazvonila je nevjerojatnom snagom u tišini njegova doma. Fulvio, koji je sjedio za svojim stolom, bio je zaprepašten. Telefon je ponovno zazvonio, bezrezervno, nadmoćno.
Fulvio je stavio pištolj koji je držao u desnoj ruci na stol i podigao slušalicu.
- Hej prijatelju, kako si? Znaš me? Ja sam Matthew!
Fuluio je zanijemio. Pomaknuo je papir u stranu i spustio olovku ispred sebe, a zatim odgovorio:
- Naravno da te prepoznajem. Zašto si mislio nazvati me?
- Pa, mislio sam da je prošlo dosta vremena otkako smo se vidjeli i da bi bilo lijepo da se nađemo da razmijenimo neke ideje. Što misliš prijatelju, može li se to učiniti?
Fulvio je zurio u slušalicu, kao da se čudi. Više nije bio sam, netko je mislio na njega, anđeo noći došao mu je pružiti ruku. Odjednom se njegova samoća činila manje tlačiteljskom. Našao se na točki gdje je još uvijek bio moguć izbor između nade i očaja. Da, noga na rubu provalije još se mogla povući. Nova odluka bila je moguća.
Fulvio je odlučio brzinom munje. Uzeo je pištolj i vratio ga u ladicu.
“Naravno da se može, prijatelju... da, prijatelju, svakako se može, ajmo se naći!”.
Priča o Matteu i Fulviu ovdje završava. Nitko nikada neće saznati da je Fulvio spašen te večeri zahvaljujući nizu čudnih slučajnosti koje uključuju Mattea, a sve su povezane s brojem 31.
Nitko nikada neće saznati koja je procedura (zasigurno ne logična) navela Mattea da neke generičke reference na broj

31 transformira u značajan datum, zabavu za Noć vještica, a zatim donese odluku da kontaktira svog prijatelja iz djetinjstva.

Nitko nikada neće saznati koliko su se puta ovakve priče stvarno dogodile.

Broj, arhetip reda.

“Nije važno sve što se može prebrojati
a ne može se izbrojati sve što je važno.”
(Rukom pisani papir visi u Einsteinovoj radnoj sobi)

Brojevi i sinkronicitet.

Brojčane podudarnosti uspijevaju fascinirati svakoga, pogotovo kada se redovito ponavljaju u kratkom vremenskom razdoblju, čak iu različitim situacijama: isti vozni red, isti broj ulice, isti broj rezervacije i tako dalje. Mnogi ljudi su pogođeni njime, ali ne vjeruju svi da postoji značenje ili ga ne žele otkriti.

Ponavljanje istog broja često krije vrlo osobnu poruku, koju je potrebno intuitirati kopanjem po naborima vlastitog nesvjesnog. Intrinzično simboličko značenje samog broja može pomoći u ovom istraživanju, prema vrlo starim tradicijama. Kroz numeričku alegoriju možemo biti protagonisti sinkroniciteta koji želi otkriti sadržaj tajanstvenog podrijetla, možda božanskog.

Praksa utvrđivanja smislenih slučajnosti na temelju brojeva ukorijenjena je u najranijoj povijesti čovjeka. Moglo se izbrojati broj ptica u jatu, broj kamenčića istog oblika ili boje, broj biljaka na istoj čistini. Sam broj je neobičan i tajanstven. Prema Jungu, broj ima značenje koje je uvijek numinozno, čudno, božansko.

Neki učitelji matematike poučavali su svoje učenike nepobitnim primjerom. Razmotrite bilo koju grupu objekata. Eliminirajte svako pojedino svojstvo ovih objekata poput težine, oblika, veličine i tako dalje. Ali sigurno nećete moći izbrisati njihovu količinu, odnosno broj tih predmeta.

Postoji bliska veza između broja i sinkroniciteta, jer su oba odjevena u svetost i misterij. Broj je uvijek prisutan u bilo kojem sinkronicitetu, u bilo kojem obliku: količina, datum ili drugo; često se krije pod izrazima kao što su "mnogo", "malo", "vrlo veliko", "beskonačno".

Svaki predmet se može promatrati u njegovom jedinstvu ili u njegovoj višestrukosti. Broj je taj koji uspostavlja točan poredak, dakle stvara hijerarhiju, strukturu, koherentnost, organiziranost, jasnoću.

Broj se smatra jednim od glavnih arhetipova, a Jung ga naziva arhetipom reda. Zapravo, stvara disciplinu u kaosu; omogućuje nam da ustanovimo i dokučimo pravilnost koja postoji a priori našeg ispitivanja, čak i kada bi je pri početnoj provjeri izostalo.

Broj je element koji stvara red u duhu od postanka čovječanstva, dakle najbliži i najintuitivniji ljudskoj inteligenciji. Primjer mogu biti crteži prisutni u špiljama paleolitika. Uz slike s prikazima bizona, konja, nosoroga i drugih životinjskih vrsta, pronađeni su i otisci šaka žutim ili crvenim okerom. Najpoznatiji su oni koji se nalaze u "Cuevas de las manos pintas" (Špilja oslikanih ruku) koja se nalazi u Patagoniji, u Rio Chubutu.

Datiranje pokazuje da su ovi otisci šaka stari najmanje 14.000 godina. Ovo su ruke sa široko raširenim prstima. Osim poruke koju je umjetnik želio prenijeti, a koju vjerojatno, prema antropolozima, nikada nećemo saznati, prikaz broja pet upada u oči. Kao što to obično biva i kao što sugerira Occamova britva, najjednostavnija i najizravnija interpretacija često je najtočnija.

U najstarijoj tradiciji svi su brojevi poprimili mistično značenje i svetost koja je sačuvana i danas; osobito se vjeruje da su svi brojevi od 1 do 9 "sveti".

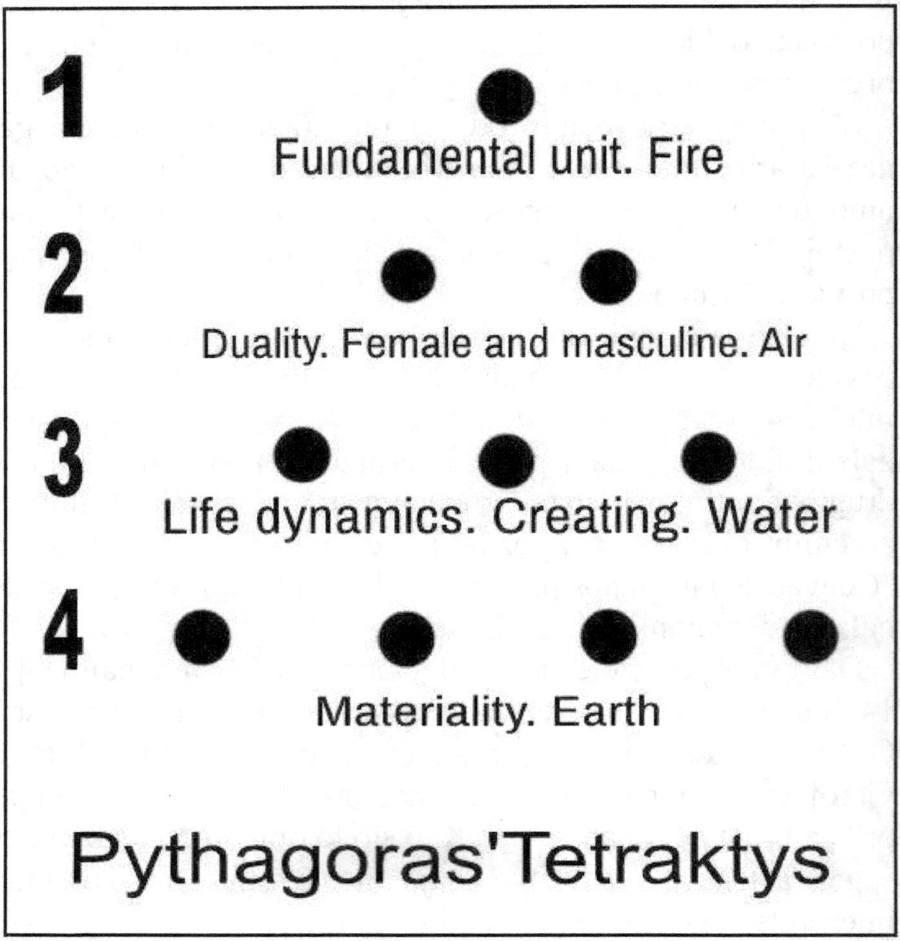

Slika 19 - Tetraktis ili kvaterni broj je za Pitagorejce predstavljao aritmetički niz prva četiri prirodna broja, točnije pozitivnih cijelih brojeva.

1. Temeljna jedinica. Vatra.

2. Dvojnost. Ženstveno i muško. Zrak.

3. Dinamika života. Kreacija. voda.

4. Materijalnost. Zemlja.

Tetraktis pitagorejaca.

Pitagora, grčki filozof i matematičar koji je živio u šestom stoljeću. B.C., shvaćao je matematiku kao znanost sposobnu unijeti red u prividni kaos svijeta. Osnovao je školu u Crotoneu; da bi bili primljeni, studenti su se morali zakleti na Tetraktis:

"Kunem se, njime koji je našoj duši prenio Tetraktis u kojem se nalazi izvor i korijen vječne prirode...".

Tetraktys predstavlja aritmetički niz prva četiri pozitivna cijela broja (slika 19). Ti su brojevi raspoređeni u geometrijski oblik jednakostraničnog trokuta sa stranicom "četiri", tvoreći tako piramidu koja sažima odnos između sebe i desetice. Zapravo, prema takozvanom teozofskom zbroju:

$1 + 2 + 3 + 4 = 10.$

S druge strane, 10 se odnosi na jedinicu dodavanjem $1 + 0 = 1$.

Četiri razine Tetraktisa odgovaraju kozmogonijskim principima i četiri elementa prirode.

Zlatni rez.

Neki brojevi su zaista posebni, poput broja 1.618. Ova vrijednost označava idealan omjer (zabilježite na primjer omjer između širine i visine standardnog okvira za fotografije), a njegova formula je:

$$(\sqrt{5} + 1) / 2 = 1{,}618\ldots$$

Obično se označava grčkim slovom Fi Φ i naziva se zlatni broj, ili zlatni proporcija, ili zlatni presjek, ili Fidijina

konstanta. Platon, koji ga spominje u svom djelu Timej, govori o njemu kao o fizičkom ključu Kozmosa. U srednjem vijeku zlatni rez preuzeo je Leonardo Fibonacci iz Pise, po čemu je danas posebno poznat kao Fibonaccijev niz (sl.20). Fibonaccijev niz je niz pozitivnih cijelih brojeva u kojem je svaki broj, počevši od trećeg broja, zbroj prethodna dva, a prva dva broja jednaka su 1.
Dakle, niz je predstavljen brojevima:

1, 1, 2, 3, 5, 8, 13, 21, 34, 55, 89,144, 233, 377, 610...

i može trajati zauvijek. Zapravo, Fibonaccijeva namjera dok je razrađivao ovaj niz bila je pronaći matematički zakon koji bi opisao rast populacije kunića. Nije zamišljao da otkrije jedno od prekrasnih prirodnih pravila Kozmosa. Doista, Fibonaccijev niz prisutan je u praktički svim elementima prirode i otkriva projekt nevjerojatne elegancije.

Između duljine ruke i podlaktice odraslog čovjeka omjer je "zlatan", kao i između duljine noge i njezina donjeg dijela. Isti zlatni rez nalazi se i između falangi srednjeg i domalog prsta.

Matematička i geometrijska svojstva zlatnog reza koja se nevjerojatnom postojanošću ponavljaju u najrazličitijim prirodnim kontekstima potvrda su postojanja bliskog odnosa između "Kreativnog entiteta" i kreacije. Slučaj sigurno ne bi doveo do takve pravilnosti savršenstva i ljepote.

Kada broj otkriva sadržaj kao što je zlatni rez, on se pokazuje kao instrument i posrednik odnosa između cjeline i dijela, kao i između svakog većeg dijela i njegovog manjeg dijela.

Nitko ne poriče postojanje, u ovoj prirodnoj konfiguraciji, ideala ljepote i sklada, koji uvelike opravdava nazive "Aurea" i "Divina".

U botanici možda najznačajniji primjer djelotvorne prisutnosti zlatnog reza predstavlja geometrijski raspored listova i cvatova nekih biljaka.

Sredinom 1800-ih, Auguste Bravais, francuski botaničar, u nizu studija koje je proveo sa svojim bratom Louisom, primijetio je da su kod mnogih biljaka listovi raspoređeni na stabljici prema spirali u kojoj je kut između dva uzastopna lista gotovo konstantan i iznosi oko 137,5°, što odgovara zlatnom kutu. Ovaj raspored jamči pristup i optimalno korištenje svakog lista na sunčevoj svjetlosti.

Ali postoje mnogi primjeri prisutni u prirodi. Na primjer, broj latica cvijeta obično je ekvivalentan vrijednosti Fibonaccijevog niza. Na primjer, vrlo mnogo, kao što su šarenice i ljiljani, imaju tri. Šipurak ih ima pet ili osam, poput ljutike i plumerije. Mnoge tratinčice imaju 13, pa pitanje "voli me" ili "ne voli me" gotovo uvijek završava utješno, potvrđujući "on me voli".To se događa i kada koristite "livadska tratinčica" koja ima 21 latica. Asteraceae, ogromna botanička skupina koja između ostalog uključuje suncokrete, gerbere i krizanteme, ima ih 34, 55 ili 89, dok obična cikorija, koja pripada istoj obitelji, ima 21.

Sve su to brojevi koji su dio Fibonaccijevog niza. Nevjerojatno kako svi prirodni izrazi za koje bismo željeli da su generirani slučajno imaju matematičke karakteristike inspirirane jednim izvorom.

Uz ljudske anatomske oblike, kao što je već spomenuto, i oni mnogih životinja poput morskih zvijezda inspirirani su zlatnim rezom; na posve očigledan način to čine stvorenja spiralnog oblika, kao što sugerira školjka Nautilusa. Ali to još uvijek nije dovoljno: u ovom trenutku više nas ne treba čuditi što su oblici Mliječne staze i drugih galaksija također inspirirani zlatnim rezom.

U području medicine došlo se do važnih otkrića u proučavanju ljudskog kretanja. Primjerice, 2013. godine potvrđeno je da je u hodanju odnos između faze "stava" (oslonca) i faze "zamaha" (kada stopalo napreduje bez dodirivanja tla) jednak zlatnom rezu.

Prokletstvo Devete simfonije.

Zapravo, mnogi povezuju broj devet sa smrću. Ova negativna korelacija počela je jačati kada je Gustav Mahler umro 1911.; upravo je završio svoju 9. simfoniju "Das Lied von der Erde" (Pjesma o zemlji) i brzo je radio na 10., nadajući se da je izbjegao sudbinu Beethovena koji je umro ubrzo nakon što je završio svoju 9. simfoniju (Zborska simfonija).

Prokletstvo Devete simfonije rođeno je i proširilo se između 1800. i 1900. i još uvijek postoji s obzirom na činjenicu da su mnogi skladatelji umrli nakon što su je skladali. Među najpoznatijim žrtvama, osim Mahlera i Beethovena, možemo spomenuti:

- Louis Spohr, ili Ludwig Spohr (Braunschweig, 5. travnja 1784. - Kassel, 22. listopada 1859.) njemački skladatelj, violinist i dirigent.
- Franz Schubert (Beč, 31. siječnja 1797. - Beč, 19. studenog 1828.) austrijski skladatelj i pijanist razdoblja romantizma.
- Antonín Dvořák (Nelahozeves, 8. rujna 1841. - Prag, 1. svibnja 1904.) češki skladatelj.

- Ralph Vaughan Williams (Down Ampney, 12. listopada 1872. - London, 26. kolovoza 1958.) britanski skladatelj, autor simfonija, komorne glazbe, opera, zborske glazbe i zvučnih zapisa.
- Joseph Anton Bruckner (Ansfelden, 4. rujna 1824. - Beč, 11. listopada 1896.) austrijski skladatelj.
- Kurt Atterberg (Göteborg, 12. prosinca 1887. - Stockholm, 15. veljače 1974.) švedski skladatelj, dirigent i glazbeni kritičar.
- Elie Siegmeister (New York, 15. siječnja 1909. - Manhasset, 10. ožujka 1991.) američki skladatelj, glazbeni učitelj i dirigent.
- Roger Sessions (Brooklyn, 28. prosinca 1896. - Princeton, 16. ožujka 1985.) američki skladatelj, glazbeni kritičar i akademik.
- Egon Joseph Wellesz (Beč, 21. listopada 1885. - Oxford, 9. studenog 1974.) austrijski je muzikolog, skladatelj i pedagog.
- Peter Mennin (Erie, Pennsylvania 17. svibnja 1923. - New York 17. lipnja 1983.) važan američki skladatelj talijanskog podrijetla.
- Sir Malcolm Henry Arnold (Northampton, 21. listopada 1921. - Norwich, 23. rujna 2006.) britanski skladatelj.

U eseju o Mahleru, Arnold Schoenberg je napisao:

> “Kao da je Deveta simfonija ograničenje. Tko to želi prevladati, mora umrijeti. Čini se kao da nam se nešto poručuje kroz Desetu simfoniju. To je nešto što sada ne možemo znati, ili nismo spremni to znati. Oni koji su

napisali Devetu simfoniju suviše su se približili onome što zovemo "Ahiret".

Klub 27.

Engleski izraz "Club 27" odnosi se na umjetnike, uglavnom rock pjevače, koji su umrli u dobi od 27 godina. Često se koristi i izraz "Prokletstvo J27", koji se odnosi na činjenicu da njihovo ime ili prezime počinje na slovo J.

Ovo uvjerenje nastalo je nakon smrti Jimija Hendrixa, Janis Joplin i Jima Morrisona. Mnogi vjeruju da je prvi umjetnik koji je postao žrtva prokletstva bio Robert Johnson koji je, prema legendi, prodao dušu vragu kako bi postigao uspjeh. Drugi dodjeljuju medalju prvog člana Kluba Alexandreu Levyju, koji je umro u dobi od 27 godina 1892.

Godine 2009., na 15. godišnjicu smrti Kurta Cobaina, Robert Smith s Nacionalnog javnog radija rekao je: "Smrt ovih rock zvijezda u dobi od 27 godina doista je revolucionirala način na koji gledamo na rock."

Doista, smrt mnogih umjetnika u tako mladoj dobi može se povezati s zlouporabom alkohola ili droga, prometnim nesrećama ili čak samoubojstvom.

Evo nekih članova Kluba 27:

- Jim Morrison, (8. prosinca 1943. - 3. srpnja 1971.), pjesnik, pisac i blagajnik, službeno je umro od srčanog zastoja (ali autopsija nikada nije obavljena).
- Amy Winehouse, (14. rujna 1983. – 23. srpnja 2011.) pjevačica i tekstopisac, umrla je od navodne zlouporabe alkohola.

- Brian Jones, (28. veljače 1942. - 3. srpnja 1969.) osnivač Rolling Stonesa. Umro je utopljen u bazenu svoje vile.
- Janis Joplin, (19. siječnja 1943. – 4. listopada 1970.) glavna pjevačica i tekstopisac za Big Brother i The Holding Company. Umro od predoziranja heroinom.
- Jimi Hendrix, (27. studenog 1942. – 18. rujna 1970.) Pionir i virtuoz električne gitare. Umro je od gušenja povraćanjem nakon konzumiranja alkohola i tableta za smirenje.
- Kurt Cobain, (20. veljače 1967. - 5. travnja 1994.) pjevač i gitarist Nirvane. Umro od samoubojstva.
- Kim Jong-yun, (8. travnja 1990. – 18. prosinca 2017.) skladatelj i pjevač K-Pop grupe SHINee. Umro od samoubojstva.
- Robert Leroy Johnson (8. svibnja 1911. – 16. kolovoza 1938.) američki pjevač, tekstopisac i gitarist. Umro iz neutvrđenih uzroka.
- Cecilia, Evangelina Sobredo Galanes (11. listopada 1948. – 2. kolovoza 1976.), španjolska pjevačica i tekstopisac, posvećena pop žanru. Poginuo je u prometnoj nesreći.
- Chris Bell (12. siječnja 1951. - 27. prosinca 1978.) pjevač i gitarist. Poginuo je u prometnoj nesreći.
- Alexandre Levy (10. studenog 1864. - 17. siječnja 1892.) Brazilac, pionir spoja klasične kompozicije i popularnih brazilskih ritmova. Vjeruje se da je on prvi poznati član Kluba 27. Umro je iz neutvrđenih uzroka.

Wolfgang Pauli i broj 137.

Wolfgang Pauli, fizičar i dobitnik Nobelove nagrade, imao je dugu vezu s Carlom Jungom, isprva u terapeutske svrhe, a zatim iz znanstvenog interesa. Postoji dokumentacija o vrlo dugoj razmjeni pisama između dvojice znanstvenika. Pauli je želio stvoriti psihofizičku teoriju koja bi ujedinila materiju i psihu. Uostalom, Pauli je neprestano uspoređivao svoje ideje sa svojim snovima, koji su se činili učinkovitim vodičem. Unatoč znanstvenom mentalitetu nije bio slobodan od izvanosjetilnih manifestacija: u sveučilišnom okruženju u kojem je radio bio je poznat takozvani "Paulijev efekt", prema kojem nije mogao ući u laboratorije svojih kolega, a da mu se neka oprema ne pokvari.

Tijekom svog znanstvenog života bio je gotovo opsjednut složenim problemom u fizici, konstantom fine strukture, jednakom otprilike 1/137.

Unatoč naporima Pauli nikada nije uspio pronaći razlog te vrijednosti. Godine 1958. hospitaliziran je u Zürichu jer ga je pogodio rak gušterače, što ga je ubrzo dovelo do smrti.

Na svoje veliko iznenađenje našao se hospitaliziran u sobi 137 i to je odmah istaknuo svom pomoćniku Charlesu Enzu kada ga je otišao vidjeti. Pauli je asistentu rekao da više nikada neće izaći iz te sobe, kao što nije uspio riješiti problem svog života. Procijenio je da je broj 137 za njega poput zamke, što je i bilo tako.

Broj 108 u istočnjačkoj kulturi.

Broj 108 rođen je iz 12x9 i stalno se pojavljuje u istočnjačkoj kulturi. Konkretno, ovdje su neka pojavljivanja broja 108 ili njegovih višekratnika i dumnošnika:

- To je broj zrna Male ili "indijske brojanice" i budističke Akšamale.
- To je broj grijeha u tibetanskom budizmu.
- Hinduistička božanstva imaju 108 imena koja se mogu recitirati brojanjem 108 perli Male.

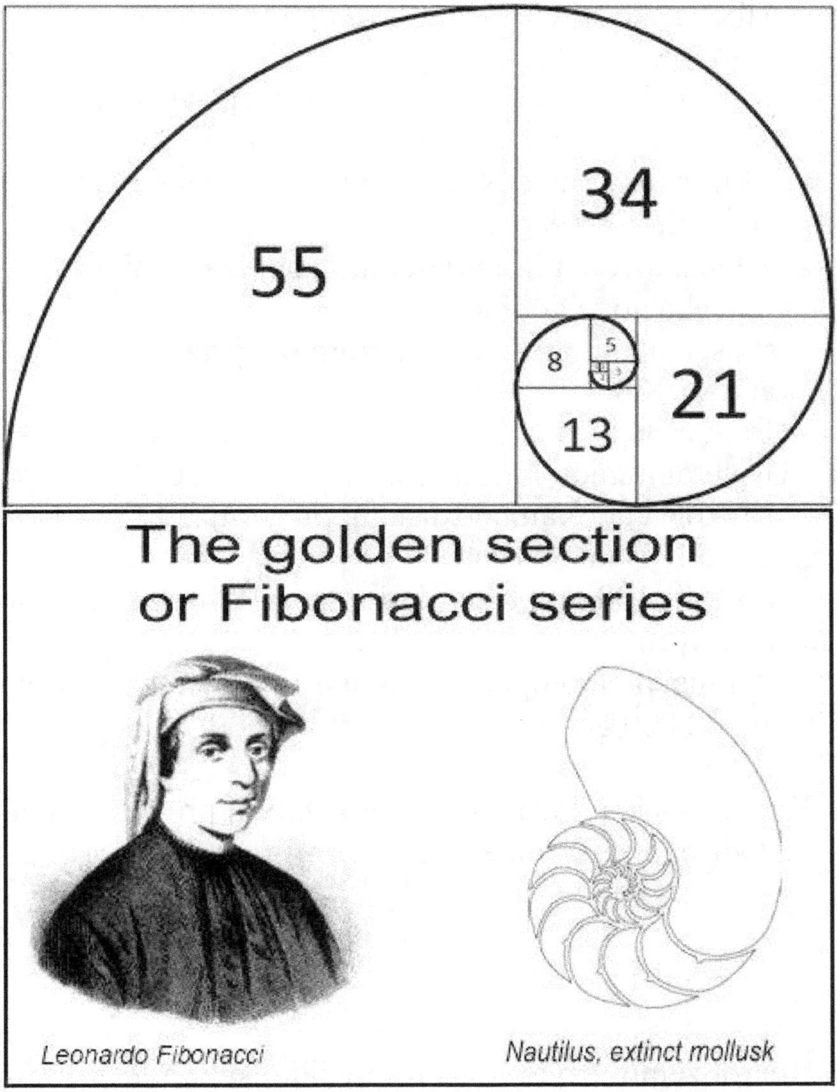

Slika 20. Zlatni rez Leonarda Fibonaccija.

- Rig Veda ima 10.800 stihova.
- Tibetanske svete knjige Khagiur sastoje se od 108 tomova.
- U Śrīmad Bhāgavatamu, Krišna je opisan kako pleše sa 108 pastirica i nakon toga oženio 16.108 žena.
- U šaivizmu, Shiva Nataraja je prikazan kako izvodi svoj kozmički ples u 108 poza.
- U Japanu se na kraju godine zvono zazvoni 108 puta u znak dočeka nove godine.
- Iskušenja kojima se osoba mora oduprijeti da bi dosegla Nirvanu su 108.
- Hram u Baalbeku, u Feniciji, imao je 54 stupa.
- U svetom gradu Lashanmjh, Tibet, bilo je 108 hramova.
- Angkor Vat, Kambodža, ima 54 tornja, 108 statua duž prilaza i 540 statua božanstava.
- Postoji 108 zvijezda koje se u kineskoj astrologiji smatraju svetima.
- Duljina pretpotopne vladavine u sumerskoj mitologiji bila je 108 000 godina.

Kao kuriozitet dodajemo da je 108 broj prosaca Penelope, žene Odisejeve, u Homerovoj Odiseji.

Broj 666.

Ne možemo završiti ovaj pregled svetih ili značajnih brojeva a da ne spomenemo broj 666. Pojavljuje se u odlomku Novog zavjeta, u Ivanovoj Apokalipsi, i odnosi se na "Zvijer" koja se diže iz mora i pustoši Zemlju. Konkretno, u suvremeno doba broj je postao simbolom đavla.

Kao kuriozitet, donosim priču koju je objavio Associated Press 2. studenog 1996. Prema agenciji, 436 stanovnika grada Madisona pristalo je igrati kombinaciju tri broja 666 u lokalnoj lutriji pod nazivom "Luck Devils". ". To se dogodilo povodom proslave Noći vještica. Nevjerojatno ali istinito, igrači su osvojili iznos od 1800 dolara. Iz širenja ove vijesti čini se da su mnogi drugi pokušali.

Determinizam smrti.

Ako netko pita iskusnog filozofa koje knjige da čita,
filozof bi trebao odgovoriti:
"Koju filozofiju želite? Znam što tražite. Želite filozofsku
doktrinu koja potvrđuje vaša uvjerenja.
Što želiš? Bog ili materija? Sloboda ili determinizam?
Reci mi. U svojoj apoteci imam sve te stvari. Mogu vam
dati jedno ili drugo, prema vašim željama."
(Giuseppe Rensi, talijanski filozof i pravnik)

Božanska pravda u gradu Drynor.

Godine 1836. Davy Crockett, narodni heroj američkog dalekog zapada, dok je putovao da se pridruži teksaškoj vojsci u San Antoniju, kampirao je u šumarku na obali Honey Grove Creeka, rječice duge samo 11 milja. Ova rijeka prolazi kroz okrug Fannin u Teksasu. Te večeri Davy je napisao pismo u kojem je oduševljeno opisao mjesto, nazvano Honey Grove po obilju saća koje su divlje pčele stvorile u šupljem drveću.

Crockett je kasnije promicao rođenje, u tom mjestu, grada s istim imenom. Godine 1842. ondje se nastanio njegov prijatelj Samuel Erwin, prvi doseljenik. Crockett je osobno obavio Erwinovo vjenčanje. Kasnije je mjesto postalo malo središte koje se širilo sve dok nije proglašeno gradom 1873.; trgovina, uzgoj pamuka i druge djelatnosti omogućile su mu da naraste do razine od nekoliko tisuća stanovnika, što je pogodovalo postojanju lokalnih novina na četiri stranice, "Honey Grove Signal".

Izdanje ovog časopisa od 31. ožujka 1905. detaljno opisuje činjenicu koja je postala klasik u literaturi čudnih i tajanstvenih događaja, općenito poznatih kao "slučaj metka sudbine". Postoji nekoliko verzija, no novinski izvještaj omogućuje nam rekonstruirati najistinitiju.

Članak se pojavljuje u stupcu na drugoj stranici, s naslovom "Iznenađujuće više od filma. Metak osvećuje djevojku dvadeset godina nakon njezine smrti".

Početne riječi članka ("Čudesan slučaj kazne na zemlji za tjelesne grijehe dogodio se...") dobro opisuju kulturno okruženje u kojem se ta činjenica dogodila i tumačenje koje je dano.

Članak opisuje nesretnu smrt jednog Henryja Zieglanda, stanovnika Drynor Townshipa, skupine kuća smještenih u blizini Honey Grovea. Kronika njegove smrti bila bi nezanimljiva da je ne povežemo s pozadinom koja datira dvadeset godina ranije.

Godine 1885. Henry Ziegland bio je bogat mladić posvećen svim ugodnim aktivnostima tipičnim za mladiće svih vremena, poput udvaranja djevojaka.

Nažalost, za njega trenutna sredina i moral nisu bili skloni prolaznim avanturama. Iz tog razloga, kada se udvarao lokalnoj djevojci, Maysie Tinchor, ona je podlegla njegovom laskanju samo u skladu s obećanjem o braku. Nažalost, Henry je, nakon što je ispunio svoje želje, naglo otpustio djevojku.

Bol i svijest o prijevari bili su golemi za mladu Maysie. Jadna djevojka oduzela si je život.

Naravno, nije moglo ovako završiti. Filford, Maysien mladi brat, izbezumljen zbog sestrinog samoubojstva, odlučio se suočiti s Henryjem.

Pojurio je u izdajnikovu kuću, ali je prvo, s pretjeranom impulzivnošću, sa sobom ponio staru vojničku pušku koja je mogla ispaliti jedan metak.

Dvojica su se suočila jedan s drugim. Henry, koji je bio stariji i zdepastiji od mlađeg čovjeka, nije bio nimalo pomirljiv. Henry je govorio uvredljive riječi Filfordu i Maysie. Također, Henry se rugao mušketi koju je Filford držao u rukama.

Zaslijepljen mržnjom i očajem Filford je izgubio kontrolu nad razumom, podigao cijev muškete i ispalio jedini hitac u smjeru protivnika. Filford je istog trena ugledao veliki mlaz krvi iz Henryjeve glave.

HONEY GROVE SIGNAL.

DR. PRICE'S CREAM BAKING POWDER

Greatest Aid to Cookery

Ayer's Cherry Pectoral

Coughs, Colds

CROOK RECORD CO.

PARIS, TEXAS

The Fashion Event

Spring Opening

Millinery, Tailored Suits, Wraps, Skirts, Shirtwaists, Gloves, Hose, Corsets, Underw'r

Wednesday, April 5

Special Bargain Prices

Slika 21 - Izdanje Honey Grove Signala od 31. ožujka 1905., koje u stupcu na drugoj stranici izvještava o slučaju smrti Henryja Zieglanda koja se dogodila u čudnim okolnostima. Ziegalndova smrt podsjeća na pozadinu od prije dvadeset godina.

Filford je mislio da ga je ubio i pobjegao. Shvatio je da je potpuno uništio svoju obitelj. Filford je u očaju napunio pušku još jednim metkom i oduzeo si život..

Međutim, stvari nisu išle kako je mislio: metak je samo okrznuo Henryjevu sljepoočnicu i zabio se u deblo stabla iza njega. Henry je, uz sreću koja je često bila naklonjena zlima, spašen zadobivši ranu na tijelu koja je u kratkom vremenu zacijelila.

Ne znamo je li se Henry u sljedećim godinama pokajao za svo zlo koje je proizašlo iz njegovog ponašanja, vjerojatno nije. Posao je učinio uspješnim i oženio se bogatom udovicom s kojom je dobio sina. To je raslo i, u iščekivanju svog vjenčanja, Henry je odlučio proširiti kuću kako bi smjestio i zadržao novu obitelj u blizini, izgradivši novo krilo točno u smjeru stabla koje je prije dvadeset godina pogođeno metkom. Kako bi dobio potreban prostor Henry je odlučio posjeći stablo. Slijedimo priču kako je objavljena u novinama "Honey Grove Signal":

> “Henry i njegov sin posjekli su stablo u koje je ušao metak Filforda Tinchora i pokušali ga rascijepiti na komade. Drvo je bilo toliko tvrdo da sjekire i klinovi nisu imali učinka, pa su odlučili u prirodne rupe na deblu ubaciti mala dinamitna punjenja. Eksplozija je smrskala deblo stabla. Snaga dinamita izgurala je stari metak.
>
> Izuzetnom snagom, metak je pogodio lijevu sljepoočnicu Henryja Zielanda i uzrokovao njegovu trenutačnu smrt."

Urednik koji je započeo članak riječima "Divan slučaj kazne na zemlji za grijehe tijela" zaključuje ovako: "U grobnici braće Tinchor sada je samo prah i tišina. No, metak, kojim im se Filford htio osvetiti za nedjela, danas je učinio svoje.

Postoji li božanska pravda?

Kronika "Honey Grove Signala" postavlja pitanje staro koliko i svijet. Postoji li božanska osvetnička pravda? Trebamo li vjerovati u "superiorni entitet" koji intervenira u skladu s kriterijima pravednosti kako bi ponovno uravnotežio sudbinu potlačenih?

Pitanje je vrlo diskutabilno. Zapravo, čak i kada bi takva institucija djelovala u tom smislu, prvo bi trebalo utvrditi koja je bila ideja pravednosti te institucije. Bi li se njegovo mišljenje poklapalo s našim?

Sa stajališta filozofije znanosti ova ideja je potpuno apsurdna. Događaji koji uključuju čovječanstvo moraju se vrednovati determinističkim kriterijem.

Determinizam identificira fizikalno objašnjenje za bilo koji fenomen, uz pretpostavku da uzročno-posljedični lanac uvijek mora biti valjan. Posljedica je da sve što se događa nikada nije slučajno, već je određeno fizičkim zakonima koji vladaju svemirom. Ti su zakoni dobro poznati pod nazivom temeljne interakcije. Sile prirode su te koje nam omogućuju da opišemo fizičke fenomene, a do danas su identificirana četiri. To su sila gravitacije, elektromagnetska sila, slaba nuklearna sila i jaka nuklearna sila.

Božanska se pravda ne može svrstati ni u jednu od četiri temeljne sile, stoga je za determinizam pravda kojom upravlja "nadređeni entitet" koji intervenira kako bi uzvratio za dobra ili loša djela potpuno apsurdna hipoteza. Henry Ziegland je umro jednostavno zato što je imao nesretnu ideju da upotrijebi dinamit, iz čega proizlazi da je uzrok svega u njegovoj neopreznosti. Točka.

Štoviše, na temelju determinističkog načela, da božanska pravda doista postoji, morala bi intervenirati cijelo vrijeme, a ne samo s vremena na vrijeme.

Ova razmatranja dovode nas do raskrižja: ili božanska pravda ne postoji, ili je determinističko načelo pogrešno.

Slučajni događaji i "nadnaravni znakovi".

Koncept možemo bolje istražiti razmatranjem fizičkih iscjeljenja koja se događaju na mjestima koja se smatraju "nositeljima čuda". Suprotno onome što mnogi vjeruju, ova mjesta nisu samo katolička.

Na primjer, džamija Jamkaran, sveta šijita, nalazi se šest kilometara istočno od svetog grada Qom, u Iranu. Čuvari džamije su od 1998. godine osnovali komisiju koja ispituje čudesna ozdravljenja koja se dešavaju u tom svetištu i koja se vode u posebnom registru.

Treba spomenuti i mnoga "poganska" mjesta, kao što je na primjer velika količina izvora ili stijena s taumaturškim svojstvima, kao što su mnogi dolmeni i menhiri kojima se i danas pripisuje pomiriteljska moć plodnosti.

U kulturi američkih Indijanaca postoje medicinski kotači koji evociraju ne toliko koncept liječenja tijela koliko duhovnog liječenja i moći koja se dobiva iz znanja o tajnama svemira.

Jedan od najstarijih medicinskih kotača pronađen je u planinama Big Horn u Wyomingu, a vjeruje se da je napravljen negdje između 200 i 500 godina. Napravljena je od bijelog kamenja raspoređenog u krug promjera 28 metara. Kružni oblik simbolizira kretanje, prolazak vremena, život i godišnja doba. U središtu Kotača nalazi se križ, simbol "Velikog Duha" i "Kozmičkog stabla" koje ima svoje korijene na Zemlji, a njegove grane sežu do neba i u četiri smjera.

Zatim postoje čisto psihička mjesta iscjeljivanja, poput fantastičnih teritorija odredišta šamanskih putovanja, gdje iscjelitelj odlazi boriti se protiv sila koje drže kao taoce zdravlje žrtava pogođenih najrazličitijim bolestima.

Naravno, tu su i mnoga kršćanska mjesta, poznata po čudesnim ozdravljenjima koja se tamo događaju. Najpoznatije je francusko svetište Lourdes posvećeno Djevici Mariji. Na ovo svetište se pozivam jer je ovdje dugo bila uspostavljena liječnička komisija, sastavljena također od znanstvenika nevjernika, koja s apsolutnom štedljivošću potvrđuje neobjašnjiva ozdravljenja.

Mnoga iscjeljenja ozbiljnih ili vrlo ozbiljnih patologija odvijaju se uranjanjem u vodu špilje Massabielle, što vrlo podsjeća na kršćanski obred krštenja kojim se, simboličnom smrću i uskrsnućem, osoba pere od svih grijeha i, šire, od svaku bolest jer, kako kaže sveti Pavao, smrt je ušla u svijet zbog grijeha.

Podsjećam da i jungovski arhetip vode, iako ima dvostruko značenje, u svojim pozitivnim aspektima može biti nositelj života u sušnim i pustim predjelima Zemlje, a time iu situacijama fizičke i duhovne ljudske patnje.

Lurd se može definirati kao "čudesno mjesto" jer je broj potvrđenih ozdravljenja koji se ondje dogode statistički veći od onih koji se dogode na drugim mjestima. Sandro De Franciscis, predsjednik "Bureau des observations médicales" iz Lourdesa od 2009. godine, izjavio je da je u 150 godina dokumentirano oko 7500 neobjašnjivih ozdravljenja, iako je samo 70 od njih Katolička crkva priznala kao čuda. Evidentna je vrlo osjetljiva statistička varijacija između broja iscjeljenja koja su se dogodila na ovom mjestu u odnosu na ona koja se odnose na različita ili "obična" mjesta.

Problem je što se svi ne oporave od svojih bolesti. Unatoč tome, neobjašnjiva iscjeljenja u Lourdesu dovoljna su da ozbiljno potkopaju materijalističku dogmu determinizma: njihov izniman broj sugerira da u toj teoriji možda postoji greška. Mnogi su znanstvenici iznijeli prigovor. Prema toj tezi, čuda nisu takva, već su normalne posljedice fizikalnih zakona koji još nisu dokazani. Ali ovaj prigovor nema osnova. Isto tako, vjernici mogu tvrditi da su čudesna iscjeljenja izravna posljedica božanske volje, čak i ako postojanje Boga još nije dokazano.

Naravno, moramo priznati da kada bi svi ljudi koji urone u lurdske kade bili izliječeni od svojih bolesti, tada bismo zapali u recipročni oblik determinizma, odnosno završili bismo potvrđujući teoriju koju umjesto toga želimo pobiti.

Objašnjenje koje se daje ovoj suprotnosti pojmova vrlo je jednostavno: čudesna ozdravljenja moraju se tumačiti kao znakovi, to jest kao pokazatelji stvarnosti koja nadilazi determinizam, ali ga ne niječe. Ako je čovjek u svojoj svakodnevnoj stvarnosti podložan determinističkim pravilima koja omogućuju funkcioniranje svijeta, to ne sprječava postojanje više razine koja je sposobna nadići ta pravila. To je moć koja se manifestira s vremena na vrijeme, tek toliko da signalizira svoju prisutnost savjesti čovječanstva.

Stoga čudesna iscjeljenja ne bi bila posljedica još uvijek nepoznatih fizikalnih zakona, niti puke slučajnosti, već bi bili znakovi prisutnosti "Univerzalne svijesti" sposobne transcendirati vlastite zakone. Ovaj apsurdni koncept mogao bi nam postati poznatiji kada ispitamo ponašanje materije na subatomskoj razini, otkrivajući da se na toj razini stvarnosti zanemaruju svi fizikalni zakoni koji leže u osnovi determinizma. Ista materija koja se na makroskopskoj razini, tj. na našoj razini postojanja, pokorava temeljnim silama determinističke fizike, u svojoj najintimnijoj razini ih zanemaruje, dezavuira i iskrivljuje.

Moguće je, dakle, da se determinizam istodobno poštuje i krši. Moguće je da deterministički zakoni sa sigurnošću potvrđuju da određena neizlječiva bolest vodi u smrt, au isto vrijeme, na drugoj razini, nedeterministička sila intervenira da dezavuira ovo načelo proizvodeći iscjeljenje.

Budući da živimo na razini determinističkih zakona prirodno je da su ovi, na našoj razini, u konačnici jači.

Postoji deterministički zakon kojemu ne izmiču ni čudesno ozdravljeni ljudi. Vrlo dobro znamo da će čak i ljudi koji su čudesno izliječeni na kraju umrijeti.

Gotovo sve religije i mnoge filozofije, međutim, osporavaju determinizam smrti konfigurirajući transcendentne stvarnosti, sposobne postaviti život na drugačiju i vječnu razinu. Najveći kršćanski blagdan je Uskrs, kojim se slavi smrt i uskrsnuće Isusa Krista, zalog budućeg uskrsnuća i vječnog života kojemu su svi vjernici namijenjeni.

Druge religije vjeruju u reinkarnaciju, odnosno u cikličko uskrsnuće koje kulminira postizanjem savršenstva, stanjem u kojem smrt prestaje postojati. Prema koncepciji klasičnog budizma ono što je bitno je oslobođenje od boli postojanja. Sreća, tj. nirvana, kraj je neprekidnih ponovnih rađanja, ništavilo.

U rabinskim tekstovima raj se opisuje kao vrt ruža i mirta, duhovno mjesto u čijem se središtu nalazi Drvo života. U Kur'anu pobožni muslimani oba spola ulaze u vrt užitaka: klima je dobra, vode ima u izobilju, voća, mesa i meda također.

Možemo li vjerovati u uskrsnuće?

U koncepciji mnogih religija moguć je povratak u život nakon smrti i ta ideja nije toliko čudna koliko se čini. Postalo je moderno, čak i među manje religioznim znanstvenicima, reći da smo "djeca zvijezda". Doista, nema znanstvenih dvojbi oko činjenice da su naša tijela sastavljena od atoma koji se, nakon što su formirani u pećima prvih zvijezda, zatim šire svemirom rekonfigurirajući se u beskonačne izraze stvaranja. Atomi postaju dio drugih zvijezda, planeta ili minerala i povrća, a također i kao dio tijela živih bića.

Svaki atom našeg tijela bio je dio beskonačnih drugih oblika materije. Što se atoma tiče, dakle, mogli bismo govoriti o "besmrtnosti" (barem dok postoji svemir) ili o reinkarnaciji. U širem smislu i uskrsnuća, ako uzmemo u obzir smrt organizma kojem pripadaju i "ponovno rođenje" kao dio drugog organizma.

Naravno, ovo nije vrsta uskrsnuća kakvu bismo očekivali: svi bismo željeli uskrsnuti u tijelu koje zadržava karakteristike i prije svega svijest o prethodno proživljenom životu. Odnosno, htjeli bismo prenijeti svijest prethodnog tijela u novo tijelo.

Ovisi o tome kako gledamo na svijest.

Prema materijalističkoj koncepciji, svijest je samo nusprodukt aktivnosti mozga, epifenomen proizveden elektrokemijskim interakcijama koje se odvijaju u masi mozga; posljedično, kada mozak umre i propadne, čak i svijest, koja nikada ne bi postojala, "umire" s njim.

Međutim, prema mnogim filozofskim i religijskim tumačenjima, svijest je čista psiha koja nadilazi mozak. Ne samo da nije ograničen na kućište mozga, već se proteže cijelim kozmosom, sučeljujući se slobodno i neovisno s drugim svijestima i s "univerzalnom sviješću". U tom smislu, svijest bi također mogla biti informativna veza koja ujedinjuje sve atome našeg tijela, odnosno projekt prema kojem im postaje moguće urediti i preuzeti funkcije kako bi kao rezultat dobili naše tijelo kakvo jest, s dvije ruke umjesto četiri i s otiscima prstiju za razliku od bilo kojeg drugog ljudskog bića.

Kada bi atomi našeg tijela zadržali sjećanje na svoju pripadnost ovom projektu, to sjećanje bi bilo besmrtno, naša savjest bi bila besmrtna iu određenom smislu naše tijelo bi bilo besmrtno.

Problem entropije.

Uostalom, zašto umiremo? Sve ovisi o zakonu koji se zove entropija ili, tehnički rečeno, "drugi zakon termodinamike". Jednostavnije rečeno, entropija znači da ako razbijete čašu, možete razbiti svaki komad u daljnje pod-komadove, a zatim svaki pod-komad u sljedeće pod-komadove, ali nikada ne možete vratiti staklo u prvobitno stanje integriteta . Isto tako, ako skuhate jaje, više nećete moći preoblikovati sirovo jaje, pogotovo ako ste od njega napravili omlet.

Svi imamo vrlo jaku percepciju usmjerenosti vremena i prihvaćamo da ono teče u samo jednom smjeru. Prihvaćamo "naprijed" smjer vremena, ali nam je teško zamisliti obrnuti smjer. To svakako ovisi o činjenici da je pravi smjer onaj u kojem uzročnost djeluje. Pretpostavljamo da uzroci prethode svojim posljedicama. Ne može se dogoditi događaj koji nije uzrokovan drugim događajem koji se dogodio prije. Nikada se neće dogoditi da netko ubere jabuke, a da prije toga netko ne posadi drvo.

Entropija je povezana s protokom vremena i predviđa da sve ide prema propadanju, jer se vrijeme kreće samo u jednom smjeru i nije moguće "premotati film" na prijašnju situaciju. Postoji neumoljivo pravilo, točnije drugi zakon termodinamike, prema kojem entropija zatvorenog sustava uvijek raste. Naravno, svemir je zatvoreni sustav.

Povratak u život

„Povratak u život" može se odvijati na različite načine. U nekim slučajevima, kao kod uskrsnuća tijela koje zagovara kršćanstvo, pokojnik se vraća u život u istom ruhu kao u prethodnom životu. U drugim slučajevima se navodi da se povratak u život događa u tijelu drugog živog bića, čak i druge vrste. Neke religije predviđaju kraj tjelesnosti, ali početak novog života u obliku čistog duha.

Za stare Egipćane, pravi život je bio ono što slijedi nakon smrti; stoga je tijelo balzamirano kako bi se sačuvalo od raspadanja. Ova praksa sugerira da su vjerovali u uskrsnuće u istom tijelu, a ne u reinkarnaciju u drugom tijelu. Doista, u mitologiji starog Egipta, boga Ozirisa kojeg je ubio njegov brat Seth uskrsnula je njegova žena Izida i postao kralj podzemlja i sudac mrtvih.

Zoroastrizam, koji je bio najraširenija religija u srednjoj Aziji između 6. st. pr. i 10. st. po Kr na temelju učenja proroka Zaratustre tvrdi da se tjelesno uskrsnuće mrtvih događa s obzirom na konačni Božji sud o dobru i zlu. Nakon smrti, pokojnikova duša prelazi preko mosta dok se njegova djela, dobra i loša, stavljaju na vagu. Kada prevladaju dobra djela, most se čini širok, inače postaje tanak kao oštrica noža. Rezultat određuje odredište duše u Garotmanu ili Raju, ili na najgorem mjestu.

Grčka mitologija govori u nekoliko slučajeva o likovima koji uskrsnu iz mrtvih, ponekad stječući besmrtnost.

Tantal je Pelopsa, njegovog sina još kao dijete, raskomadao na komade i postavio stol bogova da provjeri hoće li razumjeti da je to ljudsko meso. Kad je Demetra već pojela plećku, Zeus je shvatio prijevaru, ponovno sastavio Pelopsove udove i uskrsnuo ga, zamijenivši rame koje je nedostajalo rame od slonovače.

Hipolit, sin Tezeja i Hipolite, umro je dok je vozio svoja kola, ali ga je liječnik Asklepije oživio uz pomoć Artemide.

Nakon što je Zeus sa Semelom izdao Heru i nakon rođenja Dioniza, ploda izdaje, Hera se osvetila ubivši svoju suparnicu. Ali Dioniz je, nakon što je odrastao, uspio postati besmrtan, sišao je u Had i uskrsnuo svoju majku.

Resoa, mladog kralja Trakije koji je bio Prijamov saveznik u Trojanskom ratu, ubio je u snu Diomed, ali je njegova majka, muza Euterpa, dobila od Hada i Perzefone da ga uskrsnu i bila je zadovoljna.

Jedan od platonskih mitova govori o vojniku iz Pamfilije koji je pao u bitci, po imenu Er, koji je božanskom voljom uskrsnuo dok će njegovo tijelo biti spaljeno na lomači. Stoga je Er ušao u Had iako još nije bio pokopan, a zatim je vraćen u život zadržavajući svako sjećanje na prethodni život.

Platonizam je smatrao da su duše već postojale u nebeskom svijetu i da su postale zarobljenice u ljudskom tijelu pri njegovom rođenju. Da bi se oslobodila, duša je morala proći proces pročišćavanja koji se sastojao od uzastopnih reinkarnacija. Ova Platonova misao nastala je pod utjecajem starijih filozofskih škola. Tek nakon III stoljeća pr. neoplatonisti su prihvatili hinduistički nadahnuti pogled na reinkarnaciju.

Misterijske religije slavile su ciklički ritam života, smrti i ponovnog rađanja koji je uglavnom bio povezan s poljoprivrednim godišnjim dobima i silama prirode. Te religije nisu pretpostavljale izbavljenje od smrti, nego stalno ponovno rađanje u novi život nakon svake smrti.

Kinici su, prema tradiciji koja potječe od Diogena iz Sinope i pozivajući se na Sokrata i poluboga Herakla, prakticirali misterijske kultove koji su slavili smrt i uskrsnuće.

Mani, perzijski filozof koji je živio u 3. stoljeću, utemeljio je religiju koja se temelji na načelima nadahnutim kršćanstvom, budizmom, mazdaizmom i gnosticizmom. Ova je religija htjela objasniti podrijetlo, sastav i budućnost svemira. Što se tiče života nakon smrti, maniheizam je predviđao tri različite sudbine za Savršene, Slušajuće i Grešne. Duše Savršenih, nakon smrti, bile bi primljene od strane Isusa, i bile bi pročišćene Suncem, Mjesecom i Zvijezdom. Njihove "čestice svjetlosti", oslobođene, transformirale bi se u božanstva da bi se uzdigle do Prvog čovjeka i živjele pored njega.

Katarizam je bio vjerski pokret koji se razvio između 12. i 14. stoljeća, osobito u južnoj Francuskoj. Katarska teologija je bila dualistička: svijet materije je viđen kao "Zlo", dok se "Dobro" može naći samo na nebu pored Boga.

Život katara je stoga bio usmjeren na dovođenje duše, koja se smatrala božanskom iskrom "Dobra", prema nebu.

Katari su prihvatili ideju reinkarnacije, posljedično oni koji nisu postigli oslobođenje u jednom životu vratili bi se u novom životu kako bi nastavili bitku prema Savršenstvu. Reinkarnacija nije uvijek bila potrebna, ali općenito da, s obzirom na to da ne može svatko prekinuti vezu sa Zlom u jednom životu. To objašnjava zašto su se katari, progonjeni albigenškim križarskim ratovima, spontano bacili na lomače i pustili da budu spaljeni pjevajući.

Jehovini svjedoci vjeruju u uskrsnuće i buduću nagradu za pravednike, koji će biti podijeljeni u dvije kategorije:

- prvu kategoriju čini malo stado, sačinjeno od 144 000 odabranih koji će zajedno s Kristom kraljevati na nebu bez tjelesnog tijela, ali s duhovnim;
- druga kategorija uključuje sve ostale Božje sluge koji će vječno živjeti, s novim tijelom, na Zemlji pretvorenoj u raj.

Nepravednici će uskrsnuti u ovom raju, ali će uvijek biti podložni drugoj smrti.

Prema islamskoj vjeri, čovječanstvo je osuđeno na smrt i "Sudnji dan". Na ovaj dan Allah će narediti svojim melekima da zatrube u rogove koji će pri prvom zvuku uzrokovati uništenje svakog bića. Na drugi zvuk trube svi će ljudi, bez iznimke, uskrsnuti tijelom, dušom i duhom, kako bi bili osuđeni i nagrađeni Rajem ili osuđeni na Pakao. Sudnji dan se također naziva Yawm al-qiyāma (Dan uskrsnuća).

Reinkarnacija u istočnjačkim religijama.

U nekim istočnjačkim religijama uskrsnuće često ima oblik reinkarnacije, budući da njihove dogme tvrde da je svako živo biće, od mrava do slona, da spomenemo samo neke, nositelj duha ili duše umrlog.

Klasični oblik doktrine o reinkarnaciji dolazi iz Indije gdje je razrađen u brahmanskim spisima u 9. stoljeću pr.

Koncept reinkarnacije proširen je u Upanišadama nakon 7. stoljeća. Upanišade su indijski vjerski i filozofski tekstovi sastavljeni na sanskrtu. Upotreba ovog jezika omogućila je korištenje tekstova drugim velikim istočnjačkim religijama poput budizma. Nakon toga, reinkarnaciju je uveo kineski taoizam, prema 3. stoljeću.

Uskrsnuće u Novom zavjetu

Vjera u uskrsnuće je naviještena u Evanđelju i ponovno potvrđena u drugim biblijskim knjigama, posebno u Djelima apostolskim iu Poslanicama svetog Pavla, gdje se kaže da je smrt "plaća za grijeh".

Za kršćanstvo Isusova smrt nije bila samo žrtva nevinog čovjeka, već jedinstven i temeljni događaj spasenja. Prema kršćanskoj vjeri, Isus će se uskoro vratiti i u njegovom uskrsnuću svi vjernici će uskrsnuti.

Slika 22 - Tao na kineskom znači "put". U istočnjačkim filozofijama simbol taoa, poznat i kao "yin i yang", predstavlja put, nastanak svih stvari, koji se postiže pokretom koji oscilira između dvije krajnosti.

Slika 23 - Uskrsnuće Lazara na starogrčkoj ikoni.

Dualizam. Entropija i sinkronicitet.

Promatra li se hladnokrvnim okom katastrofu ljudske povijesti, teško je izbjeći zaključak da je čovjek pogođen urođenim mentalnim poremećajem koji ga tjera na samouništenje. Ubijanje pripadnika iste vrste, na pojedinačnoj ili kolektivnoj razini, pojava je nepoznata u cijelom životinjskom carstvu, osim čovjeka i nekoliko vrsta mrava i miševa.
(Arthur Koestler, u časopisu The Observer)

Primjeri sinkroniciteta o kojima smo ranije govorili sadržavali su dešifriranu poruku u smislu "pomozi prijatelju". Filippo je doveden do spoznaje da njegov brak treba reviziju, dok Matteo nesvjesno spašava Fulviov život. Moglo bi se reći da su dva sinkroniciteta intervenirala kao pozitivni rebalanseri negativnih situacija, odnosno da su djelovali kao "arbitri" u situaciji koja je predviđala dvije mogućnosti identificirane kao "dobro" i "zlo" prema raširenim ljudskim kriterijima.

Zapravo, uobičajena misao ljudskih bića, s teorijske točke gledišta, uvijek daje prednost rješenjima koja mogu izbjeći tugu i patnju za druge. Ovo je osobito istinito kada su ljudi koji će imati koristi nepoznati. Umjesto toga, ponekad se ne libimo poželjeti sve moguće zlo mnogima od onih koji su nam bliski. Dakle, dobro i zlo mogu biti istovremeno prisutni u prosudbama iste osobe, često u istoj prosudbi.

S generičkog stajališta, pojam "Dobro" označava sve ono što se pojedincima čini poželjnim i takvim da se može smatrati krajnjim ciljem koji treba postići u nečijem postojanju. Koncept "zla" je tipično suprotan, ali ne odvojen, dapače, koegzistira.

Dakle, dobro i zlo su dvije strane iste medalje, apsolutno neodvojive; nisu samo u ljudskim prosudbama, već u svim kozmološkim vizijama i gotovo u svim filozofijama i religijama, s manjim ili većim naglascima. Dobro i Zlo predstavljaju dualnost.

Dualizam.

Pojam dualizam definira svaku religijsku, filozofsku ili čak metodološku i znanstvenu doktrinu, koja predviđa postojanje dva suprotstavljena ili nepomirljiva načela.

U ovoj sam se knjizi već osvrnuo na mnoga dualistička načela, poput onog tipičnog za filozofiju Francisa Herberta Bradleya, koji se odnosi na pojavnost i stvarnost. Bradley je engleski filozof koji je živio od 1846. do 1924. Prema njegovoj misli, istina leži u jedinstvu svega: ne postoji odvojenost ili višestrukost stvari. Cijeli svijet ljudskog iskustva je pojava; samo je apsolutna svijest stvarna. Druga vrsta dualnosti koja se naširoko obrađuje u ovoj knjizi je ona koja se odnosi na religiju i znanost, tema koju je istraživao William James, američki psiholog i filozof irskog podrijetla koji je živio od 1842. do 1910. godine.

Izraz "dualizam" treba pripisati Thomasu Hideu, engleskom orijentalistu rođenom u Billingsleyu 1636. godine i živio do 1703. godine.

U svom djelu "Historia religionis veterum persarum" (Povijest drevne perzijske religije), pozivajući se na zoroastrizam i maniheizam, Hide definira dualizam kao koncept stalne borbe između Svjetla i Tame, odnosno Dobra i Zla.

To su dva stanja koja su prisutna u isto vrijeme i neovisna su i suprotstavljena. Svaki aspekt ljudskog postojanja ovisi o korištenju dobra od zla.

Godine 1710. filozof Gottfried Wilhelm Leibniz objavio je u Amsterdamu svoje djelo "Teodiceja" o Božjoj dobroti, čovjekovoj slobodi i podrijetlu Zla. U djelu je Leibniz analizirao dualizam Dobro-Zlo u svjetlu biblijske knjige o Jobu, prateći isto podrijetlo svemira natrag do načela Dobra i Zla. U Leibnizu, svaki negativni događaj, kao što su kataklizme ili postojanje nemotiviranog zla koje pogađa nevine, ima svoje objašnjenje u vrhunskom zakonu harmonije koji nadzire božansko stvaranje i koji opravdava svaki događaj u svjetlu vrhunskog dizajna nepoznatog čovjeku. .

Čak i Pierre Bayle (1647-1706) u svom "Kritičkom povijesnom rječniku" ukazuje na prisutnost Dobra i Zla kao materijalnog porijekla svemira, iako s racionalističkog gledišta.

U novije doba marksizam podsjeća na dualizam nadgradnja-struktura, a na polju psihologije Jung predlaže dualizam svjesno-nesvjesno. Jedan od trenutno najviše istraženih dualizama je dualizam uma i mozga, koji sam već spomenuo u ovoj knjizi.

Oblik nefilozofskog, ali čisto fizičkog dualizma, koji poprima izrazito relevantan aspekt za potrebe ove knjige, nastao je iz eksperimenata u kvantnoj fizici provedenih posljednjih godina. Ovo je dualnost val-čestica, koja je u osnovi nevjerojatne stvarnosti kvantne isprepletenosti.

Međutim, postoji još jedan oblik dualizma, koji mnogi znanstvenici aktivni u kvantnoj fizici ili filozofiji nagovještavaju ili sramežljivo puštaju da se pojavi u svojim radovima, a to je dualnost između entropije čovjeka, tj. ljudske sklonosti samouništenju, i sinkronicitet koji, unatoč tome, vodi čovječanstvo prema progresivno višim evolucijskim stupnjevima.

Entropijski čovjek.

Entropija ili drugi zakon termodinamike, jedan od osnovnih zakona fizike, kaže da u normalnim uvjetima sustavi prepušteni sami sebi imaju tendenciju postati neuredni i korumpirani u izravnoj vezi s protokom vremena. Sve živo i neživo se istroši, propada i samouništava. Ovo je izvjesni kraj s kojim će se, fizički govoreći, sva bića morati suočiti; to je neizbježan proces koji nema povratka.

S manje znanstvene točnosti možemo zamisliti da, uz fizičku entropiju koja se tiče cjelokupne materije, postoji i psihička entropija koja se tiče čovječanstva. Naime, svaki čovjek ima urođenu sklonost samouništenju, a sklonost pojedinaca raširena po društvu neumoljivo može postati sklonost cijelih zajednica i naroda.

Čovjek je sklon samouništenju u puno većoj mjeri nego bilo koje drugo živo biće. Uništavanje ekosustava te nuklearni i bakteriološki ratovi danas predstavljaju golemu opasnost. To nije ništa novo: za prošlost se sjećamo vjerskih i osvajačkih ratova, ropstva i svake druge tehnike ubijanja i tlačenja. Možemo reći da je sve počelo kada je Cain vjerojatno kamenom ubio svog brata Abela.

Neopravdana okrutnost potpomognuta utrkom u naoružanju oduvijek je dominirala ljudskim ponašanjem, a da nismo shvaćali kako je uništenje bližnjega uništenje nas samih: nebrojeno puta smo riskirali izumiranje, a još uvijek ga riskiramo s većom sigurnošću zbog snage trenutnog oružja .

Mnogi restriktivni zakoni i vjerske zapovijedi imaju za cilj obuzdati samoozljeđivanje ljudske vrste: ne ubij, ne kradi, ne čini drugima ono što ne želiš da se tebi čini. Unatoč tome, čovjek u sebi nosi sjeme samouništenja, čini se da traži svoju i tuđu smrt. Unatoč tome što je svjestan ovog rizika, čovjek se ne može popraviti iz svoje psihičke entropije

Entropija nije ono što se čini.

U stvarnosti čak i entropija ima aspekte prema kojima nije baš onakva kakvom se čini na prvi pogled, odnosno ona "nepopravljiva nevolja" koju opisuje Boris Yelnikoff u filmu "Što god radi". Ključ leži u rečenici: "To se zove entropija; To je kao kad pasta za zube izađe iz tube i više se ne može vratiti."

Uzimamo zdravo za gotovo da, na razini našeg osjetilnog iskustva, entropija funkcionira upravo kao dezintegrirajuća aktivnost koja djeluje u smjeru vremena. Međutim, ako napustimo našu razinu kako bismo ušli u razine prostora i vremena koje nadilaze naše izravno iskustvo, entropiji možemo dati različita lica i značenja.

Uzmimo primjer s našim planetom, Zemljom, uspoređujući što je bila u povojima i što je sada.

Izgled primordijalne Zemlje, prije oko 4,5 milijarde godina, bio je apsolutno drugačiji od sadašnjeg; njegova je površina neprestano bila razdirana snažnim vulkanskim erupcijama i bičevana upornim kišama koje su trajale milijunima godina, sve dok se nisu stvorili oceani. Dakle, gotovo paklena panorama golih vulkanskih stijena obasjanih užarenom lavom novih erupcija. Sigurno, mjesto gdje bi bilo nemoguće živjeti.

Prvu Zemljinu atmosferu, sastavljenu uglavnom od vodika, otpuhao je solarni vjetar. Međutim, bilo je obilnih i kontinuiranih erupcija koje su formirale drugu atmosferu sastavljenu, između ostalog, od ugljičnog dioksida, ugljičnog monoksida, amonijaka, vodene pare i metana. Ovo okruženje, uz pomoć munja i ultraljubičastog zračenja Sunca, bilo je idealna kolijevka za formiranje organskih molekula spremnih evoluirati u sve složenije organizme. Dakle, ubrzo se pojavio život; najstariji poznati tragovi datiraju od prije 3,8 - 4 milijarde godina i preci su sadašnjih bakterija, vrlo jednostavnih i primitivnih jednostaničnih organizama sposobnih, međutim, za obavljanje temeljnih aktivnosti tipičnih za živa bića, kao što su hranjenje i razmnožavanje.

Ali kako je razvoj tih iskonskih bića bio moguć počevši od jednostavnih organskih molekula prisutnih u atmosferi prije četiri milijarde godina? Što je entropija radila dok se to događalo? Jer, ako ćemo biti iskreni, moramo priznati da je to bio proces izgradnje, a ne uništavanja.

Istina, bijedne i puste sivkaste vulkanske stijene podvrgnute zakonu entropije raspadale su se tijekom tisućljeća, a čitavi planinski lanci su nestajali kako su se izravnavali. Svaki ljudski promatrač mogao se u svom iskustvu uvjeriti u destruktivnu moć entropije. Ali kad bi se taj promatrač mogao osloboditi ograničenih vremenskih ograničenja svog promatranja, produžujući ga tijekom tisućljeća, vidio bi kako se stijena transformira u sve manje i manje dijelove dok ne postane zemlja.

Tada bi vidio da zemlja prekriva goleme ravnice i nudi okruženje pogodno za život. Isti bi promatrač sigurno vidio kako vode erodiraju i izdubljuju stijene, stvarajući njegove staze i uništavajući okoliš kojim je prešao. Ali tada bi vidio rađanje rijeka, sposobnih za nošenje oplodnih elemenata u zemlje rođene raspadanjem stijena. Promatrač bi svjedočio rađanju bilja, biljaka, cvijeća, kukaca i drugih živih bića svih vrsta, odnosno one prirode koju danas definiramo kao divnu i koja je osnova našeg ciklusa ishrane i našeg opstanka.

Budimo iskreni: bez entropije danas ne bismo bili ovdje. Stoga, izvan onoga što bi se moglo činiti povremenim promatranjem ograničenim vremenom, konačno djelovanje entropije nije destruktivno, već kreativno.

Povijest evolucije radikalno proturječi načelu entropije. Evolucionisti tvrde da bi se spontana kombinacija anorganskih atoma dogodila u ograničenom vremenu i točnim redoslijedom kako bi se formirale izuzetno složene molekule kao što su proteini, a zatim DNK. Iz ove povremene agregacije spontano bi nastali milijuni živih vrsta sa složenim biološkim strukturama.

Klasično tumačenje zakona entropije niječe da se ovaj proces može odvijati; ali, zapravo, dogodilo se. Znanstvenici koji se bave evolucijom pitaju se o ovom problemu, ali ne mogu predložiti rješenja. Znanstvenik za evoluciju Roger Lewin navodi, u članku koji se pojavio u časopisu Science:

> "Prema drugom zakonu termodinamike, sustavi bi se trebali raspadati tijekom vremena, pokazujući manji, a ne veći red."

Jesse Hackley Rush, liječnik i evolucijski znanstvenik, piše ovo:

> “U složenom tijeku svoje evolucije, život otkriva upečatljiv kontrast u odnosu na tendenciju izraženu u drugom zakonu termodinamike. Dok ovaj zakon govori o nepovratnom napretku prema povećanju entropije i nereda, život neprestano evoluira prema višim razinama reda."

Svezak "The Evolution Deception" (Harun Yahya) donosi mišljenje drugog evolucionističkog znanstvenika, Georgea Stravropoulosa, objavljeno u poznatom znanstvenom časopisu American Scientist:

> “U normalnim uvjetima niti jedna složena organska molekula ne bi se mogla spontano formirati, već bi se trebala raspasti, prema drugom zakonu termodinamike. U stvarnosti, što je veća složenost, to bi trebala biti veća nestabilnost i sigurnost zbog raspada."

Rješenje "ab absurdum" predlaže poznati evolucionist Jeremy Rifkin u svom eseju "Entropija", objavljenom 1980., u kojem govori o "magičnoj moći" koja bi omogućila da evoluciju ne preplavi entropija.
Zapravo, "magična moć" koja može ukrotiti entropiju postoji, a to je sinkronicitet. U dualizmu Zlo-Dobro dvije sile koegzistiraju i stvaraju kozmičku stvarnost kojoj je suđeno da vidi pobjedu Dobra. Slično, dualizam entropije i sinkroniciteta djeluje u kozmosu u izazovu koji će vidjeti pobjedu tog "Entiteta" koji stvara sinkronicitete.

Sinkronicitet kao inteligentni evolucijski projekt.

Sinkronicitet je evolucijski projekt vođen inteligencijom, koju možemo definirati kao "Univerzalni um", sposoban intervenirati ne samo u živote pojedinačnih ljudi, kao u slučajevima Filipa i Mateja, već iu živote grupa, naroda i nacija, te na putu cijelog čovječanstva. To opravdava činjenicu da niti entropija niti ljudska sebičnost nisu spriječili fizički svemir da evoluira prema sve većem savršenstvu, a ne prema propadanju. Povijest čovječanstva nije našla svoj kraj u kolektivnom samouništenju, već se razvijala prema trijumfu umjetnosti, kulture i, u konačnici, svijesti o sudbini koja nadilazi fizičku smrt.

U svojoj prethodnoj knjizi "Isprepletenost i sinkronicitet" usredotočio sam se na doista zagonetnu okolnost zbog koje je ljudska vrsta, koja je započela prije milijune godina s prvim hominidima, ostala u stanju kamene civilizacije neizmjerno dugo. Prije samo dvanaest tisuća godina ljudska vrsta započela je vrlo brz kulturni skok koji nas je doveo danas do putovanja Sunčevim sustavom.

Sve to nije moguće u postupnom evolucijskom procesu. Nešto se dogodilo prije dvanaest tisuća godina, nešto što je, nakon milijuna godina kulturnog sna, otključalo ljudsku svijest i omogućilo joj da dosegne svoje sadašnje visine.

Često se događa da neka otkrića dođu istovremeno, na različitim mjestima u svijetu, od strane dvojice znanstvenika koji ne znaju za njihov rad. U tim slučajevima moramo zamisliti da je ulaz dala kolektivna psiha, zajednička oboma. Na primjer, to se dogodilo u izumu telefona Antonija Meuccija u New Yorku i Alexandera Bella u Bostonu.

Dana 22. travnja 1984., "Centri za kontrolu i prevenciju bolesti" javno su objavili da je francuski Lav virus definitivno identificiran kao uzročnik AIDS-a od strane istraživača na Institutu Pasteur.

Sljedećeg je dana Margaret Heckler, tajnica Ministarstva zdravstva i ljudskih usluga, objavila da je Robert Gallo, ravnatelj laboratorija za biologiju tumorskih stanica Nacionalnog instituta za rak, izolirao virus odgovoran za AIDS i nazvao ga HTLV-III. Tako je započela prava pravna bitka između dvaju prestižnih istraživačkih instituta, od kojih oba tvrde da su otkrića očinstva.

Nedvojbeno je da su mnoga otkrića ili tehnologije poput luka pogodnog za gađanje strijelama, poljoprivrede, uzgoja životinja ili piramidalnih konstrukcija napravili različiti i vrlo daleki narodi, praktički na suvremen način. Zapravo, to su tehnološki događaji koji su se dogodili na svakom mjestu u posljednjih dvanaest tisuća, s obzirom na povijest dugu milijune godina

Danas je glavna briga pojedinih znanstvenika i istraživačkih laboratorija objaviti rezultate prije nego što to učini bilo tko drugi; zapravo, svi znaju, čak i ako nemaju precizna saznanja o tome, da sigurno netko drugi, negdje u svijetu, radi ista istraživanja kao i oni. Usput, ovo stvara pravu dramu u savjesti istraživača, razapetih između hitnosti objave i straha da nisu uzeli u obzir neki aspekt koji bi mogao obezvrijediti rezultate.

Nadalje, ne možemo ne primijetiti vrlo brojna otkrića koja su se dogodila "slučajno", kao da ih je tajanstveni sufler s vremena na vrijeme htio ukazati. Riječ je o X-zrakama, super-ljepilima, anesteziji, penicilinu, mikrovalnim pećnicama, saharinu, tranzistorima, čičak trakama, teflonu, verdigrisu i mnogim drugima. Coca-Colu je "izumio" 8. svibnja 1886. godine u Atlanti, (Georgia, SAD) farmaceut John Stith Pemberton koji apsolutno nije želio izumiti piće, već lijek za glavobolju, dakle lijek. Prvo ime koje je dato piću bilo je "Pemberton's French Wine Coca".

Kulturni sinkroniciteti.

Joseph Cambray u svojoj knjizi "Sinkronicitet. Priroda i psiha u međusobno povezanom svemiru" govori o kulturnim sinkronicitetima navodeći događaje koji obuhvaćaju čitave civilizacije i milijune ljudi, kao što je pojava demokracije u klasičnoj Grčkoj, događaj koji se razvio u vrlo kratkom vremenu. i to na vrlo malom dijelu planeta.

Vjerujem da trenutno doživljavamo još jedan veliki kulturni sinkronicitet potaknut razvojem kvantne fizike, grane znanosti rođene prije nekoliko desetljeća. Kvantna fizika otkriva nevjerojatne mogućnosti, poput postojanja nefizičkih razina koje međusobno povezuju svu materiju u svemiru u jedinstvenu mrežu.

To su razine na kojima se čestice, bez mase iu obliku vibrirajuće energije i čiste informacije, mogu osloboditi ograničenja vremena i prostora kojima se materija mora pokoriti u našoj razini razumijevanja.

"Kvantni sinkronicitet" koji doživljavamo trebao bi dovesti do nezamislivog kulturnog skoka: prevladavanja materijalizma i rođenja objedinjujuće znanosti o prirodi i psihi, duhu i materiji. Samo putem psihičke razine bit će moguće prevladati fizičke barijere i ući u Svijest svemira, kako bi imali koristi od sve energije i sve inteligencije sadržane u njoj. Bit će to skok čiji potencijal ne možemo ni zamisliti i koji će čovječanstvu otvoriti vrata "raja" sa svime što nebo sadrži.

Antropički princip.

"Mi smo lokalno utjelovljenje Kozmosa naraslog do samosvijesti. Počeli smo shvaćati naše porijeklo: mi smo zvjezdana materija koja meditira na zvijezde."
(Carl Sagan)

"O sjajno sunce, reci mi: što bi ti bio da nisam ovdje dolje da ti dopustim da me obasjavaš?"
(Friedrich Nietzsche, Tako je govorio Zaratustra)

Slika 24 - Prigodne marke koje je izdala Pošta Poljske u povodu proslave 500. obljetnice rođenja Nikole Kopernika. Ovom prilikom Brandon Carter je skovao izraz "Antropski princip".

Uloga čovjeka u svemiru.

Ideja koja proizlazi iz čitanja prethodnog poglavlja, prema kojoj bi "Univerzalni um" djelovao kroz pojedinačne ili kolektivne epizode sinkroniciteta za kulturni razvoj čovječanstva, pretpostavlja da je čovjeku koji živi na planeti Zemlji dodijeljena središnja uloga. Da bi ispunio ovu ulogu, čovjek je predmet pažnje, zaštite i vodstva ovog "Uma".
Nasuprot tome, u znanstvenoj kozmologiji čovjek predstavlja ništa više od produkta evolucije materije, apsolutno nebitnog za razvoj planete Zemlje, a još manje za razvoj Svemira. Zapravo, sve do 16. stoljeća kulturna vizija čovjeka je stavljala u središte svemira. Teorija koju je kasnije razvio Kopernik, prema kojoj se planeti okreću oko Sunca, uzrokovala je da Zemlja od središta svemira postane mali planet. Kao rezultat toga, i čovjek je postao samo jedno od mnogih nebitnih stvorenja smještenih u sićušnom djeliću svemira.

Antropički princip.

Godine 1973. znanstvenik Brandon Carter razradio je novu formulaciju odnosa koji ujedinjuje ljudsko biće sa svemirom. Nazvao ga je "antropskim principom" i predstavio ga znanstvenoj zajednici tijekom simpozija na temu "Usporedba kozmoloških teorija s podacima opažanja" koji je održan u Krakovu u sklopu proslave 500. obljetnice rođenja Nikole Kopernika.

Slika 25 - Komemorativni izraz Stephena Hawkinga, nedavno preminulog, i njegove knjige "Svemir u maloj ljusci". U knjizi raspravlja o temama vezanim uz M-teoriju višedimenzionalnog svemira i često se poziva na "Antropički princip" Brandona Cartera.

Ovo načelo, dosta osporavano u svojoj takozvanoj "jakoj" formulaciji, preokreće Kopernikovu viziju odnosa između ljudskih bića i kozmosa i vraća čovjeku središnje mjesto.

Čak i prije nego što ju je Carter javno objavio, ova se teorija već dijelila s drugim znanstvenicima poput Martina Reesa, Freemana Dysona, Johna Wheelera i drugih.

Znanstvenik kalibra Stephena Hawkinga isprva je bio sumnjičav, no nakon formulacije teorije M (teorije koja ujedinjuje sve u višedimenzionalnom svemiru) promijenio je mišljenje. Hawking je postao pobornik antropskog principa, te ga je uzeo u obzir u svim svojim studijama i kasnijim publikacijama, poput knjige "Svemir u malom".

Brandon Carter

Brandon Carter (sl. 26) je australski fizičar, poznat po svojim studijama o svojstvima crnih rupa i po otkriću četvrte konstante gibanja, nazvane, prema njegovom imenu, "Carterova konstanta". On je stoga znanstvenik od kalibra, a to ga je učinilo posebno pouzdanim kada je formulirao teoriju koju je definirao kao “antropsko načelo”.

U svojim općim crtama, ovo načelo tvrdi da ljudska svijest nije slučajni rezultat evolucije materije, već prije točka dolaska evolucije svemira koja je ciljala upravo na rađanje svijesti. Načelo kako ga je izrazio Carter u Krakovu ima dvije formulacije, nazvane "slabo" i "jako".

à

Slika 26 - Iznad Johna Davida Barrowa i Franka Tiplera, autora knjige "Antropički princip". Dolje lijevo Brandon Carter, koji je formulirao teoriju.

"Slabo" antropičko načelo.

Takozvani slabi antropički princip tvrdi da je naš položaj u prostoru i vremenu svemira svakako privilegiran jer su sve konstante na kojima se temelji funkcioniranje svemira kalibrirane na najprikladnije vrijednosti za razvoj našeg tipa života. Nizom nevjerojatnih slučajnosti, zakoni koji vladaju svemirom su u skladu s mogućnošću postojanja inteligentnog života.

Na primjer, da je Sunce malo drugačije veličine, ili da se Zemlja okreće oko Sunca na malo drugačijoj udaljenosti, mora bi postala kipući lonci ili planine leda. Zemlja rotira s vrlo malim ekscentricitetom, jednakim 2%, a nagib osi rotacije je takav da upravo dopušta izmjenu godišnjih doba.

Život na Zemlji temelji se na ugljiku koji je izbačen na naš planet nakon eksplozije zvijezda u kojima je nastao. Četiri temeljne sile koje upravljaju kozmosom ovise o nekim fizičkim konstantama kao što su, na primjer, Hubbleova konstanta, Planckova konstanta, univerzalna gravitacijska konstanta, električni naboj i masa elektrona.

Činjenica da su sve te konstante točno kalibrirane na vrijednostima koje mogu omogućiti razvoj života je nevjerojatno iznenađujuća: bilo bi dovoljno da samo jedna ima minimalno drugačiju vrijednost da život postane nemoguć.

Moguće vrijednosti četiri temeljne interakcije (gravitacijske, elektromagnetske, slabe nuklearne i jake nuklearne) i subatomskih čestica (proton, neutron, elektron) bile bi potencijalno beskonačne. Međutim, vrijednosti koje zapravo mjerimo omogućuju nam stvaranje interaktivne mreže koja stvara svemir koji sadrži život. Među beskonačnim konfiguracijama postoji samo jedna konfiguracija, vrlo precizna. Stephen Hawking u svojoj knjizi "Od crnih rupa do svemira" piše:

> “Da je gustoća Svemira jednu sekundu nakon Velikog praska bila veća od kritične gustoće za jedan dio od sto milijardi, Svemir bi se urušio nakon 10 godina. Da je umjesto toga bila manja od iste vrijednosti, Svemir bi već bio prazan nakon 10 godina postojanja."

"Jako" antropičko načelo.

Čvrsto načelo kaže da svemir mora biti točno takav kakav jest kako bi omogućio razvoj života, u određenom trenutku njegove povijesti, koji se poklapa s erom u kojoj živimo, tj. oko 14 milijardi godina nakon njegovog nastanka. Među mnogim svemirima koji su mogli nastati iz Velikog praska, rođen je onaj koji nam omogućuje da budemo ovdje. Vjerojatnost da se to dogodi je jedan prema nekoliko milijardi. Da se to dogodilo slučajno, onda bi slučaj dobio nemoguću lutriju.

To znači da je svemir dizajniran da nam omogući da danas budemo ovdje. Svemir ima specifičnu svrhu: mora ugostiti čovjeka.

Dakle, čovjek nije gost koji je bizarnom nesrećom zapao u svemir koji ga ignorira. Čovjek je razlog zašto svemir postoji. Ova teorija implicira da je svemir nastao s ciljem promicanja života i razvoja svijesti; to jest, da je svemir zamišljen kao čahura, posteljica u kojoj može nastati život općenito, a posebno ljudska svijest.

Pretpostavka da je svemir stvoren za nas svakako mu daje svrhu. Kozmos nije kaotična masa sirove tvari, već odgovara projektu čovjekove realizacije. Nestalnostima kozmosa više ne upravlja slučajnost, već je potrebna prisutnost "inteligentnog dizajna", a samim tim i postojanje "dizajnera" ili "univerzalnog uma".

To bi moglo imati i vjerske implikacije o kojima se, međutim, nema očitovanja, barem s katoličke strane. Otac Gabriel Funes, isusovac, bivši ravnatelj "Vatikanskog opservatorija", odnosno astronomskog opservatorija Katoličke crkve, izjavio je u vezi s tim da "Crkva nema teoriju i nema stav o antropijskom principu. Stoga ostaje otvoren njegov sud o tome što će znanost moći otkriti”.

John David Barrow i Frank Tipler.

Fizičari J. Barrow i F. Triple objavili su 1986. godine u Sjedinjenim Američkim Državama svezak "The Anthropic Cosmological Principle" u kojem ne samo da se opširno bave antropičkom teorijom, već predlažu i njezinu značajnu studiju.

Dvojica autora opširno opisuju konceptualnu osnovu antropskog principa: da se alarmantan broj izvanrednih slučajnosti ne događa u obliku fizikalnih zakona i u vrijednostima konstanti prirode, biokemije, života i inteligentnog života ne bi bilo moguće. Slučajno stvoren svemir ne bi dopuštao život, a ni obični astronomski objekti i obična materija ne bi bili mogući.

Polazeći od ovog zapažanja, oni dolaze do zaključka da projekt nužno postoji. U istraživanju dvojice znanstvenika, "slabo antropičko načelo" evoluira u "jako načelo". Barrow ovako piše u knjizi:

> “Kad bismo pokušali zamisliti cijelu kolekciju hipotetskih 'drugih svemira' u kojima sve količine koje definiraju strukturu našeg svemira preuzimaju sve moguće permutacije vrijednosti, otkrili bismo da bi gotovo svi ti mogući svemiri bili mrtvorođeni. Nitko ne bi mogao generirati onu vrstu kemijske složenosti koju nazivamo "životom".

Ovo otkriće navelo je Brandona Cartera da sugerira da bi neki spekulativniji metafizički aspekt mogao postojati u svemiru, koji je on nazvao "Jaki antropski princip", kako bi ga razlikovao od kontroverznijeg slabog antropičkog principa. Snažno načelo kaže da, budući da se čini da postoji tako veliki broj nevjerojatnih "slučajnosti" koje teže omogućiti mogući život u svemiru, u nekom evolucijskom trenutku ovo načelo MORA dovesti do postojanja "promatrača",

"Definitivno antropsko načelo".

Barrow i Tipler pretpostavljaju treći oblik antropičkog principa, "Ultimativni antropički princip", prema kojem se "inteligentna obrada informacija nužno mora razviti u svemiru i kada se jednom pojavi, nikada neće izumrijeti".

Prema dvojici znanstvenika, svemir sa sposobnošću stvaranja inteligentnog života ne bi imao smisla ako taj svemir ne bi trajao dovoljno dugo da bi mogao razviti inteligentnu vrstu.

"Participativno antropsko načelo"

Ovaj oblik antropičkog principa predlaže John Archibald Wheeler kao alternativu jakom principu. Prema Wheeleru, promatrači su nužni za život svemira, kao što su nužni i za njegovo znanje; stoga čovjek, kao promatrač svemira, aktivno sudjeluje u vlastitom postojanju.

"Misionari savjesti"

Godine 2005. na web stranici SETI-ja (Search for Extra-Terrestrial Intelligence, program posvećen potrazi za izvanzemaljskim inteligentnim životom) pojavio se članak pod naslovom "The Drake Equation" u kojem je načelo sudjelovanja dodatno prošireno. Referirajući se na bilo kakve poruke između stanovnika kozmosa, u članku se navodi da se "Misija pošiljatelja sastoji u širenju Svijesti u Svemiru". Pojednostavljeno rečeno, tko god šalje poruke u svemir postaje "misionar svijesti". On širi "Svijest", u obliku koji poznaje, prema entitetima koji mogu imati koristi od nje.

Antropički princip i vrijeme.

Objektivnija znanost ne odbacuje razumnost antropske teorije, jer bi bilo krajnje apsurdno da tako savršena kozmička konstrukcija proizlazi iz slučajnosti i nema svrhe. Kako je tako, česti prigovor nalazi i odgovor: "Ako je cilj čovjek, koji živi samo na planeti Zemlji, zašto svemir treba toliko prostora i toliko materije?".

Odgovor je da je konstantama koje omogućuju život bilo potrebno vrijeme i prostor da se materijaliziraju. Bilo je neophodno da svemir stari i širi se kako bi zvijezde mogle proizvoditi kemijske elemente koji su osnova života na Zemlji, poput ugljika. Štoviše, nije isključeno postojanje drugih planeta na kojima se razvio isti život, kao što nije isključeno ni da čovjek svoju civilizaciju može izvesti na druge planete i galaksije.

Prvi element koji se pojavio u svemiru bio je vodik, čiji atom sadrži samo jedan proton. Oko tri minute nakon Velikog praska, fuzija dva ili tri atoma vodika omogućila je stvaranje helija i litija, koji imaju dva odnosno tri protona.

U unutrašnjosti zvijezda fuzijom dvaju atoma helija nastao je berilij. Iz fuzije jednog atoma berilija i jednog helija rođeni su nestabilni atomi ugljika, koji su postali stabilni tek kada je temperatura u zvijezdi porasla na 100 milijuna stupnjeva Kelvina. Konačno, kada je zvijezda, na kraju svog života, eksplodirala stvarajući supernovu, ugljik i drugi metali su izbačeni u svemir i otišli su u formiranje drugih nebeskih tijela, uključujući planete.

U ovom smo trenutku utvrdili da je život neophodan za postojanje svemira. Kad bi svemir bio beskonačan u prostoru i vremenu, mogli bismo se zapitati ne bi li sam život mogao biti beskonačan u vremenu i prostoru. I iznad svega, možemo se zapitati kako tu beskonačnost, odnosno besmrtnost, razumjeti. Može li se odnositi na život općenito, na očuvanje vrsta ili se može odnositi na svakog pojedinca?

Bi li bilo moguće zamisliti besmrtna živa bića?

Već smo pripisali besmrtnost bitnim sastojcima materije, atomima. U biološkom području, među živim bićima možemo ubrojiti bakterije, koje obično ne završavaju svoje postojanje smrću, već cijepanjem. Bakterije imaju sposobnost dijeljenja na dva dijela, od kojih svaki zadržava sve genetsko naslijeđe izvorne bakterije. Ako izuzmemo nesreće, taj proces traje neograničeno dugo i lako je izračunati da je, ako se bakterija razdvoji svakih pola sata, u jednom danu sposobna proizvesti 250.000 milijardi sličnih bakterija.

Kad bi čak i superiorniji organizmi, poput čovjeka, dosegli sposobnost cijepanja uz zadržavanje neuronskog naslijeđa, tj. samosvijesti, praktički bi postali besmrtni. To se, u ovom trenutku, treba smatrati nemogućim: zapravo, bakterije se sastoje od jedne stanice, dok ljudsko tijelo uključuje bezbroj stanica specijaliziranih na drugačiji način za svaki organ (kožu, jetru, itd.) koje bi se sve trebale podijeliti na isto vrijeme.

Omega Point Franka Tiplera.

Frank Jennings Tipler (sl. 26) koautor s Johnom Barrowom knjige "The Anthropic Principle", američki je profesor i pisac koji predaje matematičku fiziku na Sveučilištu Tulane u New Orleansu. Većina njegovih studija usmjerena je na fiziku putovanja kroz vrijeme.

Također je poznat po tome što je autor teorije "Omega Point", koja zapravo preuzima istoimenu teoriju koju je prethodno razvio francuski jezuitski znanstvenik Pierre Teilhard de Chardin.

Tipler pokušava proučiti konačnu sudbinu svemira na sličan način kao što to čini Isaac Asimov u romanu 'Posljednje pitanje'. U svom prijedlogu, koji temelji na razumnim hipotezama koje ga mogu poduprijeti, on polazi od koncepta "vječnog napretka" kako bi pretpostavio buduće postojanje Boga. Taj "Bog" bi bio čovjek koji je postao besmrtan, kao što se događa s Nietzscheov nadčovjek. Tipler također pretpostavlja uskrsnuće mrtvih putem računala i "učitavanja uma". "Učitavanje uma" bila bi tehnika koja bi omogućila oporavak i prijenos mentalnog naslijeđa pojedinca iz starog u novo tijelo ili u tijelo uskrsnulo iz mrtvih.

Nadalje, Tipler pretpostavlja da bi se, zahvaljujući superračunalu, svemir mogao pokoriti volji čovječanstva čak i djelovanjem na vrijeme koje je već proteklo. Na taj način bilo bi moguće rekonstruirati događaje, svjetove i ljude iz prošlosti, tehnikom "vječnog potpomognutog povratka".

Tipler praktično predlaže perspektivu povezanu s transhumanizmom, kulturnim pokretom koji zagovara korištenje znanosti i tehnologije za povećanje fizičkih i mentalnih sposobnosti i za poboljšanje svih aspekata ljudskog stanja koji su nepoželjni ili štetni, poput bolesti i starenja. Ovaj pokret misli nada se mogućnosti preobrazbe koja bi nadišla ljudsko stanje.

Tiplerove teze, očekivano, izazvale su brojne polemike u znanstvenom svijetu. U recenziji Tiplerove knjige "Fizika besmrtnosti" južnoafrički fizičar George Ellis teoriju Omega Pointa naziva "remek-djelom pseudoznanosti".

Drugi znanstvenici, poput fizičara sa Sveučilišta Oxford Davida Deutscha, smatraju da su Tiplerovi argumenti dosljedni. U svojoj knjizi "The Fabric of Reality" Deutsch izlaže svoju teoriju Svega inkorporirajući Tiplerovu Omega Point u svoje razmišljanje.

U duhovnom središtu svemira.

Ukratko, možemo reći da smo mi ovdje zbog svemira i da je svemir ovdje zbog nas. Antropički princip rekonfigurira moderno znanstveno razmišljanje. Moderno znanstveno razmišljanje počelo je s Kopernikom i njegovim otkrićem da se Zemlja i planeti okreću oko Sunca; time je srušio aristotelovsku misao koja je Zemlju i čovjeka stavljala u geografsko središte svemira.

Razvoj moderne fizike donosi novi preokret. Ovaj put čovjek, iako više nije geografsko središte kako je Kopernik ispravno pokazao, čvrsto je uspostavljen kao duhovno ili psihičko središte.

Drugi dio. Znanstvene potvrde.

Ali što je materija?

"Suvremena fizika stoga ne predstavlja materiju kao pasivnu i inertnu, već u kontinuiranom plesu i stanju vibracije, čije su ritmičke figure određene molekularnim, atomskim i nuklearnim strukturama. Tako istočnjački mistici vide i materijalni svijet. Svi oni naglašavaju da se svemir mora shvatiti u njegovom dinamizmu, dok se kreće, vibrira i pleše; da priroda nije u statičkoj nego dinamičkoj ravnoteži."

(Fritjof Capra, fizičar i esejist)

Tražeći dokaze.

U prvom dijelu knjige predstavio sam mnoge teorije koje su razvili i predložili znanstvenici, utemeljene na mišljenju, filozofiji i logičkoj dedukciji, ali nisu potkrijepljene nikakvim eksperimentalnim dokazima priznatim od strane akreditirane zajednice. Važan prvi korak za davanje znanstvenog digniteta svim razmatranim hipotezama sastojao bi se u uspostavljanju provjerljive veze između fizičke razine funkcioniranja materije i "duhovne", tj. nedeterminističke razine.

Na razini našeg iskustva, koje je apsolutno determinističko, teško je pronaći nematerijalne veze: stol ili stolac su komadi drveta ili metala i ne inspiriraju, koliko se čini našim osjetilima, psihičke ili metafizičke implikacije.

To, međutim, više nije slučaj kada uđemo u razinu ekstremno malog, promatrajući ponašanje elementarnih čestica. Kada je čovjek konačno u posljednjim desetljećima uspio prodrijeti u subatomsku stvarnost, priroda mu je priredila nevjerojatna iznenađenja iz kojih je moguće zaključiti postojanje isključivo psihičke razine, sačinjene ne od materije, već od energije i inteligentnih informacija.

Ovaj drugi dio knjige bit će posvećen istraživanju čudesnog svijeta subatomskih čestica.

Albert Einstein uveo je koncept relativnosti u fiziku. Mnoge sigurnosti, proizašle iz našeg načina razumijevanja svijeta, srušile su se saznanjem da su vrijeme i prostor relativni koncepti i mogu imati različite vrijednosti ovisno o uvjetima. Paradoks blizanaca je paradigmatičan: jedan od njih dvojice ulazi u svemirski brod i putuje svemirom brzinom bliskom brzini svjetlosti. Kada se vrati kući, otkriva da je vrijeme za njega prošlo mnogo sporije nego za ljude koji su ostali na Zemlji, a mnogi od njih, koji su bili njegovih godina, već su umrli: njegov vlastiti blizanac mnogo je godina stariji.

Suočeni s ovim znanstvenim dokazima, ne bismo se trebali iznenaditi otkrićem da je i materija relativna. Na makroskopskoj razini ili području srednje veličine u kojem živimo, općenito se čini dobro definiranim: mogu se odrediti njegove granice, može se vagati i mjeriti, može se utvrditi njegov stupanj tvrdoće ili savitljivosti. Da nije tako, svaki dan bismo bili u nevolji. Ova svojstva materije ostaju nepromijenjena čak i na astronomskoj razini, a fizikalni zakoni koji vrijede za naš kuhinjski stol vrijede i za posljednji planet u dalekoj galaksiji.

Međutim, na subatomskoj razini, tj. u ekstremno malom, stvari se mijenjaju i materija postaje nešto vrlo nejasno u odnosu na svoju pravu bit. Subatomska razina je razina elementarnih čestica, koje su unutarnje komponente atoma.

Filozofija i mistika fizike.

Filozofija fizike proučava logičke i metafizičke aspekte pojmova kao što su energija, vrijeme, prostor i materija. Posebno je zanimaju pitanja kauzalnosti i determinizma.

Naravno, filozofija je bila zainteresirana za kvantnu fiziku otkad je rođena, zbog svoje sposobnosti da potkopa temeljne aspekte znanstvene tradicije, kao što je, na primjer, koncept mjerenja, naglo zamijenjen konceptom nesigurnosti.

Operacija mjerenja na subatomskoj razini postaje nemoguća, budući da se izvodi na toliko malim elementima da su poremećeni samim mjerenjem. Posljedično, atome nije moguće izravno promatrati ni najjačim mikroskopom, već samo "teoretizirati".

Time se sankcionira neuspjeh determinizma, koji je toliko volio Pierre Simon Laplace, i najavljuje se rađanje novih vrijednosti poput probabilizma i indeterminizma.

Indeterminizam je filozofski stav, na čelu s engleskim astronomom Arthurom Eddingtonom, koji priznaje djelovanje slučajnosti u ocrtavanju volje ili stvarnosti. To jest, indeterminizam priznaje da se stvari mogu dogoditi i slučajno, bez vidljivog razloga. Činjenice nisu uvijek proizvod uzročno-posljedične radnje. Pojam indeterminizma ima jasnu definiciju:

> "Trenutno stanje fizičkog sustava nije moguće u potpunosti definirati. Ili, možemo reći da iz istog potpuno definiranog sadašnjeg stanja potencijalno mogu nastati mnoga buduća stanja, ali će se dogoditi samo jedno od njih.

Među pobornicima indeterminizma su najveći fizičari našeg vremena: Werner Karl Heisenberg, Niels Bohr, Arthur Compton, Pascual Jordan, Hans Reichenbach, Robert Millikan, Georges Lemaître i drugi.

Kvantna fizika zanemaruje determinističku strogost i vodi nas do suštinski mistične koncepcije kozmosa, temeljene na elementima koji podsjećaju na moguću duhovnu komponentu uz materijalnu.

Ova misao o stvarnosti stvari vraća nas unatrag više od dva tisućljeća, u intuicije prvih grčkih filozofa. Međutim, suprotno onome što se dogodilo u to vrijeme, vizija kozmosa koja se danas rađa ne temelji se na intuiciji, već na eksperimentima koji se provode s velikom preciznošću u najboljim fizikalnim laboratorijima.

Korijeni cijele zapadne znanosti, a posebno fizike, nalaze se u šestom stoljeću prije Krista, u razdoblju koje nije poznavalo nikakve podjele između religije, filozofije i znanosti, među mudracima miletske škole. Njihova su istraživanja bila usmjerena na otkrivanje stvarnog sastava materije, koji su identificirali u pojmu "physiká", koji se danas prevodi kao "fizika". "Physiká" je predstavljala nastojanje da se otkrije bit stvari. Na temelju svojih pretpostavki miletski filozofi definirani su kao "hilozoisti", što znači "oni koji misle da je materija živa". Zapravo, nisu pravili razliku između duha i fizičke materije; štoviše, oni čak nisu ni imali izraz za fizičku materiju, budući da su za njih svi oblici postojanja bili obdareni životom i duhovnošću. Konkretno, Tales je tvrdio da je božanstvo prisutno u svim stvarima, a Anaksimandar je opisao Kozmos kao jedan organizam hranjen "pneumom".

Naknadno je Heraklit iz Efeza opisao svijet u stalnoj promjeni, vječno "postajanje". Smatrao je da sve preobrazbe svijeta proizlaze iz djelovanja suprotnosti, te da svaki par suprotnosti treba promatrati kao cjelinu, kojoj je dao ime Logos. Iz Heraklitovih suprotnosti potekle su struje mišljenja koje su dovele do razdvajanja duha i materije.

Parmenid iz Eleje, u odlučnoj suprotnosti s Heraklitovim vječnim nastajanjem, nazvao je svoje temeljno načelo "Nepromjenjivo biće" i tvrdio da je svaka promjena čista iluzija osjetila. Iz njegovog razmišljanja rodila se ideja o neuništivoj supstanci postavljenoj u temelju svojstava promjene stvari.

Iz suprotnosti između "vječnog nastajanja" i "nepromjenjivog Bića" razvila se misao koja je razmatrala

"Bitak" kao prisutan u određenim nepromjenjivim supstancama koje su, međutim, miješajući se i odvajajući, dovele do promjena i različitih oblika. Otuda je nastao pojam atoma, kao najmanjeg nedjeljivog dijela materije. Atom je u osnovi svega unatoč svoj prividnoj raznolikosti stvari. Doista, danas znamo da su sve stvari napravljene od atoma.

Atomisti, uključujući i Demokrita, definirali su jasnu razliku između duha i materije, zamišljali su fizičku materiju sastavljenu od "temeljnih građevnih blokova", odnosno potpuno pasivnih i inertnih čestica koje se kreću u vakuumu, a čije kretanje može biti posljedica vanjskih sila. Te su sile duhovnog, a ne materijalnog podrijetla.

Ta je slika tada postala dominantna u zapadnoj misli, dovodeći do dualizma između tijela i duše.

Aristotel je, u svom uvjerenju da su problemi koji se tiču duše važniji od onih koji se tiču materijalnog svijeta, stvorio obrazac mišljenja koji će poduprijeti koncepciju svemira diljem Zapada gotovo dvije tisuće godina. Kršćanstvo je također podržavalo aristotelovske doktrine kroz srednji vijek.

U renesansi se proučavanju prirode prvi put pristupilo znanstvenim metodologijama, odnosno primjenom pokusa kontroliranih teorijskim hipotezama. Galileo Galilei prvi je krenuo tim putem i stoga se smatra ocem moderne znanosti.

Rađanju moderne znanosti pogodovao je razvoj filozofske misli koja je naglašavala dualizam "duh-materija". U osmom stoljeću René Descartes opisao je prirodu utemeljenu na temeljnom razdvajanju dviju različitih i neovisnih stvarnosti, uma (res cogitans) i materije (res extensa). Kartezijansko odvajanje omogućilo je znanstvenom svijetu da fizičku materiju smatra sastavljenom od inertnih objekata i potpuno odvojenih jedna od druge. Rezultat je bio prikaz svijeta sličan nakupini različitih predmeta, objekata koji zajedno čine golemi beživotni stroj.

Kočija kralja Milinda.

Milindapañha je budistički tekst sastavljen u obliku filozofskog dijaloga, čija se radnja odvija u gradu Sāgalā, današnjem Siyālkoṭ. Dijalog se odvija između redovnika Nagasene i Milinde, povijesno poistovjećene s indo-grčkim vladarom Menandrom I. koji je vladao u Punjabu između 155. i 130. pr. Kr.

> “Kralj Milinda je otišao tamo gdje je bio redovnik Nagasena i, nakon što ga je ljubazno i prijateljski pozdravio, upitao ga:
> "Kako ste poznati i kako se zovete?"
> Nagasena je odgovorio: "Poznat sam kao Nagasena, o kralju, i tim imenom me oslovljavaju moja braća i roditelji."
> "Rekao si mi da su te tvoja braća navikla oslovljavati s Nagasena. Što je točno Nagasena? Misliš da je kosa Nagasena?"
> "Ne kažem to, veliki kralju."
> "Ili dlake na tijelu?"
> "Sigurno ne."
> “Možda su Nagasena nokti, zubi, koža, meso, živci, kosti, srž? Jesu li neke ili sve ove stvari Nagasena?"
> Na svako od ovih pitanja redovnik je odgovorio ne.
> “Onda je vanjski oblik Nagasena? Jesu li osjeti ili percepcije ili svijest Nagasena?”
> Na svaku od ovih hipoteza redovnik je odgovorio ne.

"Onda je Nagasena prazan i isprazan zvuk. Tko je Nagasena kojeg vidim ovdje ispred sebe? Nagasena je laž, obmana!"

Tada je redovnik Nagasena rekao kralju Milindi:

"Veličanstvo, odrasli ste u luksuzu. Ako hodate po kamenitom tlu, vaša stopala osjećaju bol. Pa vas pitam: Kako ste došli ovamo? Jesi li ovamo došao pješke ili u kolima?"

"Nisam došao pješice. Došao sam u kočiji."

"Dakle, ako si došao u kočiji, objasni mi što je to kočija. Jesu li konji kola?"

"Nisam ovo rekao."

"Jesu li kola osovina kotača?"

"Naravno da ne."

"Možda su kola točkovi ili užad ili okvir ili jaram ili žbice kotača?"

Na sva ova pitanja Milinda je odgovorila ne.

"Ali možda su kola nešto drugačije od onih koje sam spomenuo? "

Milinda je opet odgovorila ne.

"Onda je riječ bojna kola prazan i isprazan zvuk. S kojim biste kočijama stigli? To što si rekao je laž! Zašto govoriš lažne stvari?

Tada je Nagasena pozvao Grke i redovnike kao svjedoke, rekavši:

"Kralj Milinda je rekao da je došao u kočijama. Ali kad sam ga zamolio da mi objasni što su bojna kola, nije to mogao učiniti."

Grci i monasi zapljeskali su i rekli kralju:

"Sada, Vaše Veličanstvo, odgovorite ako ste u mogućnosti!"

Kralj Milinda je odgovorio Nagaseni, rekavši:

> “Nisam rekao nikakvu laž, časni gospodine. Skup sastavljen od konja, osovine, kotača, okvira, užadi, jarma, žbica i oštarca, ukazuje na zajedničku oznaku kola."
> "Vrlo dobro! - rekao je Nagasena. Točno si shvatio značenje kočije. Slično tome, skup kose, noktiju, zuba, percepcija, osjećaja i svijesti ukazuje na Nagasenu.”

Dakle, što je zapravo Milindina kočija? Materijalisti bi rekli da nema vagona bez pojedinih dijelova. Dijelovi su cjelina, a kočija postoji samo kao sporedna činjenica, epifenomen čija prisutnost ili odsutnost ne utječe na postojanje dijelova. Činjenica da dijelovi, kao cjelina, formiraju kočiju, potpuno je slučajna.

U duhovnijoj viziji rekli bismo da pojedinačni dijelovi dobivaju značenje tek kada, inteligentno spojeni, daju oblik kočiji, samom redovniku Nagaseni i svemu ostalom što postoji u svemiru. Međutim, bilo koji skup logično sklopljenih dijelova zahtijeva inteligentan dizajn koji daleko nadilazi inerciju materijala koji ga čine.

Descartesovo odvajanje.

Mehaničku viziju svijeta usvojio je Isaac Newton, koji ju je iskoristio za izgradnju svoje mehanističke znanosti postavljajući temelje klasične fizike. Newtonovsko gledište dominiralo je svijetom od sredine 17. do kraja 19. stoljeća.

Descartesova filozofija nije bila važna samo za razvoj klasične fizike, već je imala golem utjecaj na zapadnjačku misao.

Njegova poznata fraza "Cogito ergo sum" (Mislim, dakle jesam) navela je čovjeka da se poistovjeti više sa svojim umom nego sa svojim tijelom. Kao posljedica toga, čovjek je svjestan sebe kao "drugog" koji živi unutar vlastitog tijela. Um, odvojen od tijela, dobiva zadatak da njime upravlja; to uzrokuje sukob između volje i instinkata.

Ovo odvajanje od vlastitog tijela prošireno je na vanjski svijet, viđen kao zbirka zasebnih objekata i događaja. Prirodni okoliš sastoji se od dijelova koji se mogu grupirati u interesne skupine (drveće, zvijezde, minerali ili, zapravo, kočija kralja Milinda).

Društvo je također podijeljeno na rase, nacije, narode, religije i političke grupe, a naš unutarnji krug je podijeljen između "mojeg stana, moje rodbine, mojih prijatelja, mojih kolega s posla, onih koji imaju isti hobi kao ja, posjetitelja mog supermarketa ".

Te su podjele u korijenu svih društvenih i kulturnih kriza i dovele su do nereda i nepravedne raspodjele resursa koji često dovode do nasilja i rata.

Kartezijansko razmišljanje donijelo je koristi i štete; zaslužan je za uvođenje razdvajanja na znanstvenoj razini, dok je za društvena zla evidentno da su postojala i prije Descartesa. Stoga filozofa ne treba kriviti, naprotiv, treba priznati njegovu sposobnost da je istaknuo odvojenost između duha i materije kao ishodište ovih problema.

Zanimljivo je primijetiti kako moderna znanost, rođena iz kartezijanskog odvajanja i Newtonove mehanističke koncepcije, ponovno promišlja te koncepte. Zapravo, znanost ovog stoljeća vraća se ideji koju su izrazile prve grčke filozofije. Bila je to ideja o kozmosu temeljenom na suradnji duha i materije.

Zašto postoji nešto umjesto ničega?

Znanost se često pita "kako" se stvari događaju. On također pita "zašto" se događaju, ali s puno rjeđom učestalošću. Zapravo, deterministička uvjerenja pretpostavljaju da je "zašto" očito i da se može pronaći logično u nizu uzroka i posljedica. "Nešto" uzrokuje "nešto drugo", a dovoljno je rekonstruirati sve korake da bismo razumjeli porijeklo fenomena. Dakle, "zašto" je implicitno u "kako". Odnosno, nema zašto.

Ovaj diskurs postaje neizvodljiv kada govorimo o prvom rođenju svemira budući da, ako uzmemo u obzir trenutak koji je prethodio njegovom postojanju, u tom trenutku nije djelovao nikakav uzrok koji bi započeo lanac učinaka. Dakle, na ovoj razini oba pitanja, kako i zašto, ostaju bez odgovora.

Znanosti koje pokušavaju riješiti ovaj problem su kozmologija i fizika. Proučavanje kozmosa pokazalo je da je on u fazi širenja, zbog činjenice da se nastavlja širiti u svemir. Polazeći od trenutnih uvjeta i simulirajući povratnu putanju, tj. kontrakciju, dolazimo do točke u kojoj gustoća materije i njezina temperatura postaju beskonačne, što je nemoguća situacija. Stoga se može pretpostaviti da je svemir nastao u određeno vrijeme, smješteno između sadašnjeg trenutka i trenutka u prošlosti koji se vremenski nalazi prije nego što su uvjeti postali nemogući.

Postojao bi točan trenutak kada bi počelo širenje i kada bi svemir bio "rođen". Ovo nam, međutim, može pružiti elemente o tome kako, ali ne objašnjava zašto.

Mnogo je kulturnih i vjerskih tradicija koje pokušavaju dati odgovore. Bibličari su dugo raspravljali o tome je li stvaranje koristilo već postojeću inertnu materiju ili se dogodilo ni iz čega. I drevna židovska egzegeza i Filon, u helenističkoj tradiciji, slažu se u podršci "creatio ex-nihilo" (stvaranje ni iz čega), hipotezi koju i danas podržava kršćanstvo.

U mnogim drugim slučajevima predlaže se svemir koji je preoblikovan počevši od početne situacije kaosa ili od nestrukturirane praznine.

Prema nekim predajama, svemir može nastati iz praiskonske majčine utrobe. Prema drugim mitologijama, svemir se može roditi iz već postojećeg jajeta.

Postoje i tradicije prema kojima je svemir oduvijek postojao, prema koncepciji vremena inspiriranoj poljoprivrednim civilizacijama, prema kojoj je sve podložno neprestanom ciklusu smrti i ponovnog rađanja.

U većini razmatranih hipoteza, isključujući biblijsku, preegzistencija materije se uzima zdravo za gotovo, iako u obliku kaosa, maternice ili jajeta. Često se ne objašnjava odakle dolazi to prethodno postojeće podrijetlo. Međutim, sve tradicije ne objašnjavaju kako se mogao dogoditi proces prijelaza iz ničega u nešto, osim božanskim stvaralačkim činom.

Sve počinje s Velikim praskom.

Veliki prasak je kozmološki model koji se temelji na ideji da se svemir počeo širiti vrlo velikom brzinom u točno određenom vremenu u prošlosti i da taj proces još uvijek traje.

To je prevladavajuća ideja u trenutnoj znanstvenoj zajednici, budući da je imala potvrde temeljene na astronomskim promatranjima i dokazima.

Konkretno, igra se u teoriji Velikog praska da su laki elementi kao što su vodik i helij posebno prisutni u skladu s predviđenim vrijednostima; još jedna potvrda dolazi iz postojanja kozmičkog pozadinskog zračenja, čiji je spektar u skladu s očekivanjima. Ovi i drugi eksperimentalni nalazi uvjerili su većinu znanstvenika da se događaj nalik Velikom prasku doista dogodio prije otprilike 14 milijardi godina.

Kad je predloženo, prihvaćanje ideje nije bilo ni očito ni mirno. Veliki prasak je pretpostavio stvaranje sve energije i sve materije (koja je, uostalom, drugačiji oblik energije) u početnom činu, manje-više kako su tvrdili Descartes i Newton. Ali drugi su vidjeli kreativnu Božju intervenciju na početku svemira.

Ta je okolnost dovela do toga da je znanstvena zajednica bila vrlo suzdržana u prihvaćanju teorije. Umjesto toga, Katolička crkva, s papom Pijem XII., u potpunosti ju je prihvatila u govoru koji je održao u četvrtak 22. studenoga 1951. na Papinskoj akademiji znanosti:

> "Dva pitanja tako spontano padaju na pamet: je li znanost sposobna reći kada se dogodio ovaj moćni princip kozmosa? A kakvo je bilo početno, primitivno stanje svemira? Najvrsniji poznavatelji atomske fizike, u suradnji s astronomima i astrofizičarima, nastojali su rasvijetliti ova dva mučna, ali iznimno zanimljiva problema. (…)
>
> Neosporno je da je um prosvijetljen i obogaćen suvremenim znanstvenim spoznajama, koji vedro procjenjuje ovaj problem, doveden do toga da prekine krug jedne sasvim samostalne materije, bilo zato što je nestvorena, bilo zato što je sama od sebe nastala.

Prosvijetljeni um će shvatiti prisutnost Duha kreatora. Istim jasnim i kritičkim pogledom, kojim ispituje i prosuđuje činjenice, prosvijetljeni um nazire i prepoznaje djelo kreativne svemoći, čiju je vrlinu uzburkalo moćno "Fiat" koje je prije milijardama godina izrekao Duh stvoritelj. Gestom ljubavi stvoren je materijal pun energije. Čini se da je današnja znanost, odjednom vrativši se milijunima stoljeća unatrag, uspjela posvjedočiti o biblijskom "Fiat luxu", kada je more svjetla i zračenja izbilo niotkuda. U isto vrijeme, čestice kemijskih elemenata su se razdvojile i ponovno ujedinile u milijune galaksija." (Pio XII)

Teorija Velikog praska sadržavala je teološke implikacije zbog kojih je bila odbačena i suprotstavljena, ponekad samo zato što ju je Crkva podržavala. Neki poznati fizičari iznijeli su hipotezu da je ova teorija dio zavjere koju je skovala sama Crkva. Astronom Fred Hoyle osudio je Veliki prasak nazvavši ga modelom izgrađenim na judeo-kršćanskim temeljima i formulirao alternativnu hipotezu o stacionarnom svemiru, u kojemu se kontinuirano stvara nova materija; ta je teorija, međutim, neko vrijeme napuštena jer bi predviđala rađanje pokretnih galaksija među već postojećima, što nije provjereno. Doista, nema mladih galaksija smještenih između starih. Najmlađe galaksije, tj. ranije rođene, najudaljenije su u skladu sa širenjem svemira koje se nastavlja nakon inicijalnog kreativnog čina.

Danas teoriju Velikog praska prihvaća apsolutna većina znanstvene zajednice, a da ova, očito, ne prihvaća ideju da je početni kreativni trenutak proizašao iz božanske volje.

Slika 27- Niels Bohr, danski fizičar inicijator Kopenhaške škole. U godinama nakon 1920. usavršio je klasični model atoma i 1922. dobio Nobelovu nagradu.

Atom i njegov klasični prikaz.

Atom (od grčkog àtomos, nedjeljiv) osnovna je struktura materije; sva je materija sastavljena od elementarnih jedinica koje se nazivaju atomi. To se odnosi na materije u krutom, tekućem i plinovitom stanju. Treba napomenuti da je ovu tvrdnju teško povezati sa stanjem plazme, gdje posebno visoke vrijednosti tlaka i temperature sprječavaju stvaranje atoma. Atom se smatrao najmanjom i nedjeljivom jedinicom materije sve dok 1897. godine Joseph Thompson nije objavio otkriće elektrona, pokazujući da je atom zapravo djeljiv.

Danas znamo da, u površinskoj podjeli, atome tvore subatomski elementi kao što su protoni (s pozitivnim nabojem), neutroni (bez naboja) i elektroni (s negativnim nabojem). Atomi tvore molekule agregacijom na višim razinama.

Posljednji klasični model strukture atoma je onaj koji je 1913. razradio Niels Bohr, a koji je još uvijek na snazi bez bitnih varijacija.

Prema ovom modelu, atom se sastoji od jezgre oko koje rotiraju elektroni. Jezgra se sastoji od dvije vrste čestica, protona i neutrona. Protoni imaju pozitivan električni naboj, dok neutroni imaju neutralan električni naboj. Elektroni, s druge strane, imaju negativan električni naboj i kreću se u vanjskom prostoru koji okružuje jezgru uravnotežujući svoju privlačnost s rotacijskom energijom, kao što rotacija Mjeseca uravnotežuje privlačnost Zemlje. Općenito, atom je električki neutralan budući da je broj protona (atomski broj) i broj elektrona isti. U prirodi se atomi međusobno razlikuju po broju protona prisutnih u jezgri: zbroj protona i neutrona naziva se maseni broj.

Trenutno je proučavanje atomske jezgre i njezinih komponenti povezano s razvojem fizike čestica. Posljednjih godina bilo je moguće točnije definirati strukturu atomske jezgre, posebice pomoću pokusa provedenih u akceleratorima čestica. Prema standardnom modelu čestica, protoni i neutroni se sami sastoje od kvarkova.

Da biste dobili ideju o veličini atoma, ove usporedbe mogu biti od pomoći:

- promjer ljudske vlasi odgovara oko milijun ugljikovih atoma poredanih u nizu;
- kada bi naranča postala veličine planeta Zemlje (promjera oko 12.700 km) njeni bi atomi bili približno veličine izvorne naranče (promjera oko 10 cm).

Također je važno napomenuti da je atom u biti prazan. Zapravo, kada bi jezgra atoma imala promjer od 3-4 milimetra, njen krajnji elektron bi rotirao na udaljenosti od oko sto metara.

Statički prikaz atoma koji je upravo izložen valjana je radna hipoteza, ali kvantna fizika pokazuje da na subatomskoj razini postoji više vjerojatnosti nego sigurnosti. Sigurnost koja je sigurno opovrgnuta jest ona prema kojoj su čestice "komadi čvrste tvari", čak i ako su vrlo male.

Kvantna fizika.

Kvantna fizika je teorija koja opisuje ponašanje materije i zračenja, kao i njihove međusobne interakcije, u vrlo malim duljinama ili energetskim ljestvicama atoma.

Krajem 1800-ih čini se da klasična fizika nije mogla opisati ponašanje materije i elektromagnetskog zračenja na mikroskopskoj razini, tj. na dimenzijama jednakim ili manjim od atoma. Slično tome, klasična fizika nije uspjela opisati ponašanje energija povezanih s unutarnjim vezama atoma. Stoga je početkom 1900-ih postalo očito da je nužno rađanje nove fizike, potpuno drugačije od one klasične koja se do tada razvijala.

Tako je rođena kvantna teorija, koja se također naziva kvantna fizika ili kvantna mehanika. Ovu granu fizike prvi je uveo Max Planck, a temelji se na činjenici da neke veličine na mikroskopskoj razini, poput energije ili "kutne količine gibanja", ne mogu varirati linearno, već samo prema diskretnim vrijednostima, koje se nazivaju "kvanti".

Osim čestica koje čine glavne komponente atoma, odnosno protona, neutrona i elektrona, postoje mnoge druge, a reklo bi se da se svakim danom otkrivaju nove. Čestica koja nas posebno zanima je foton, odnosno "kvant svjetlosti". Foton je čestica koja čini zvijezde sjajnima, a sunce sjajem.

Koncept "koliko" prilično je čudan i jedva da su ga prihvatili znanstvenici 19. i 20. stoljeća.

Na našoj makroskopskoj razini smatramo prirodnim koncept da sve količine mogu poprimiti kontinuirani skup vrijednosti. Na primjer, osim kilograma uzimamo u obzir i kvintal i tonu, kao i hektogram, gram, miligram i tako dalje, pa postaje prirodno da predmet može težiti, na primjer, 7 kilograma i 356 grama , tj. 7365 grama.

Kvantna mehanika, s druge strane, predviđa da različite količine mogu poprimiti samo određeni skup vrijednosti, višestruke temeljne vrijednosti koje se ne mogu raščlaniti. Ta se vrijednost naziva "kvantom materije ili energije".

Zamislite samoposlugu u kojoj možete kupiti rasuto voće ili "pakete" maslaca od sto grama. U košaricu ćete lako staviti 1365 kilograma jabuka, a umjesto toga, u slučaju maslaca, možete kupiti samo 100 ili 200 ili 300 grama, ovisno o broju paketa koje stavite u košaricu. Svijet čestica predviđa da energija i materija nisu dostupne u rasutom stanju, već samo u obliku paketa. Ti se paketi nazivaju "kvanti".

Stoga se u svijetu čestica energija i materija ne mogu svesti na vrijednosti niže od "kvantne". To znači da su dostupni samo u osnovnoj vrijednosti ili kao višekratnici osnovne vrijednosti. Kao što je lako razumljivo, kvantum ima izuzetno nisku vrijednost.

Sve u svemiru sastoji se od kvanti, pa čak i knjiga koju čitate. Razlog zašto ne osjetite njegovu "zrnatost" na dodir je taj što su kvanti toliko mali da ih naša osjetila ne mogu percipirati, kao što ne percipiramo jasno pojedinačne atome pa čak ni pojedinačne molekule.

Jedan od prvih proučavanih slučajeva je kvantizacija energije: na primjer, elektroni atoma mogu imati samo određene vrijednosti energije, stoga mogu rotirati oko jezgre samo u određenim orbitama. Slično tome, fotoni su kvanti elektromagnetskog polja: oni su nedjeljivi paketi svjetlosti.

Slika 28 - Albert Einstein, vjerojatno najpoznatiji fizičar i matematičar našeg doba. Osporio je kvantne teorije Nielsa Bohra i Kopenhagenske škole osmislivši EPR eksperiment kako bi pokazao njihovu nedosljednost. Naknadna evolucija istraživanja dovela je do njihove potvrde.

Kvantizirani atom.

Pojam "kvant" vrlo je važan za funkcioniranje materije u krajnje malom, odnosno u atomima, ali posljedično iu cijelom svemiru. Kako bih to bolje razumio, mogu predložiti sličnost s nekim uređajima koji se obično koriste u svakodnevnom životu. Na primjer, zamislimo tradicionalni plinski štednjak, opremljen plamenicima raspoređenim na gornjoj površini za kuhanje i ugradbenom pećnicom. Kuhinjske kontrole poredane su na prednjoj ploči i sastoje se od podesivih gumba koji vam omogućuju slanje plina na odgovarajuće plamenike.

Većina gumba može se okretati linearno s lijeva na desno. Gumb zatvara dovod plina kada je skroz okrenut ulijevo. Okretanjem gumba udesno, plin se šalje u plamenik u sve većim količinama, sve dok ne dođe do "limita", tj. maksimalno dopuštenog. Zaključujemo da gumb omogućuje linearno (ili kontinuirano) povećanje količine plina.

Jedan od gumba, međutim, posebno gumb za pećnicu, radi drugačije. Ovaj gumb se ne može okretati kontinuirano, samo trzajima. Na taj način omogućuje protok plina u određenim količinama, prikladnim za dobivanje topline koja se signalizira svakim pritiskom gumba s vrijednostima izraženim u stupnjevima Celzijevih: 120 °C, 180 °C, 270 °C ili sličnim vrijednostima. U tom slučaju plin ne može rasti kontinuirano, već na "diskretan" način, tj. samo za fiksne i određene količine.

Ako ćemo biti precizni, moramo priznati da i ostale tipke rade "diskretno", a ne kontinuirano. Problem je u tome što su varijacije između jedne i druge točke toliko male da nam ostavljaju dojam linearnog povećanja ili smanjenja.

Jednostavno rečeno, naša osjetila ne uspijevaju uhvatiti klikove varijacija jer su premali.

Na srednjoj razini dimenzija materije, odnosno razini na kojoj djeluju naša osjetila, čini nam se da sve raste (ili opada) linearno. Difuzija svjetla u zoru ili sumrak, zvuk automobila koji se približava ili udaljava, muha koja zuji oko nas. Rekli bismo svašta o toj mušici, ali sigurno ne bismo rekli da leti trzavo.

To nam još jednom daje mjeru koliko su naša osjetila varljiva jer se u stvarnosti ništa ne kreće linearno, već sve to čini na diskretan način, to jest količinama energije ili "kvantima".

Razlika između naše makroskopske razine i mikroskopske razine čestica je u tome što kretanja i energije aproksimiramo tako da ih smatramo linearnima.

U osnovi, prema konvenciji koja se koristi u fizici, materijalno tijelo na makroskopskoj razini može se proučavati kao kontinuirano tijelo, budući da vrlo veliki broj, kohezija i međuovisnost među česticama čine da svaka granularnost nestane.

Umjesto toga, u beskonačno malom više nije moguće ignorirati ovu karakteristiku jer su dimenzije subatomskih tijela osjetljive na kvantnu granularnost.

Zaključno, u kvantnoj mehanici kvant (od latinske riječi quantum što znači količina) je diskretna i nedjeljiva veličina. Prošireno, izraz se ponekad koristi kao sinonim za "česticu".

Kvantnu mehaniku su inicirali uglavnom Niels Bohr, Louis-Victor de Broglie, Paul Dirac, Albert Einstein, Enrico Fermi, Wolfgang Pauli, Erwin Schrödinger, Richard Feynman i Werner Heisenberg.

Intuicija kvantizacije materije rođena je 1900. godine iz rada Maxa Plancka, koji je usvojio ovu konvenciju kako bi potvrdio svoju teoriju koja se odnosi na elektromagnetsku emisiju crnog tijela. U praksi, Planck je primijetio da bi njegova hipoteza o crnom tijelu funkcionirala samo u prisutnosti kvantizirane energije. Međutim, Planck je vrlo oklijevao smatrati tu mogućnost stvarnom. Iako je prvi teoretizirao ovu stvarnost, uvijek ju je oklijevao smatrati valjanom.

Ovu fizičku stvarnost potvrdili su tek kasnije drugi znanstvenici, koji su odredili vrijednost kvantuma energije. Ta je vrijednost dobila naziv Planckova konstanta, jer je znanstvena zajednica iskreno željela priznati rad onoga koji ju je prvi naslutio i upotrijebio.

Planckova konstanta ili veličina "kvanta" označava se slovom h i iznosi 6,6×10−34Js, dakle nezamislivo mala vrijednost.

Hipoteza o granularnoj strukturi mehaničke energije našla je punu i konačnu potvrdu u teoriji specifične topline krutina koju je 1907. godine formulirao Einstein

"Kvantni skok elektrona".

Ponovno se pozivajući na tradicionalni prikaz atoma, tj. jezgre okružene elektronima koji rotiraju oko nje, možemo otići korak dalje kako bismo razumjeli aspekt povezan s njegovim funkcioniranjem koji se naziva "kvantni skok".

Prije svega, treba napomenuti da se elektroni ne mogu okretati u anarhičnom režimu, već moraju poštovati određena pravila. Prvo pravilo je Paulijev princip isključenja, koji se primjenjuje na "fermione", klasu čestica koja uključuje protone, neutrone i elektrone.

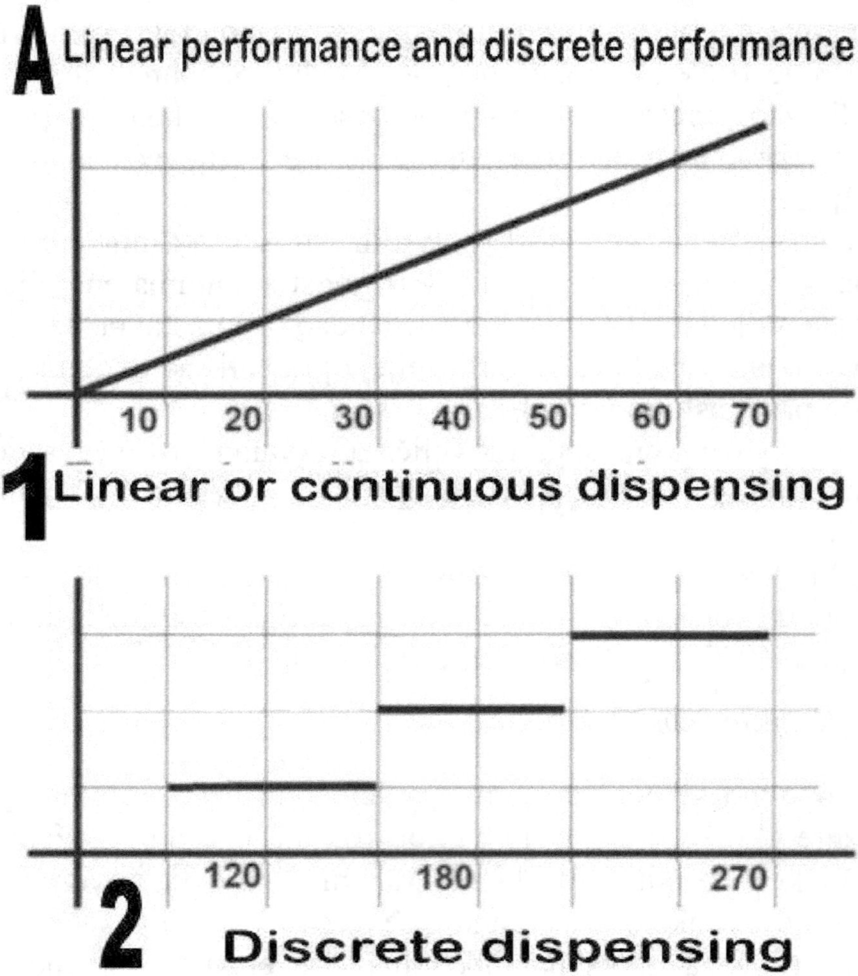

Slika 29
Linearni trend i diskretni trend.
1 Linearna ili kontinuirana isporuka.
2 Isporuka s diskretnim vrijednostima
- Linearni trend pretpostavlja (gotovo) beskonačan broj međurazina. S druge strane, diskretni trend predviđa samo nekoliko planiranih povećanja.

Ovaj princip polazi od koncepta da oko atoma postoji samo nekoliko "dopuštenih zona", te da dva identična fermiona ne mogu istovremeno zauzimati istu zonu (ili kvantno stanje).

Dakle, orbitu mogu zauzeti najviše dva elektrona, pod uvjetom da imaju suprotne "spinove".

Drugi uvjet je da svaka orbita ne može biti nasumično udaljena od jezgre.

Prema atomskom modelu koji je predložio Niels Bohr, elektron rotira oko jezgre u kružnoj orbiti; svaki elektron, koji ima negativan naboj, odgovara vrlo preciznoj orbiti, budući da se mora kretati brzinom dovoljnom da se suprotstavi privlačnoj električnoj sili kojom jezgra, pozitivno nabijena, djeluje na njega. Rotacija sprječava usisavanje elektrona u jezgru, ali se mora dogoditi s energijom proporcionalnom njihovoj udaljenosti.

Što je elektron dalje od svoje jezgre, potrebno mu je više energije. Ali to mora biti dobro uravnotežena energija. Prava količina energije mora spriječiti da elektron padne u jezgru ili, obrnuto, da bude izbačen izvan zone utjecaja atoma.

Budući da znamo da se energija na razini elektrona mjeri u kvantima, tada orbite mogu biti samo na udaljenosti kvanta, odnosno višekratnika kvanta.

Nijedan elektron nikada neće rotirati u orbiti koja zahtijeva energetsku vrijednost koja nije kvant ili njegov višekratnik.

Prema tome, između elektrona koji rotira unutarnjom orbitom (nazovimo je E-Unutarnja) i drugog elektrona koji rotira više vanjskom orbitom (nazovimo je E-Vanjskom) postoji energetska razlika: E-Vanjska treba više energije nego E -unutarnji.

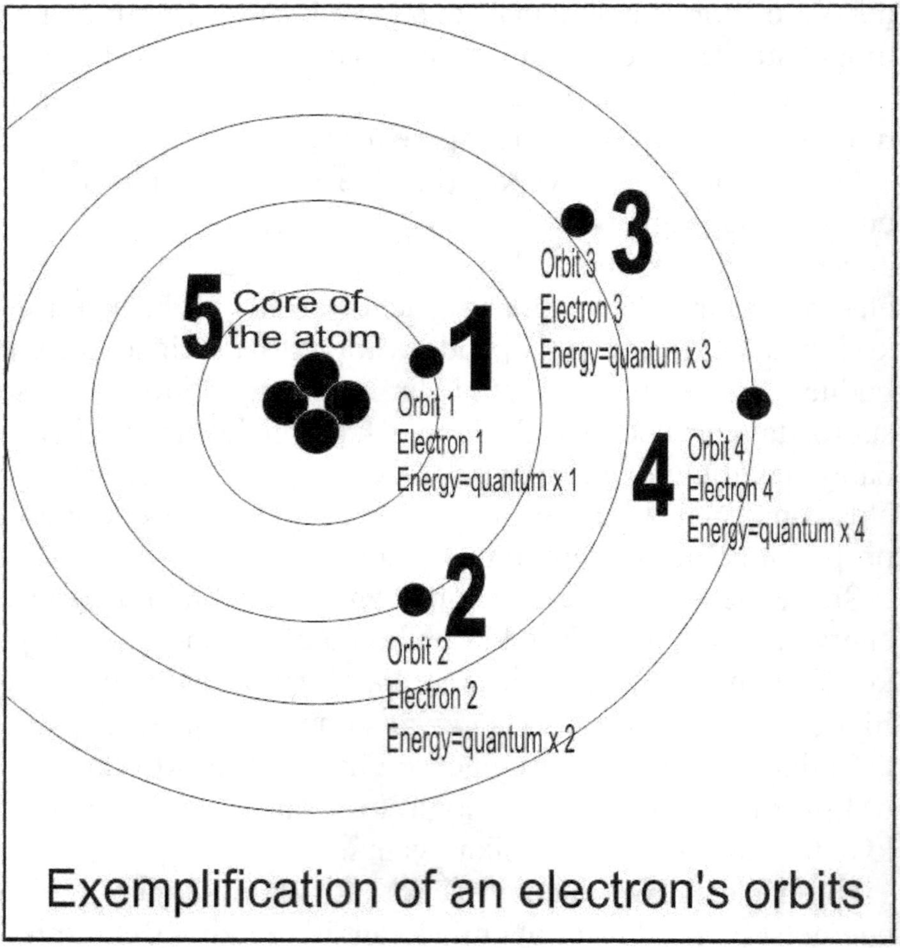

Slika 30 - Primjer ilustracije atoma s četiri elektrona i četiri protona. Svaki elektron rotira u određenoj orbiti i ima količinu energije koja se može mjeriti u kvantima.

1 Elektron na orbiti 1 ima 1 kvant energije.
2 Elektron na orbiti 2 ima 2 kvanta energije.
3 Elektron na orbiti 3 ima 3 kvanta energije.
4 Elektron na orbiti 4 ima 4 kvanta energije.
5 Jezgra atoma.

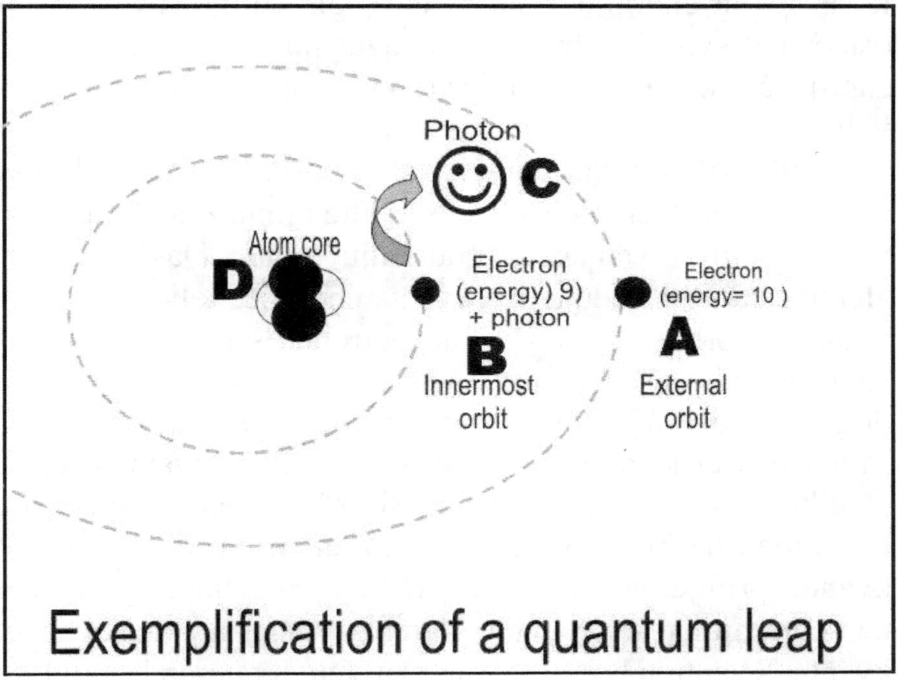

Slika 31 - Primjer kvantnog skoka.

A. Elektron A postavljen na vanjsku orbitu ima energiju deset kvanta.

B. Elektron skoči u unutarnju orbitu. Ovdje mu treba manje energije (9 kvanta) pa otpušta kvantum.

C. Oslobođeni kvant postaje foton.

D. Jezgra atoma.

Kao primjer, možemo reći da ako unutarnji elektron treba jedan kvant energije, vanjski elektron zahtijeva dva da bi ostao na svojoj orbiti. Ne mogu postojati orbite koje zahtijevaju kvantum i pol, jer je kvantum najmanja moguća veličina.

Usred tolikog reda moramo uzeti u obzir da su elektroni prilično neposlušni i ponekad, iz samo njima znanih razloga, vole skočiti iz vanjske u unutarnju orbitu. Dakle, ako bi elektron koji posjeduje dva kvanta energije, želio skočiti na unutarnju orbitu (za što bi bio potreban samo jedan kvant energije), morao bi se odreći jednog od svojih kvanta. Što se događa s ovom oslobođenom energijom? Poprima oblik fotona dok elektron izvodi ono što se naziva "kvantni skok".

Slika 31 predstavlja "kvantni skok". U točki A elektron, postavljen na bilo koju orbitu, ima energiju jednaku deset kvanta (primjerna vrijednost). U točki B elektron je skočio na unutarnju orbitu. Sada je potrebna energija jednaka devet kvanta. Kvantum koji više nije potreban prenesen je u obliku fotona: to jest, postao je kvantum svjetlosti.

Kao što ćemo kasnije vidjeti, fizičari su iskoristili ovo svojstvo stimulirajući elektrone da naprave kvantni dvostruki skok kako bi proizveli fotone blizance, ili korelirane fotone; proučavanje njihovog ponašanja dovelo je do otkrića fenomena zvanog kvantna isprepletenost.

Dualizam val-čestica.

Temeljna karakteristika kvantne fizike je mogućnost prikazivanja zračenja ili materije i u obliku valnog fenomena i u obliku čestičnog entiteta. To je u suprotnosti s klasičnom fizikom gdje se, primjerice, svjetlost opisuje isključivo kao val, a elektron isključivo kao čestica.

Ovo potpuno neočekivano svojstvo naziva se "dualizam val-čestica". Činjenica da je to svojstvo bilo nepoznato bila je razlog neuspjeha svih klasičnih teorija koje su prethodno razvijene o funkcioniranju atoma. Odlučujuća karakteristika kvantne fizike je načelo komplementarnosti, prema kojoj se dva aspekta, val i čestica, ne mogu promatrati istovremeno tijekom istog eksperimenta. Ovaj koncept je formaliziran u Heisenbergovom principu nesigurnosti. Heisenberg utvrđuje da nije moguće mjeriti svojstva istovremeno i s ekstremnom preciznošću koja definiraju stanje elementarne čestice. Kad bismo, na primjer, mogli odrediti njezin položaj s apsolutnom preciznošću, imali bismo maksimalnu nesigurnost u pogledu njezine brzine.

Pojava kvantne fizike izazvala je zbunjenost i nemir u znanstvenoj zajednici koja je vidjela da su temelji njezine koncepcije svijeta dovedeni u pitanje i revolucionirani.

Sam Einstein, kada je postao svjestan nove stvarnosti kvantne fizike, nazvao ju je "zlokobnim djelovanjem na daljinu".

Kao što je objavljeno u knjizi "Albert Einstein, znanstvenik i filozof", Einstein je u svom dnevniku napisao sljedeće:

> “Svi moji pokušaji da prilagodim teorijske temelje fizike ovim pretpostavkama nisu uspjeli. Kao da smo izgubili tlo pod nogama, a nigdje nije bilo fiksne točke na kojoj bismo mogli graditi”.

Otkrića kvantne fizike zahtijevala su ponovno razmatranje temeljnih pojmova kao što su materija, vrijeme, prostor i uzročno-posljedični odnosi, koji su svi bitni za razumijevanje svijeta kakvog ga percipiramo. Sigurno je da je potreba za njihovom modifikacijom proizvela duboke kulturne krize u znanstvenoj zajednici. Ni danas nije moguće u potpunosti definirati što je točna vizija fizičke stvarnosti, ako ne promatrajući je zasebno na različitim razinama: onoj srednjih dimenzija, odnosno našoj osjetljivoj razini, i onoj subatomskih dimenzija.

Eksperiment s dvostrukim prorezom.

Dostignuća moderne fizike izazvala su značajna promjena naše znanstvene slike svijeta: uzdrmali su apsolutnu valjanost prirodnih zakona i pretvorili je u relativnu valjanost. Prirodni zakoni su statističke istine, odnosno vrijede, da tako kažemo, u potpunosti samo kada se radi o makrofizičkim veličinama. U sferi minimalnih količina, s druge strane, predviđanje što će se dogoditi postaje neizvjesno i nemoguće, jer se vrlo male količine više ne ponašaju u skladu s poznatim prirodnim zakonima.
(Carl Gustav Jung)

Jedan od najpoznatijih eksperimenata u kvantnoj fizici (vjerojatno najpoznatiji ikad) pomoći će nam da bolje razumijemo prirodu elementarnih čestica. Eksperiment svoju važnost temelji na svom drevnom podrijetlu: prvu verziju napravio je prije više od dva stoljeća, 1801. godine, Thomas Young. Nakon toga, eksperiment je zadržao svoje dostojanstvo koje ga je učinilo aktualnim u mnogim kasnijim repropozicijama. Naravno, eksperiment je ažuriran kako je tehnologija omogućila novije verzije. Trenutno predstavlja jedan od glavnih ključeva za razumijevanje kvantne fizike i srodnih fenomena, uključujući isprepletenost. Stoga ću pokušati ilustrirati ovaj eksperiment kako bih ga učinio lako razumljivim čitatelju koji nije stručnjak; u tom smislu ću izbjegavati matematičke formule.

Eksperiment nije konceptualno kompliciran i ja ću predložiti primjer koji će, vjerujem, moći razumjeti svatko tko je kao dječak uživao bacati kamenje u mete svih vrsta ili ga bacati u vodu kako bi vidio tipične koncentrične krugove.

Digni ruku tko nikad nije bacio kamen. Svatko tko je bacao kamenje, čak i ako više nije mlad, trebao bi se pripremiti bacati još.

Igra se sastoji u postavljanju čvrste barijere ispred nas, u kojoj ćemo napraviti rupu ili prorez. Pukotina je dovoljno velika da kroz nju može proći kamen bačen u njenom smjeru. Odmah iza barijere postavljamo vrlo tanki lim. U ovom primjeru, kada kamen prođe kroz rupu, udari u lim i udubi ga, ostavljajući trag udarca.

Slika 32. Thomas Young (Milverton, 13. lipnja 1773. - London, 10. svibnja 1829.) bio je britanski znanstvenik, poznat po svojim istraživanjima svjetlosti i mehanike čvrstih tijela, te po svojim doprinosima fiziologiji i egiptologiji.

Slika 33. Werner Karl Heisenberg (Würzburg, 5. prosinca 1901. - München, 1. veljače 1976.) bio je njemački fizičar. Bio je jedan od glavnih arhitekata kvantne mehanike, poznat po tome što je 1927. izložio načelo neodređenosti. Nobelovu nagradu za fiziku dobio je 1932. godine.

U ovom trenutku može se izvesti eksperiment, kao što je prikazano na slici 34. Stanimo nekoliko metara dalje i bacimo onoliko kamenčića koliko želimo pokušavajući ih natjerati da prođu kroz prorez. Razmotrit ćemo samo kamenje koje prođe kroz pukotinu i udari u prijemni zaslon, a zanemarit ćemo one koje promaše i koje barijera odbije.

Svaki kamen koji udari u zaslon prijamnika napravi jedno udubljenje (sl. 34-1).

Ako otvorimo drugi prorez u barijeri (sl. 34-2), uspješna lansiranja će proći kroz jedan ili drugi prorez, i proizvest će udubljenja na zaslonu prijamnika u skladu s prekriženim prorezom.

Ukratko, u ovom dijelu eksperimenta možemo razumjeti da su barijeru prešli pojedinačni čvrsti projektili jednostavnim promatranjem udubljenja nastalih na zaslonu prijemnika. Sada možemo prijeći na drugi dio našeg eksperimenta. Uređaj, odnosno pregradu s prorezom i zaslonom prijemnika, uronit ćemo u posudu s vodom, tako da prorez bude polupotopljen, kao na slici 35.

Ovaj put nećemo baciti kamen direktno u pukotinu, već u vodu nešto dalje od barijere. Kamen će proizvesti tipične krugove vode koje svi poznajemo. Ovi krugovi će se širiti prema barijeri, prijeći prorez i ponovno se pojaviti na suprotnoj strani stvarajući nove valove širenja koje će blokirati prijemni zaslon.

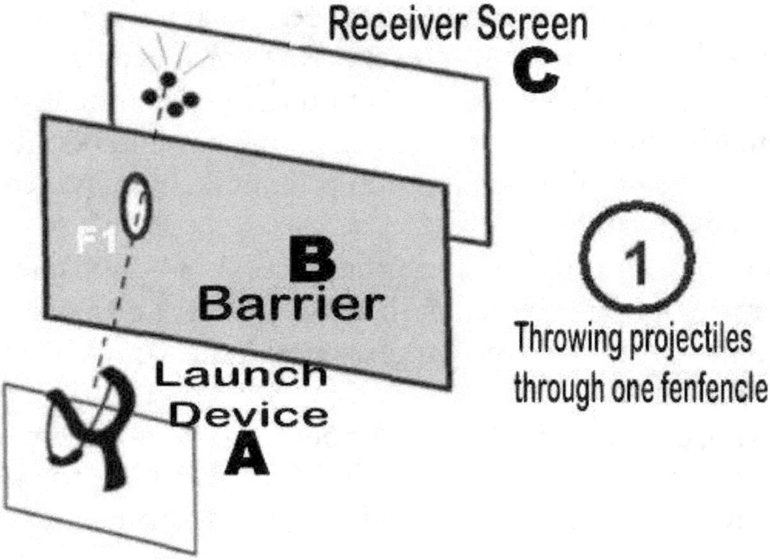
Receiver Screen
C
F1
B
Barrier
Launch
Device
A
1
Throwing projectiles
through one fenfencle

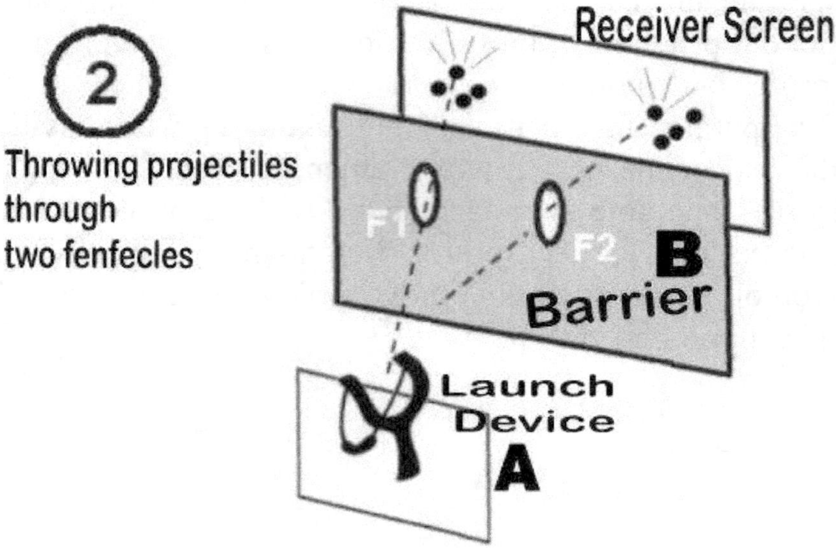
Receiver Screen
2
Throwing projectiles
through
two fenfecles
F1
F2
B
Barrier
Launch
Device
A

Slika 34 - Simulacija eksperimenta s dvostrukim prorezom. 1) Bacanje projektila kroz pukotinu. 2) Bacanje projektila kroz dva proreza.

1) Bacanje je kroz barijeru s pukotinom.

A. Pokretač

B. barijera

C. Zaslon prijemnika

2) Bacanje je kroz barijeru s dva proreza.

A. Pokretač

B. Barijera

C. Zaslon prijemnika.

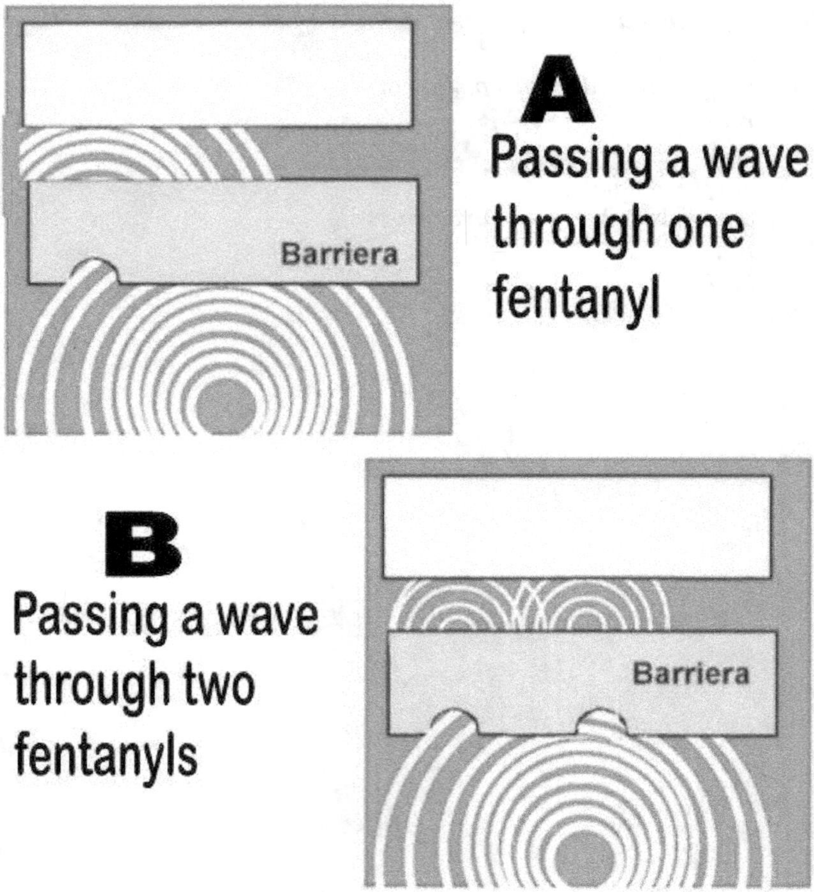

Slika 35 - Prolazeći kroz dva proreza, val proizvodi dva poluvala koja se sijekući zbrajaju.
A) Prolazak vodenog vala kroz jedan otvor.
B) Efekt superpozicije koji nastaje kada val prijeđe dva proreza.

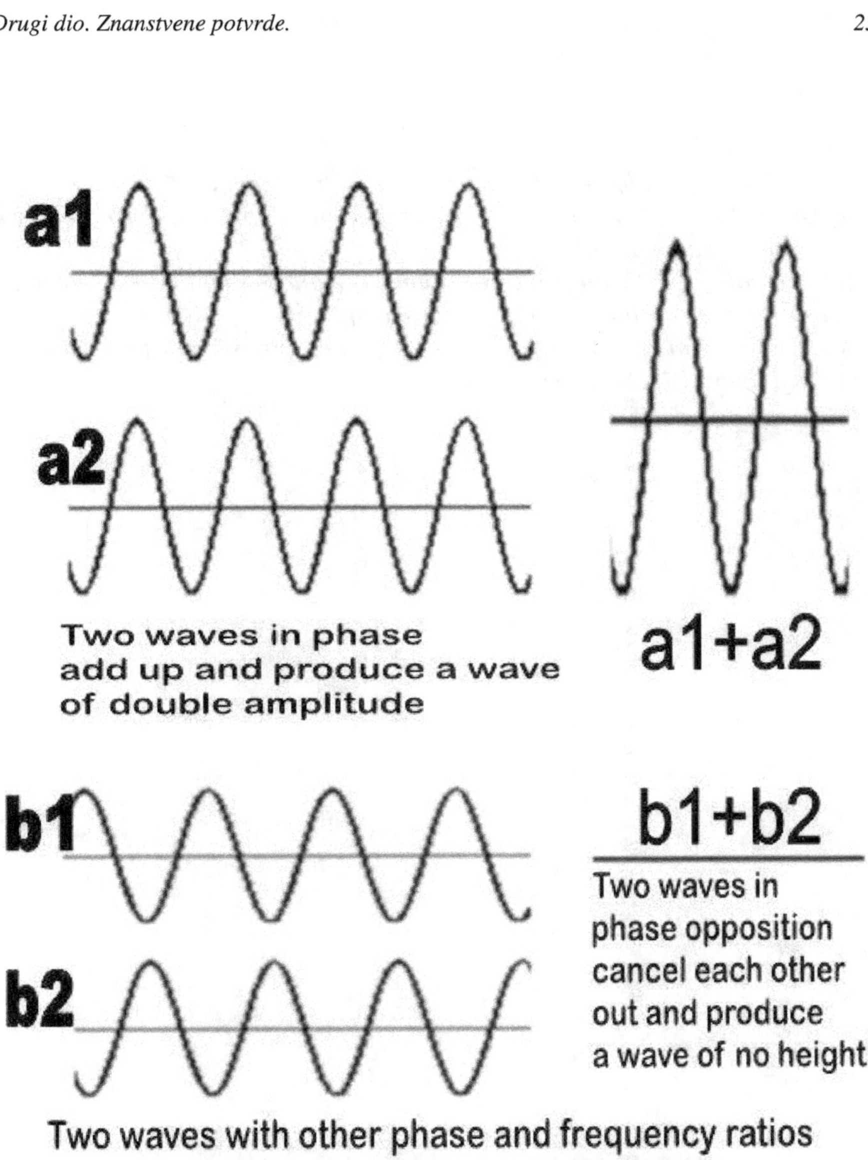
a1
a2
Two waves in phase
add up and produce a wave
of double amplitude
a1+a2
b1
b2
b1+b2
Two waves in
phase opposition
cancel each other
out and produce
a wave of no height
Two waves with other phase and frequency ratios
produce waves equal to their algebraic sum

Slika 36 - Zbroj valova različitih amplituda, frekvencija i faza

A) Dva vala a1-a2 su u fazi. Njihove amplitude se zbrajaju i proizvode val a1+a2 dvostruke amplitude.

B) Dva vala b1-b2 su u faznoj suprotnosti. Njihove amplitude se zbrajaju i daju negativan rezultat, b1+b2 val nulte amplitude.

Ako dva vala nisu točno u fazi ili u faznoj suprotnosti, oni proizvode val jednak njihovom algebarskom zbroju.

Sada zamislimo da otvorimo drugi prorez i bacimo još jedan kamen, kao na slici 35.

Krugovi vode koje stvara jedan kamen, šireći se ispred barijere, preći će obje pukotine. Pojavljivanje na stražnjoj strani barijere s dvije rupe proizvest će dva nova kruga vode. Ovi krugovi, koji se još uvijek šire, interferirat će jedan s drugim i zbrajati.

Iz onoga što je do sada rečeno možemo izvući nekoliko jednostavnih zaključaka:

- Ako ispaljujemo projektile prema prepreci s dva proreza, projektili prolaze kroz jedan ili drugi prorez. To možemo provjeriti gledajući udubljenja na zaslonu prijemnika.
- Bacimo li kamen u vodu prema barijeri s dva proreza, proizvodimo skupinu krugova vode. Ovi krugovi prolaze kroz obje pukotine i proizvode dva nova niza vodenih krugova na stražnjoj strani barijere. Ove dvije skupine će se spojiti i proizvesti interferencijski uzorak.

Tako smo vidjeli razliku između bacanja kamena i bacanja vala: bacanje kamenja proizvodi udubljenja, dok umjesto toga, bacanje propagacijskih valova proizvodi uzorke interferencije.

Kada je znanost željela shvatiti je li svjetlost sastavljena od čestica ili valova, netko je zamislio bacanje "svjetlosnih bljeskova" prema uređaju poput ovog upravo opisanog. Eksperiment je nastojao provjeriti kakvi će se efekti proizvesti na zaslonu prijamnika, "udubljenja" ili "smetnje".

Thomas Young

Thomas Young bio je britanski znanstvenik, poznat po svojim istraživanjima svjetlosti i mehanike čvrstih tijela, ali i po svojim doprinosima egiptologiji. Rođen je u Milvertonu 13. lipnja 1773., a umro je u Londonu 1829. godine.

Bio je prvi od desetero braće i sestara u obitelji kvekera. Opisuju ga kao čudo od djeteta, a on je itekako bio. Dapače, u dobi od dvije godine već je znao čitati. Sa šest godina već je savladao latinski i dva puta pročitao cijelu Bibliju. Ubrzo je naučio i druge jezike i sa četrnaest je znao, osim grčkog, francuskog, talijanskog i hebrejskog, i mnoge istočnjačke jezike kao što su kaldejski, sirijski, samaritanski, arapski, perzijski i turski.

Young je diplomirao fiziku 1796. u Göttingenu, a 1799. počeo je raditi kao liječnik u ordinaciji u ulici Welbeck u Londonu. Ploča na vratima i danas obilježava tu suradnju. U međuvremenu je anonimno objavljivao svoje znanstvene spise jer se bojao posljedica za svoj ugled liječnika.

Godine 1802. Young se pridružio Vijeću Kraljevskog društva, čiji je član bio od 1794. godine.

U fizici je Young poznat po svojim radovima na području optike, budući da je autor istraživanja dualizma valno-čestični. Youngu treba pripisati i otkriće fenomena interferencije u svjetlu. Zapravo, 1801. godine osmislio je eksperiment s dvostrukim prorezom.

Dijatriba o prirodi svjetlosti započela je s Newtonom koji je vjerovao da je svjetlost korpuskularne prirode.Kasnije je ta hipoteza osporavana, pa je Young 1801. osmislio i izveo svoj poznati eksperiment.

Young je slao zrake svjetla prema barijeri u kojoj su bile izbušene dvije rupe. Na ekranu prijemnika postavljenom iza barijere dobio je uzorak smetnje. Stoga je Young zaključio da su barijeru prešli valovi, a ne čestice, i potvrdio valnu prirodu svjetlosti. No je li svjetlost doista val?

Evolucija eksperimenta s dvostrukim prorezom.

Početkom dvadesetog stoljeća počele su se javljati sumnje uvedene Planckovim studijama o crnim tijelima i nekim aspektima koje je istaknuo Einstein u vezi s ponašanjem fotona, koji je izgledao vrlo poput čestice ako se proučava u fotoelektričnom učinku. .

Godine 1916. Amerikanac Robert Millikan iznio je hipotezu o postojanju fotona kao čestice, što je kasnije potvrđeno otkrićem Comptonovog efekta 1922. godine.

To je stvorilo veliki problem u fizici, jer se činilo da svjetlost posjeduje tajanstvenu dvojnost zbog koje se pojavljuje kao val ili kao čestica u raznim eksperimentima različitih vrsta.

Godine 1924. francuski fizičar i matematičar Louis de Broglie formulirao je hipotezu da ne samo fotoni, već sva materijalna tijela, a posebno sve čestice, također posjeduju tipična fizikalna svojstva valova. Ova je hipoteza ubrzo našla eksperimentalnu potvrdu i dala temeljni poticaj razvoju kvantne mehanike. Eksperimentalni dokaz dualnosti val-čestica dobili su 1927. Clinton Davisson i Lester Germer, u Bell Laboratories u Murray Hillu, u državi New Jersey u Sjedinjenim Američkim Državama. Ovi su znanstvenici ispalili snop elektrona na kristal nikla i promatrali difrakcijske uzorke. To je omogućilo korištenje zraka čestica za izvođenje eksperimenata s dva proreza, baš kao što je to učinio Young.

Moderna verzija eksperimenta s dvostrukim prorezom

Eksperiment s dvostrukim prorezom prvi je put izveo Claus Jönsson na Sveučilištu u Tübingenu, Baden-Württemberg u Njemačkoj 1961. u modernom obliku koristeći elektrone. Potom su ga 1974. u Institutu LAMEL CNR-a u Bologni ponovili Pier Giorgio Merli iz LAMEL-a i Gian Franco Missiroli i Giulio Pozzi, obojica s Odsjeka za fiziku Sveučilišta u Bologni.

Institut LAMEL raspolagao je najsuvremenijim mikroskopom Siemens Eliskop 101 koji je kalibriran i prilagođen za rad u interferencijskom elektronskom mikroskopu.

Mikroskop je korišten i kao interferometar i kao izvor elektrona koji su jedan po jedan prolazili kroz dvostruku elektronsku prizmu i zatim slani prema fotografskoj ploči.

Opis eksperimenta koji se temelji na lansiranju jednog fotona

Sada želimo detaljno razmotriti eksperiment u njegovoj klasičnoj modernoj verziji, koja se temelji na korištenju pojedinačnih fotona ili kvanta svjetlosti. Zamislimo stoga uređaj sposoban lansirati pojedinačne fotone jedan po jedan, barijeru s jednim ili dva proreza i zaslonom iza nje. Stražnji zaslon sastoji se od mračne sobe u kojoj se nalazi fotografski film. Film će biti "obilježen" fotonima koji ga udaraju, jer su fotoni elementi nosioci svjetlosti.

Uređaj u konfiguraciji s jednim prorezom prikazan je na slici 37. Fotoni koje barijera odbija nisu uzeti u obzir. Fotoni koji prolaze kroz prorez označavaju točku na fotografskom filmu, jasan znak da su se ponašali kao čestice. Zasad ništa izvanredno; fotoni se ponašaju kao naše kamenje, a eksperiment sugerira da su fotoni čestice.

Slika 38 ilustrira lansiranje jednog fotona prema barijeri s dva proreza. Upitnik simbolizira pitanje kroz koji će prorez proći foton?

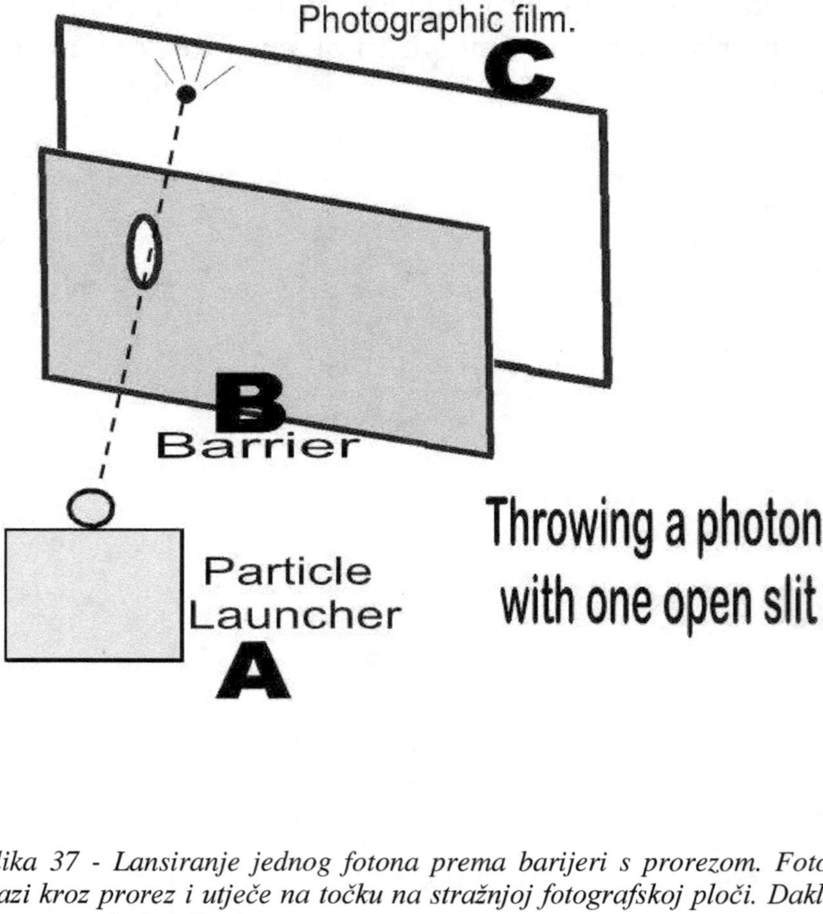

Slika 37 - Lansiranje jednog fotona prema barijeri s prorezom. Foton prolazi kroz prorez i utječe na točku na stražnjoj fotografskoj ploči. Dakle, foton se ponaša kao čestica.

A) Sprava za bacanje.

B) Pregrada s pukotinom.

C) fotografski film.

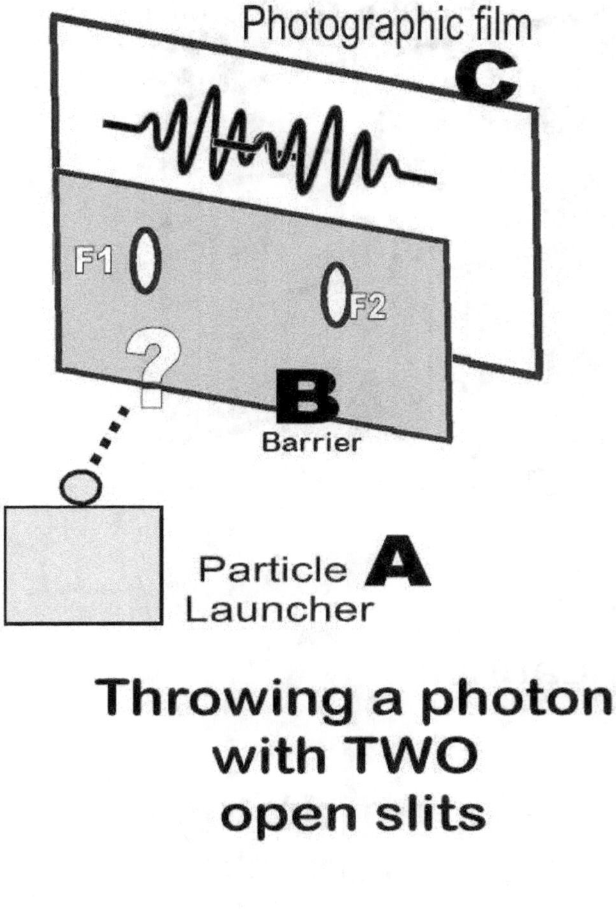

Slika 38 - Kad bismo jedan foton lansirali prema barijeri s dva proreza, on bi kao čestica prošao samo kroz jedan, dok bi umjesto toga kao val prošao kroz oba.

A) Sprava za bacanje.

B) Pregrada s dva otvora.

C) fotografski film.

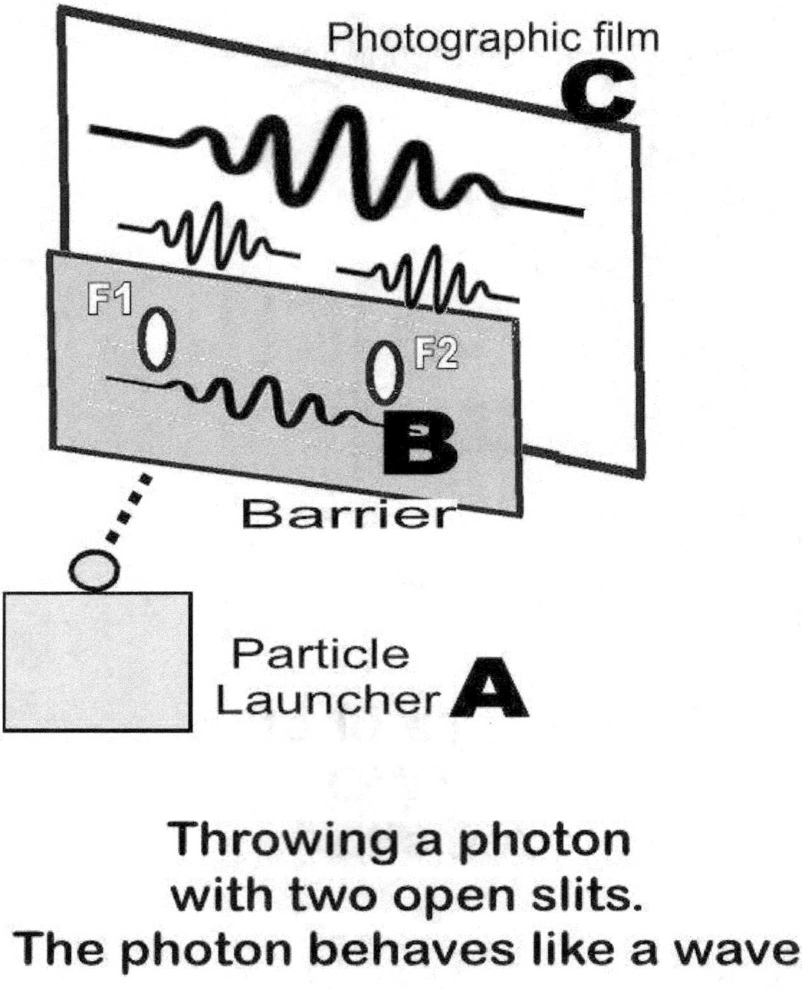

Slika 39 - Zapravo, pojedinačni foton, ako je suočen sa samo jednim prorezom, ponaša se kao čestica; ako ima dva ispred sebe, ponaša se kao val.
A) Pokretač.
B) Pregrada s jednim otvorom.
C) fotografski film.

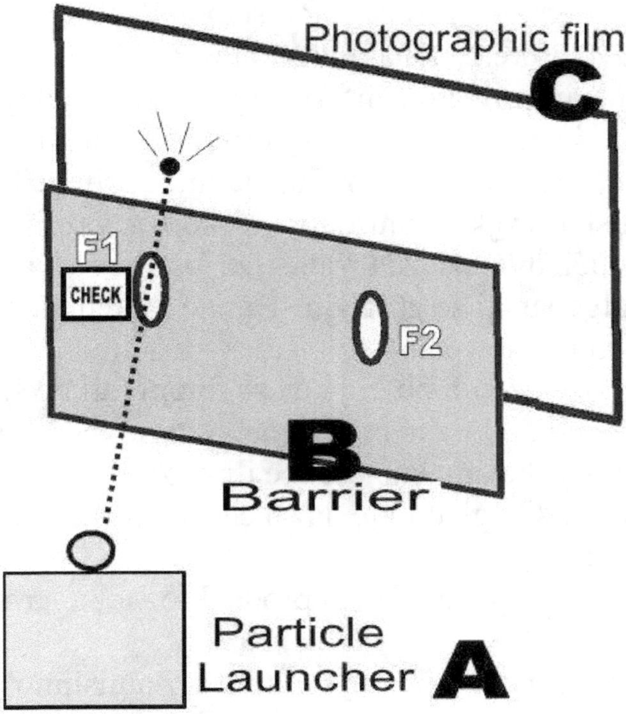

Launch of a photon with
CONTROL DEVICE.
The photon behaves like a particle

Slika 40 - Bacimo li foton na barijeru s dva proreza, od kojih je jedan opremljen kontrolnim uređajem za provjeru prolaska fotona, tada naš foton odabire kontrolirani prorez i ponaša se kao čestica.

A) Sprava za bacanje.

B) Pregrada s jednim otvorom.

C) fotografski film.

CHECK) Provjera uređaja

Odgovor je jasno vidljiv na slici 39: jedan foton je prošao kroz oba proreza.

Naime, ispred jednog proreza foton se ponaša kao čestica, dok se ispred dva proreza ponaša kao val i prelazi preko oba. U prvom slučaju povratnu informaciju daju pojedinačne svijetle točke koje se pojavljuju na fotografskom filmu. U drugom slučaju, na njemu se pojavljuju tamne i svijetle trake, tj. interferencijska brojka koju daje val koji je prešao oba proreza stvarajući dva izlazna vala. Iza barijere dva vala interferiraju i algebarski se zbrajaju. Tamne ili svijetle trake predstavljaju rezultat (sl. 39).

Prvo što se može uzeti u obzir je da se fotoni (ali ne samo, svojstvo je zajedničko svim elementarnim česticama) ponašaju, ovisno o slučaju, kao čestice ili kao valovi. Ovo se čini našim alatima. Očigledno je da su čestice u isto vrijeme i čestice i valovi.

To omogućuje da jedan foton prođe kroz oba proreza istovremeno.

Ali iznenađenjima još nije kraj. Zamislimo da eksperimentator odluči provjeriti kako foton prolazi kroz prorez, polazeći od načela da je foton čestica i nekamo mora proći.

Dakle, eksperimentator postavlja instrument odmah iza jednog od dva proreza. (slika 40).

Pa, u ovom slučaju, to jest kada je prolazak fotona kontroliran instrumentom, događa se nešto nevjerojatno, gotovo kao da je foton odbio suradnju. Iako postoje dva otvorena proreza, foton prolazi samo kroz onaj opremljen instrumentom i ostavlja točku na stražnjem ekranu. Ako se prate oba proreza, prolazi samo kroz jedan dok se i dalje ponaša kao čestica. Ali ako izvadite alate, opet će se ponašati poput vala.

U praksi, foton izaziva eksperimentatora dokazujući mu da je za njega nerješiva misterija.

Leon Max Lederman, američki fizičar, u svojoj knjizi "Kvantna fizika za pjesnike" piše sljedeće:

> "Čini se da jedan elektron, kao čarolijom, prolazi kroz dva proreza u isto vrijeme ako ga nitko ne promatra, birajući mogući put ako ga netko ili nešto pogleda! To je moguće jer elektroni nisu ni čestice ni valovi: oni su nešto drugo, potpuno novo. Čestice su "kvantna stanja".

Mora se reći da su eksperimenti, u početku ograničeni na elementarne čestice, zatim provedeni i na složenim tijelima. Na Sveučilištu u Beču, Anton Zeilinger i njegovi kolege koristili su "bucky lopte" u eksperimentima. To su molekule sastavljene od šezdeset ili više ugljikovih atoma okupljenih u strukturu nalik geodetskoj kupoli; ovo uređenje proslavio je američki arhitekt Richard Buckminster i po njemu je dobio ime. Očito, molekula koja se sastoji od šezdeset atoma postaje gigantska struktura u usporedbi s jednim fotonom. Ipak, u eksperimentu s dvostrukim prorezom, korištenjem "bucky balls" umjesto fotona, dobiveni su isti rezultati.

Time je dokazano da molekula materije može proizvesti valne fenomene poput čestice energije. Također ove molekule materije stoga imaju dar dvostruke prisutnosti, odnosno prolaskom kroz oba proreza imaju sposobnost da se nađu istovremeno na dva različita mjesta.

Je li moguća prisutnost na dva različita mjesta?

Hoće li u budućnosti biti moguće izvesti eksperiment na složenijim tijelima, sastavljenim od milijardi molekula, kakvo bi moglo biti ljudsko tijelo? U tom bi slučaju postojala znanstvena potvrda kontroverznih fenomena poput udvostručenja, astralne projekcije, izvantjelesnog putovanja ili bilokacije, odnosno svih izvantjelesnih iskustava, poznatih i pod akronimom OBE.

Potonji fenomen poznat je pod engleskim izrazom "out of body experience".

Sve su to iskustva, čije tumačenje ostaje kontroverzno, u kojima osoba doživljava "izlazak" iz svog fizičkog tijela, odnosno projicira vlastitu svijest izvan granica tijela. Ova iskustva pripadaju području parapsiholoških disciplina, koje nisu priznate u znanstvenom i akademskom svijetu, ali su prisutne u mnogim kulturama, kako zapadnim tako i istočnim.

Fenomen bilokacije stoljećima je dio vedske i budističke tradicije. Očigledno je da je ova kultura mogla prenijeti, subjektima s posebnim sklonostima, temelje filozofskog i duhovnog znanja kako bi im omogućila da kroz dugu obuku steknu sposobnost bilokacije.

Poznati indijski filozof Paramahansa Yogananda svjedoči u svojim knjigama, vrlo detaljno, epizode koje se tiču i njega samog.

Robert Allan Monroe je američki pisac, osnivač 1978. godine istoimenog Instituta "za istraživanje ljudske svijesti". U svojoj knjizi "Moja putovanja izvan tijela" opisuje istočnjačke discipline i preporučuje korisne tehnike za olakšavanje te sposobnosti. .

U kršćanstvu postoje mnoga hagiografska svjedočanstva o bilokaciji koja se, među ostalima, tiču svetog Antuna Padovanskog, svetog Franje Asiškog, svetog Alfonza Marije de Liguorija, svetog Josipa Kupertinskog, svetog Franje Paolskog i svetog Ivana Bosca.

Prekognitivne sposobnosti subatomskih čestica.

Iz pokusa s dvostrukim prorezom možemo izvući zaključke koji ostavljaju začuđeni i najiskusnije fizičare, a koji se vjerojatno više odnose na filozofiju fizike nego na samu fiziku.

Zamislimo na trenutak da foton ima vlastitu savjest i da je u stanju "odlučiti" o svom ponašanju u različitim situacijama u kojima se nalazi.

U praksi se pitamo: kada se foton lansira prema barijeri, kako zna hoće li barijera imati jedan ili dva otvorena proreza?

Jer, zapravo, foton bi trebao znati koliko proreza ima ispred sebe tek nakon što pređe barijeru, no izgleda da foton to prvi zna. Uistinu, foton odlučuje suočiti se s barijerom u obliku čestice ili u obliku vala, prije nego što je prijeđe.

Ne samo; foton zna, prije nego što prođe kroz rupu, je li ta rupa nadzirana instrumentom koji može potvrditi njezin prolaz. Foton zna koju od dvije rupe prati instrument prije nego što prođe kroz nju. U vrlo kratkim trenucima svog postojanja od trenutka kada je lansiran do trenutka kada naiđe na barijeru, foton stječe spoznaju o tome što ga čeka. On zna hoće li pronaći pukotinu ili dvije i jesu li ih nadzirali ili ne.

Budući da foton nema ni um ni svijest, moramo se zapitati odakle mu sposobnost da "unaprijed zna" što ga čeka u neposrednoj budućnosti. Provokativan naslov ovog poglavlja, o prekognitivnim sposobnostima fotona, sugerirao bi da one stvarno postoje.

Vjerojatno da. Foton "zna" jer prima znanje, dapače, dio je univerzalne mudrosti. Foton je dio znanja koje povezuje cijeli kozmos. Foton zna jer zna cijeli kozmos, a to znanje nema vremenskih, prostornih i veličinskih ograničenja.

Čestica ne "zna prije", ona zna jer je dio znanja.

Foton "zna" jer je dio univerzalnog kozmičkog znanja postavljenog izvan svih granica i izvan svake obveze određene materijom. Njegovo znanje je informacija i inteligencija na čistoj psihičkoj ili duhovnoj razini. Taj pojedinačni foton, i svaka druga čestica u svemiru, ne "predviđaju budućnost", oni su dio nje.

Zatim se postavlja još jedno pitanje: zašto mi ljudska bića, koja smo u osnovi sastavljena od čestica, ne posjedujemo isto znanje?

Naravno, sve čestice koje čine naše tijelo posjeduju ovo znanje, svaka pojedinačno; mi, smatrani skupom beskonačnog broja čestica, trebali bismo posjedovati agregatno znanje, zbroj znanja svih naših čestica.

Postoji velika razlika između pojedinačne čestice i skupa čestica koje mi jesmo. Prvo, čestice su članovi univerzalnog znanja bez ikakvog posredovanja. Čestice su izravno dio toga. Umjesto toga, na naše tijelo, kao agregat čestica, utječu moćni posrednici koji zapravo postaju separatori.

Ovi negativni posrednici zajednički imaju ime 'ja'. Naša svijest i naša osobnost obavljaju funkciju separatora prema kozmičkom znanju. Uistinu, iako su čestice skromni članovi koji se poslušno pridržavaju ovog znanja, mi se postavljamo u središte svemira. Sve što nas okružuje, što se oko nas događa, sjećanja na prošlost i očekivanja budućnosti apsolutno su usredotočeni na naš osobni kozmos.

To nas čini izrazito nepopustljivima i slabo propusnima u odnosu na znanje koje uopće nije usredotočeno na nas same.

Razmatranja slična ovima instinktivno evociraju strašni krik Lucifera izbačenog iz prisutnosti Božje: "Neću ti služiti!". Možda smo mi sami pali anđeli, jer zapravo ne želimo služiti ničemu drugome osim svome egu i to nas uranja u egzistencijalnu samoću sazdanu od sebičnosti i autoreferencijalnosti.

Slično tome, biblijski mit o Adamu i Evi govori o protjerivanju iz Edena zbog neposluha. Bog je zasadio voćnjak iz kojeg je par mogao imati punu korist, s jednom iznimkom:

> «Sa svakog drveta u vrtu moći ćete jesti; ali sa Drveta spoznaje dobra i zla ne smijete jesti; jer onog dana kad od toga budeš jeo sigurno ćeš umrijeti."

Spoznaja o dobru i zlu transformira Adama i Evu u subjekte sposobne za formuliranje sudova, ali je ta sposobnost, nažalost, zaražena ambicijom želje da budu slični Bogu.

Unatoč tome, postoje mnogi aspekti koji nas drže povezanima, iako slabašno, s "kozmičkim znanjem". Iako nam je to znanje uskraćeno, posjedujemo mrvice svijesti o njegovom postojanju. Prije svega imamo naslutiti prisutnost nadmoćnu od sebe, koju intuitiramo i ponekad osjećamo potrebu za njom, kao što bi to moglo biti za sjećanjem na daleke ili nestale roditelje. U našim mislima mistično lebdi sjena nepoznatog roditelja od kojeg se osjećamo zagrljeni. Ova sjena nas fascinira.

To je osjećaj koji mnogi nazivaju “čežnja za Bogom”. Nostalgija je to koja dolazi izdaleka, izazvana događajima koji često nisu dio našeg životnog iskustva; to je nostalgija koja vuče sjećanja prije našeg fizičkog postojanja.

Zatim, tu su i izvanosjetilne percepcije, odnosno oni bljeskovi svjetla koji ponekad obasjavaju i čine izvedivim put koji nas spaja s kozmičkim znanjem. Naše se nesvjesno uspijeva povezati s kolektivnim nesvjesnim i, iako krivudavo, bljeskovi znanja teku iz univerzalne svijesti u našu individualnu svijest. Kada se to dogodi mi "znamo i vidimo", na nekoliko kratkih trenutaka, stvari koje, zbog našeg stanja robova okovanih materijom, inače ne vidimo. .

Ali najkonkretniju poveznicu s mudrošću kozmosa nalazimo u sinkronicitetu. Sinkronicitet se očituje u našem postojanju, ali često ga prati naša ravnodušnost. Unatoč tome što smo potonuli u svoj ponor palih anđela, ruka se pruža prema nama da nas podigne iz jame i povede prema duhovnom i kulturnom evolucijskom iskupljenju. Sinkroniciteti su dokaz da nas "Znanje" ne smatra vječno prokletima i da u nama vidi onog evanđeoskog izgubljenog sina kojeg otac po povratku ne odbacuje nego s radošću dočekuje.

Atom, kako se obično predstavlja.

U klasičnom prikazu atoma, elektron ima točno definiranu količinu energije koja ga može držati u određenoj orbiti. Ta se energija naziva "energetska razina orbite". Prema tome, orbita predstavlja put kojim se elektron kreće oko jezgre, dok razina energije predstavlja količinu energije dovoljnu da ga zadrži u toj orbiti.

Kao što smo vidjeli, kvantna mehanika može opisati ponašanje vrlo malih čestica, kao što su elektroni, a također smo vidjeli da se pravila klasične fizike ne primjenjuju na te čestice. U kvantnoj viziji uveden je novi, složeniji atomski model, u kojem se više ne govori o "Orbiti" već o "Orbitalnom oblaku".

"Orbita" i "Orbitalni oblak"

Kvantna mehanika je dovoljno pokazala da nije moguće definirati putanju elektrona, stoga termin "Orbita" nije prikladan. Potrebno je napustiti koncept orbite koju putuje elektron i zamijeniti ga konceptom "orbitalnog oblaka", također definiranog kao "oblak vjerojatnosti". To se događa jer ne možemo sa sigurnošću utvrditi kakav je položaj elektrona unutar atoma u danom trenutku ili u sljedećem trenutku. Kompliciranim matematičkim funkcijama moguće je dobiti informaciju o položaju elektrona, ali samo u smislu vjerojatnosti njegove prisutnosti u određenom prostoru oko jezgre (sl. 41).

Drugim riječima, dok je "Orbita" definirana putanja, "Orbitalni oblak" je matematička funkcija koja nam omogućuje da ustanovimo gdje je najvjerojatnije pronaći elektron u prostoru oko atoma.

Sve je to izravna posljedica temeljnog načela kvantne mehanike koje je otkrio njemački fizičar Werner Heisenberg „Principa neodređenosti“ ili „Heisenbergovog principa“, prema kojemu nije moguće istovremeno znati položaj i brzinu elektrona. Time se potvrđuje posebnost ponašanja elementarnih čestica u odnosu na tijela na makroskopskoj razini, odnosno na razini naših dimenzija i našeg iskustva.

Na našoj je razini, naime, moguće iznimno precizno izračunati putanju i brzinu kamena i prije nego što ga bacite, kao što se izračunava putanja nebeskih tijela ili itinerer putovanja svemirskih satelita. Međutim, na subatomskoj razini ta sposobnost postaje nemoguća. Heisenbergov princip ponovno uspostavlja tajanstvenu raznolikost ponašanja čestica.

Što se tiče ne samo elektrona nego i bilo koje druge elementarne čestice, možemo definirati samo određeno područje prostora u kojem bi se čestica mogla naći; upravo to područje prostora naziva se "Orbitalni oblak", a određeno je energijom koju čestica posjeduje.

Možemo zamisliti "Orbitalni oblak" kao kompromis između odbijanja različitih elektrona između njih i privlačenja koje vrši jezgra. Stoga, što atom ima više protona i elektrona, situacija unutarnjih odnosa privlačenja i odbijanja postaje kompliciranija; atom postaje gnijezdo stršljenova u kojem se ose kreću neslućenim brzinama duž probabilističkih orbitala.

Pod ovim uvjetima, jedini način da vrlo približno znamo gdje se elektron nalazi i koliko se brzo kreće je da ga tretiramo kao val; elektron će biti u bilo kojoj točki X vala koji ga opisuje. .

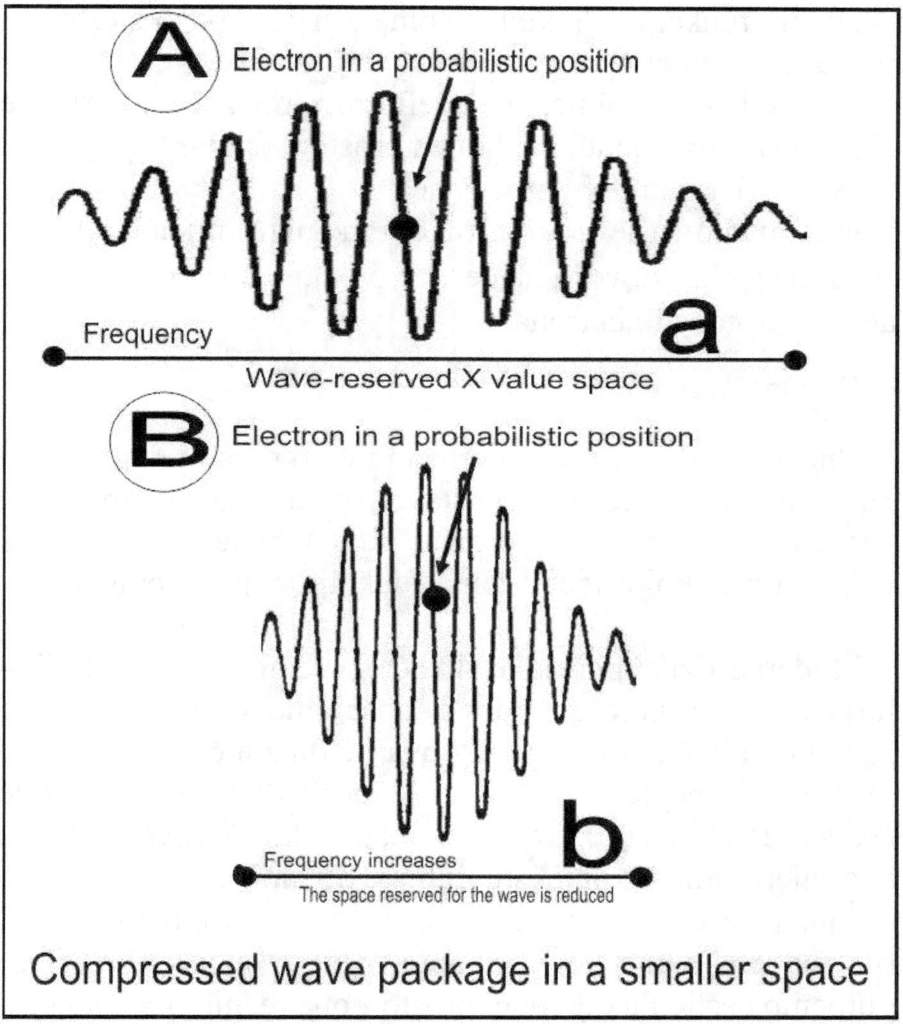

Slika 41 - Sažimanjem prostornog područja vala povećava se njegova frekvencija, a time i brzina rotacije čestice.

A. U prostoru vrijednosti "X" frekvencija vala ima vrijednost "a".

B. U užem prostoru frekvencija vala ima vrijednost "b", veću od "a".

Ovaj princip je definiran matematičkom funkcijom, "valnom funkcijom", konceptom koji je razvio austrijski fizičar i matematičar Erwin Schrödinger.

Ta funkcija, naime, ne definira precizne koordinate elektrona, već omeđuje volumen prostora unutar kojeg se on s većom vjerojatnošću može naći.

Danas znamo da se kvantni zakoni mogu primijeniti ne samo na elektron, već i na čestice prisutne u jezgrama atoma, protona i neutrona

Dinamički pogled na atom.

Ono što je dosad rečeno pruža mnogo dinamičniji pogled na atom od klasičnog. Doista, razmatrajući elektron kao česticu, ne možemo točno znati gdje se nalazi, osim da se nalazi u bilo kojoj točki valne funkcije koja ga opisuje (sl. 41A).

Moderna fizika počela je shvaćati svemir kao neraskidivu mrežu unutar koje su odnosi apsolutno dinamični, a ne statični. U kvantnoj mehanici ovaj je dinamički aspekt, ako je moguće, pojačan i izravna je posljedica valne prirode čestica. Posljedično, svojstva subatomskih čestica mogu se razumjeti samo u kontekstu njihove dinamike.

Činjenica da su čestice također valovi uzrokuje naizgled bizarno ponašanje koje se mora uzeti u obzir. Ako silom gurnemo česticu u određeni prostor, ona reagira krećući se u tom prostoru. Protresanje je brže kada je prostor manji.

Ovo svojstvo postaje razumljivo pregledom slike 41.

U gornjem dijelu je prikazana valna funkcija elektrona, zatvorena u području prostora vrijednosti X s elektronom postavljenim u probabilističku poziciju.

U donjem dijelu slike 41B, ograničavajući raspoloživi prostor, val vibrira na višoj frekvenciji i to uzrokuje povećanje brzine elektrona. Što je granično područje manje, to će se više povećati gibanje elektrona.

Tendencija čestica da na svako sužavanje prostora reagiraju povećanjem svoje brzine generira stanje uznemirenosti materije tipično za subatomski svijet.

Uostalom, čak ni u jezgri nema nepokretnosti, ako je moguće, uznemirenost poprima oblike paroksizmalne egzaltacije. To možemo razumjeti ako uzmemo u obzir da je volumen jezgre trilijun puta manji od ukupnog volumena atoma. Naime, kao što smo već spomenuli, kada bi jezgra imala dimenzije 3-4 milimetra, krajnji elektron bi rotirao u sferičnom volumenu promjera oko 100 metara. U volumenu prostora tako nevjerojatno male jezgre djeluju dvije sile: s jedne strane, odbijanje između protona, koji svi imaju pozitivan električni naboj, nastoji "eksplodirati" jezgru u prostoru. S druge strane, međutim, dolazi do jake nuklearne interakcije koja djeluje privlačno između svih čestica sastavljenih od kvarkova. Stoga jezgra vibrira, u vječnom sukobu sačinjenom od odbijanja i privlačenja, brzinom koja se eksponencijalno povećava zbog njezinih vrlo malih dimenzija.

Postoje li "stvari" ili postoje događaji?

Budući da su čestice dio većih struktura kao što su molekule i veće nakupine materije, čak i te veće strukture imaju tendenciju pokretati se u neprestanom plesu, tj. prirodno su uznemirene. Kvantna mehanika pokazuje da materija nikada nije inertna, već stalno u pokretu. Iako nam se na makroskopskoj razini objekti čine nepokretni i čvrsti, oni u svom intimnom sastavu kipte frenetičnom aktivnošću. Predmeti naše svakodnevne stvarnosti sastoje se od atoma koji se međusobno povezuju i tvore sve molekularne strukture koje poznajemo. Oni vibriraju u skladu s temperaturom okoline. Elektroni su vezani za atome električnim silama privlačenja i odbijanja koje ih istiskuju prema jezgri uzrokujući vrlo veliku brzinu rotacije. U istoj jezgri protoni i neutroni reducirani su na tako malene volumene da uzrokuju njihovo potresanje teško zamislivim brzinama.

Što se dalje ide u proučavanje atoma, to postaje očitije da on nije konačna komponenta materije, čvrsta i kompaktna, kao što je sugerirao Newton, već skup aktivnosti, tj. vibracija uzrokovanih česticama. Ali te su čestice istovremeno valovi u vječnom frenetičnom kretanju u uglavnom praznom prostoru.

Karl Raimund Popper, austrijski filozof i proučavatelj metoda kojima se dolazi do sigurne i znanstvene spoznaje stvari, pripisuje metafizici, ako je ispravno shvaćena, funkciju poticanja napretka. Popper snažno osporava fizički determinizam, kako sa znanstvenog gledišta, tako i kao pretpostavku totalitarizma. U svom tomu "Ego i njegov mozak" Popper izražava svoje misli o materijalnom svemiru na sljedeći način:

> “Pokazalo se da je čvrsta tvar visoko koncentrirana energija, transformabilna u druge oblike energije i stoga nešto procesne prirode, budući da se može pretvoriti u druge procese poput svjetlosti i, očito, kretanja i topline. Tada možemo reći da rezultati moderne fizike

> sugeriraju potrebu napuštanja ideje supstance ili esencije.
> Sada (kao što je posebno naglasio A. N. Whitehead) svemir se ne pojavljuje kao skup stvari, već kao skup događaja i procesa koji međusobno djeluju.
> Stoga bi moderni fizičar s pravom mogao reći da fizičke stvari - tijela, materija - imaju atomsku strukturu. Ali atomi zauzvrat imaju strukturu koja se teško može definirati kao "materijalna", a pogotovo ne kao "supstancijalna":(...)
> U povijesti materijalizma, a posebno atomizma, idealistički filozofi poput Berkeleya i Humea sa sumnjom su gledali na stvarnost materije. No materiju su na ovaj način promatrali i fizičari kao što je Mach, baš kad se pojavila kvantna teorija".

U svojoj teoriji kvantne elektrodinamike, fizičar Richard Feynman citira Heisenbergov princip neodređenosti. On tvrdi da na temelju ovog načela. kvantni vakuum, također nazvan "polje nulte točke", prožet je morem fluktuacija. Ove fluktuacije stvaraju parove virtualnih čestica i antičestica, koje se međusobno poništavaju u vremenu obrnuto proporcionalnom njihovoj energiji.

Einsteinova poznata formula E=mc2 kaže da su materija i energija konvertibilne jedna u drugu. Stoga energija može imati mnoge oblike: može biti klasično mehanička u dva modaliteta, kinetičkom ili potencijalnom. Također, energija može biti kemijska, elektromagnetska, gravitacijska, toplinska, nuklearna. Svi ti izrazi energije komponente su iste globalne energije, koja može mijenjati oblik, ali ne može zaobići pravilo da količina uvijek ostaje ista. U svojoj nepromjenjivosti i konvertibilnosti energija ima ulogu povezivanja svih fizikalnih pojava u mrežu transformacija, ali svaka fizikalna transformacija mora nužno osigurati da količina energije, prije i poslije, ostane ista. Dakle, energija se ne može uništiti, ali može poprimiti različite oblike. Još bolje, u stalnoj je transformaciji.

Lokalnost i nelokalnost.

Lokalitet definira područje u kojem postoje manifestacije energija i događaja omeđenih zakonima klasične fizike. U lokalnoj zbilji postoji "uzročnost" ili "determinizam" (svaki događaj je određen prethodnim događajem); štoviše, sva je stvarnost podložna strelici vremena koja se kreće samo naprijed. U svakom slučaju, nije moguće premašiti brzinu svjetlosti. Ovo ograničenje sprječava trenutačni prijenos informacija na velike udaljenosti. Treba imati na umu da svaka energija, dok nosi informaciju, trpi smanjenje snage što se više udaljava od izvora. Kao primjer možemo navesti što se događa sa svjetlom ili zvukom koji postaje sve slabiji kako se udaljenost povećava.

U "nelokalnom" domenu, s druge strane, postoje događaji i manifestacije koje ne podliježu tipičnim ograničenjima lokalnog domena: nisu ograničene ni vremenom ni udaljenošću. U nelokalnoj razini ne postoji jučer i danas, prije i poslije, nego samo "sada i uvijek". Slično u nelokalnosti ne postoji visoko i nisko, blizu i daleko, već samo "ovdje i posvuda".

Kvantna isprepletenost.

Entiteti uključeni u "zaplet", čestice ili fotoni, povezani su jedni s drugima jer su proizvedeni procesom koji ih je povezao na poseban način. Na primjer, dva fotona koja emitira isti atom. Takvi fotoni ili čestice zauvijek će ostati "zapleteni", tj. spojeni. Ako se na jedan od njih na neki način djeluje, njegov "blizanac", gdje god se nalazio u svemiru, također će reagirati trenutno.
(Amir Dan Aczel, izraelski matematičar i fizičar)

Ponašanje materije nalik valovima leži u pozadini još jednog iznenađujućeg kvantnog fenomena poznatog kao "kvantna isprepletenost". Isprepletenost predstavlja jedan od najmisterioznijih i još uvijek suštinski neobjašnjenih fenomena u cijeloj modernoj fizici. Prema Erwinu Schrödingeru, jednom od utemeljitelja kvantne mehanike, to je nesumnjivo karakterizirajući element cijele teorije.

Isprepletenost ima tako nevjerojatna svojstva da su navela Einsteina da posumnja u stvarnost fenomena. Godine 1935., zajedno s Borisom Podolskim i Nathanom Rosenom, formulirao je poznati "EPR paradoks" (tako nazvan prema inicijalima prezimena trojice znanstvenika) koji je nastojao istaknuti fenomen isprepletenosti kao paradoksalan.

Istina, EPR paradoks, koji se u početku smatrao valjanim opovrgavanjem isprepletenosti, sadržavao je temeljnu pogrešku, koju je 1964. istaknuo John Stewart Bell i potvrdio 1982. eksperimenti Alaina Aspecta. Kasnije, 1998., Anton Zeilinger i drugi poboljšali su Aspectove eksperimente i potvrdili njegove rezultate.

Danas možemo zaključiti da se u bezbrojnim studijama kvantna fizika pokazala sposobnom proizvesti točna eksperimentalna predviđanja do preciznosti koja nikada prije nije postignuta, a korelacijski fenomeni među česticama, tipični za kvantnu isprepletenost, zapravo su uočeni. Trenutno je ova teorija temelj novih tehnologija kao što su kvantna računala i kvantna kriptografija i omogućila je provođenje eksperimenata koji se odnose na teleportaciju, na što su koncentrirana očekivanja tehnološkog svijeta.

Princip kvantne superpozicije.

U ispitivanju eksperimenta s dvostrukim prorezom provedenog slanjem samo jedne po jedne čestice, vidjeli smo da čestica prolazi kroz oba proreza i stvara fenomen interferencije. Očito je da čestica, budući da je jedina prisutna, interferira sama sa sobom. Ovo je zadivljujući, ali stvaran fenomen, koji nosi naziv "Kvantni princip superpozicije stanja".

Načelo superpozicije potvrđuje da se dva ili više kvantnih stanja mogu "preklopiti jedno na drugo", tj. zbrojiti. Zbroj superponiranih stanja je još jedno važeće kvantno stanje.

Događa se nešto slično preklapanju valova u vodi.

Stoga se stanje sustava može sastojati od dva ili više stanja, tako da dijele neka svojstva svakog od stanja koja ga sačinjavaju.

Ako označimo s A i B dva različita svojstva iste čestice, kao što su:

stanje A: čestica je na mjestu F1

stanje B: čestica je na mjestu F2

tada se superpozicija stanja te čestice može napisati kao A+B jer ima nešto zajedničko i sa stanjem A i sa stanjem B (sl. 42).

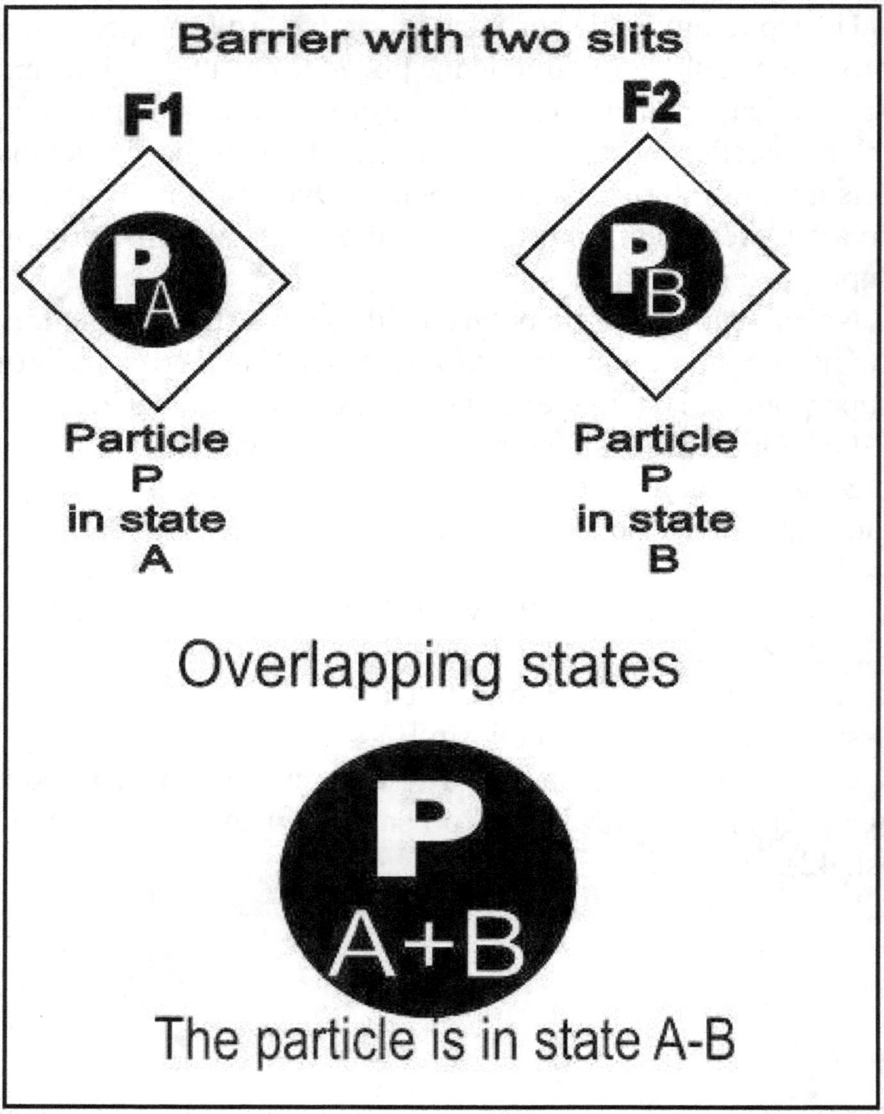
Barrier with two slits
F1
F2
P A
P B
Particle P in state A
Particle P in state B
Overlapping states
P A+B
The particle is in state A-B

Slika 42 - P čestica koja prolazi kroz oba proreza nalazi se u stanju "kvantne superpozicije".

F1 Čestica P prolazi kroz prorez F1 i ima stanje Pa

F2 Ista čestica P također prolazi kroz prorez F2 i ima stanje Pb

Čestica P je u "superpoziciji stanja". Njegovo stanje je P(a+b)

Čestica je u stanju A kada prođe kroz prorez F1, a u stanju B kada prođe kroz prorez F2. Budući da čestica prolazi kroz oba proreza istovremeno, ona je istovremeno u oba stanja, tj. u superpozicijskom stanju koje se piše A+B i kombinacija je ta dva stanja
"Čestica je u stanju A"
"Čestica je u stanju B".

Kad bismo promatrali česticu dok prelazi barijeru, vidjeli bismo da prolazi kroz samo jedan od dva proreza i ne bismo dobili fenomen interferencije; ako ga, s druge strane, ne promatramo, on prolazi kroz oba proreza, stvara stanje superpozicije i signalizira ga stvaranjem interferencijskih figura na stražnjem zaslonu.

Načelo superpozicije jedna je od najvećih misterija kvantne fizike i neizostavan je ključ za razumijevanje fenomena isprepletenosti.

Korelacija subatomskih čestica.

Korelacija se može smatrati rezultatom isprepletenosti. Za dvije čestice koje su napravljene "zapletene" jedna s drugom kaže se da su "korelirane". To znači da su čestice povezane u isprepleteni sustav i da reagiraju usklađeno, svaka na događaje koji utječu na druge. Ponašaju se baš kao blizanci, poput onih čije sam priče prikazao na početku ove knjige.

Stoga se dvije povezane čestice mogu smatrati blizancima. Baš kao što su ljudski blizanci uključeni u isto rođenje, elementarne čestice postaju zapetljane kada se uključe u fenomen koji ih zanima na netrivijalan način.

Slučajevi braće McWhirter i sestara Furness mogu se smatrati izvanrednim jer su protagonisti reagirali na događaje koji su utjecali na njihovu blizanku bez ikakvog vidljivog razloga, narušavajući tako načelo kauzaliteta prema kojem svaki događaj koji se dogodi u svemiru mora biti uzrok drugog događaja koji se dogodio ranije. Zapravo, čak i korelirane čestice svaka reagiraju na događaje koji utječu na drugu (ili druge) bez ikakve uzročne veze. Zapravo, reakcija jednog od blizanaca događa se kada on nije svjestan što se događa drugom.

Ista stvar se događa iu slučaju zapletenih čestica: varijacije stanja nisu jedna za drugom, već se događaju istovremeno, u istom trenutku; i to, pazite, na kojoj god udaljenosti čestice bile.

Ova okolnost je prava zagonetka za fizičare jer može značiti samo dvije stvari:

- čestice međusobno komuniciraju odašiljanjem signala praktički beskonačnom brzinom, au svakom slučaju većom od brzine svjetlosti,
- postoji još jedan oblik komunikacije koji zanemaruje prostor i vrijeme. Dakle, to je čisto psihički oblik, sličan misli. u stanju dosezati trenutno na svakom mjestu u svemiru, u prošlosti u budućnosti, bez ikakvog fizičkog ograničenja.

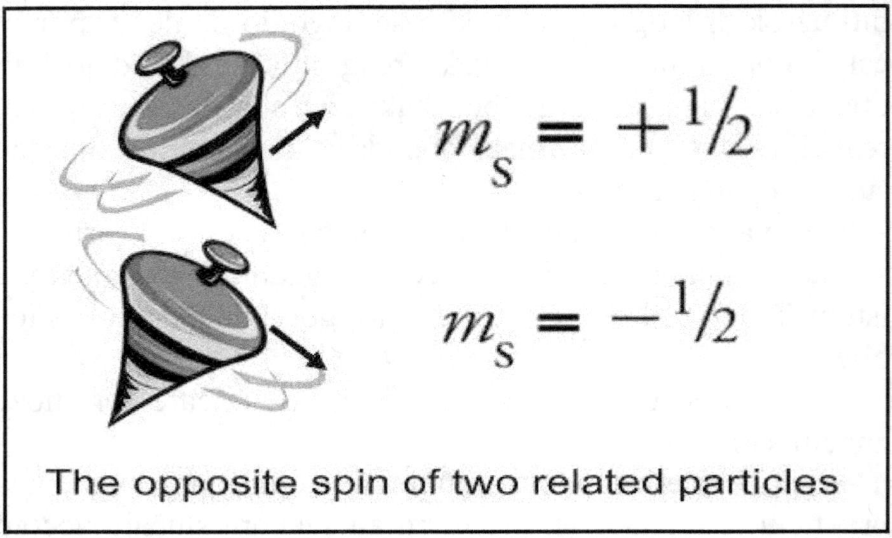

Slika 43 – Spin (rotacija) je u početku uveden u odnosu na "intrinzični magnetski moment" elektrona.

No, čak je i ovaj primjer nesavršen jer bi predvidio da će jedna od dvije čestice uputiti "poziv" drugoj, u svakom slučaju, doduše brzinom misli.

Umjesto toga, dvije čestice odlučuju o svojoj varijaciji istovremeno; nijedna čestica ne odlučuje o tome prva. Ako bi se to dogodilo, kauzalnost bi se vratila u igru: iako ekstremnom brzinom. To nije slučaj: čestice se ponašaju kao da su jedna čestica.

Isprepletenost je "ograničenje dosljednosti". Na primjer, ako su dva fotona sa suprotnim spinovima u korelaciji tvoreći isprepleteni sustav, varijacija spina (sl. 43) jednog događa se istovremeno s varijacijom spina drugog. Ne postoji način da se provjeri koja je varijacija prva nastala.

Slika 31 ilustrira metodu koja se koristi u laboratorijima za dobivanje koreliranih čestica. U točki A, elektron smješten u bilo kojoj orbiti ima energiju 10 (primjerna vrijednost). U točki B elektron je skočio na unutarnju orbitu; sada je potrebna energija manja i možemo je smatrati jednakom 9. Nepotrebna količina, (kvant), korištena je za generiranje fotona.

Da bi se dobila dva korelirana fotona, elektron će biti dvostruko preskočen.

Zamislimo da smo na taj način dobili dva korelirana fotona i ispitajmo odnose među njima.

Superpozicija dviju čestica.

Pretpostavljamo da svaka od dvije čestice (P1 i P2) može biti na dva mjesta u isto vrijeme i stoga ima dva stanja. Čestica P1 će imati stanja P1A i P1B, dok će čestica P2 imati stanja P2Y i P2Z. Prisjetimo se da stanja A, B, Y i Z predstavljaju različita mjesta na kojima se čestice mogu nalaziti (slika 44).

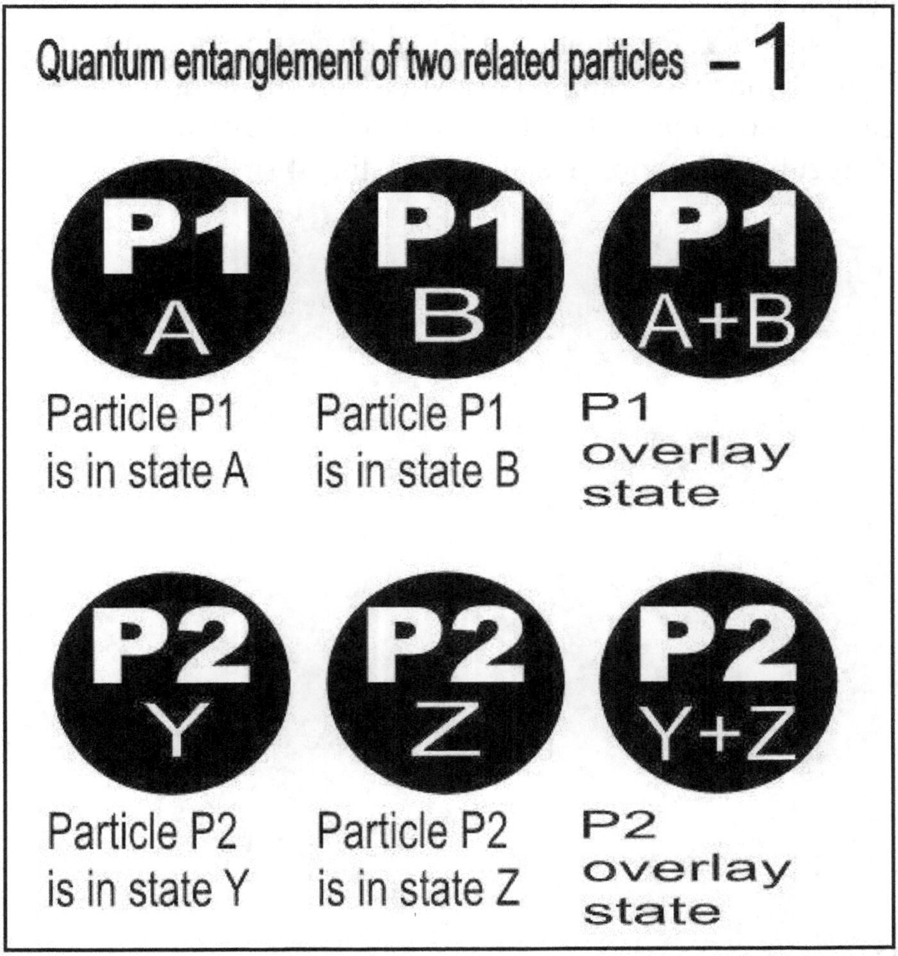

Slika 44 -
"Kvantno ispreplitanje" dviju povezanih čestica. (Prva razina)
Dvije čestice P1 i P2 imaju dva stanja.
Čestica P1 je u superpoziciji (P1(a+b)
Čestica P2 je u superpoziciji (P2(a+b)

Dvije povezane čestice imaju svojstvo posjedovanja dva stanja. Zamislimo sada da je čestica P1 u stanju A, a čestica P2 u stanju Y. Rezultat je sustav dviju čestica sa stanjem AY, koji se naziva "stanje proizvoda". Ako, s druge strane, zamislimo da je čestica P1 u stanju B, a čestica P2 u stanju Z, rezultat je umnožak stanja BZ (slika 45).

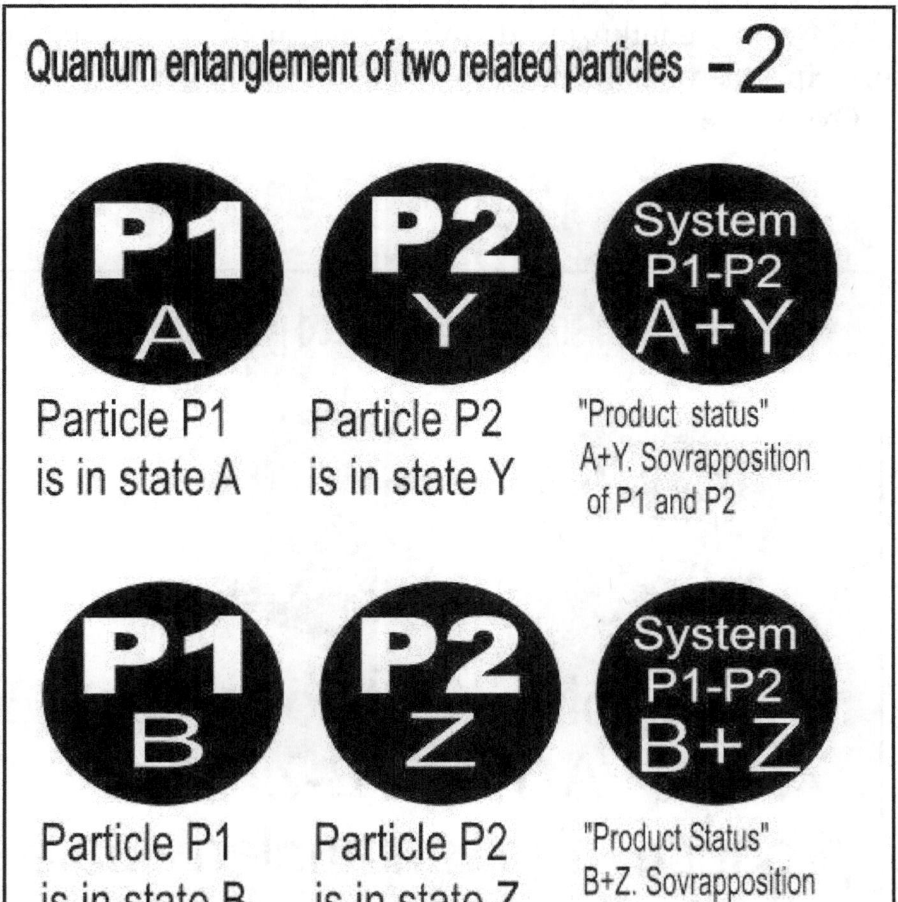

Slika 45 -
"Kvantno ispreplitanje" dviju povezanih čestica. (Druga faza)
"Stanje proizvoda" povezanih čestica P1 i P2
Dvije čestice P1a i P2y proizvode superpozicijsko stanje P1-P2(a+y)
Dvije čestice P1b i P2z proizvode superpozicijsko stanje P1-P2(b+z)

U ovom trenutku, uz daljnji korak, možemo primijeniti princip superpozicije na skup dvaju sustava AY + BZ.
Ovo stanje se naziva "upleteno stanje" (slika 46).

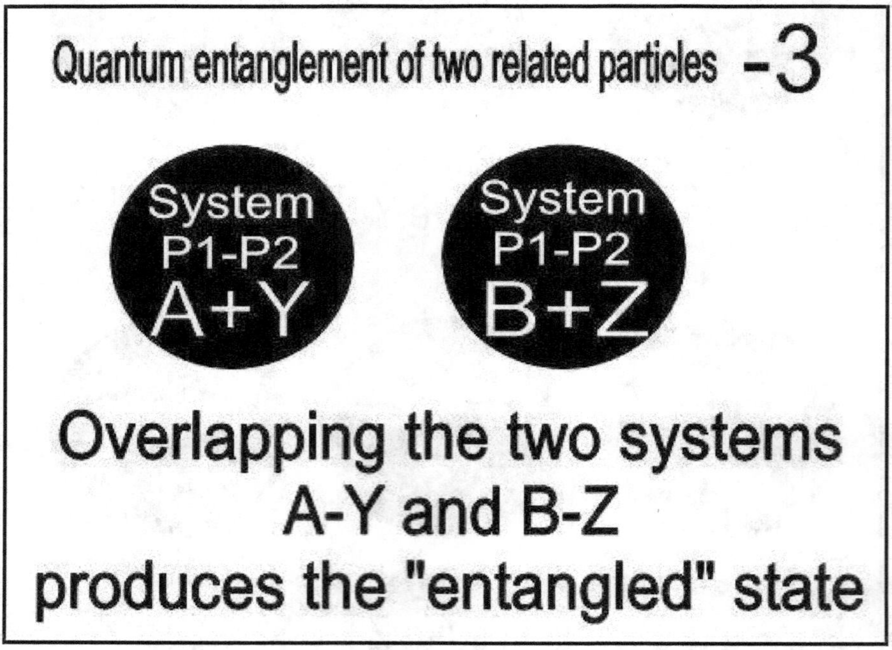

Slika 46 – "Kvantno ispreplitanje" dviju povezanih čestica. (Treća faza). Superpozicija dvaju sustava AY i BZ proizvodi "zapleteno" stanje.

Preklapanje dvaju sustava naziva se "preplitanje". "Stanje proizvoda" AY označava da je čestica P1 u stanju A, a čestica P2 u stanju Y.

Slično, produkt stanja BZ označava da je čestica P1 u stanju B, a čestica P2 u stanju Z.

Isprepleteno stanje AY + BZ, koje predstavlja superpoziciju stanja, ukazuje da postoje obvezni zaključci koji se tiču dviju čestica.

Doista, ako se napravi mjerenje koje pokazuje da je čestica P1 u stanju A, tada čestica P2 nužno mora biti u stanju Y, i obrnuto.

Isto tako, ako se provođenjem mjerenja utvrdi da je čestica P1 u stanju B, tada čestica P2 nužno mora biti u stanju Z.

Drugim riječima, kada su dvije čestice u isprepletenom stanju, nije moguće razmatrati jednu zasebno neovisno o drugoj. U konačnici, isprepleteno stanje proizlazi iz superpozicije dvaju "stanja proizvoda".

Nakon što su dvije čestice u korelaciji, između njih nastaje isprepleteno stanje koje ne uzima u obzir vrijeme ni prostor. Svaka intervencija na jednoj od dviju čestica istovremeno proizvodi recipročnu promjenu na drugoj, gdje god se ona nalazila u svemiru.

Danski fizičar Niels Bohr, utemeljitelj vrlo poznate škole u Kopenhagenu, dao je temeljne doprinose razumijevanju strukture atoma i kvantnoj mehanici, i za to je dobio Nobelovu nagradu za fiziku 1922. Što se tiče korelacije čestica On je rekao:

> “Čak i da su dva korelirana fotona bila na dvije različite galaksije, oni bi uvijek ostali jedinstvena

cjelina, a radnja koju izvodi jedan od dva fotona također bi utjecala na drugi."

Time entanglement svečano proglašava da svemir nije sav podložan zakonima klasične fizike, ali, barem na subatomskoj razini, ti zakoni više ne vrijede.
Činjenica da se dvije "isprepletene" čestice nastavljaju ponašati usklađeno bez obzira na udaljenost između njih predstavlja naizgled nerješiv problem.
Kako te dvije čestice komuniciraju jedna s drugom? Sigurno ne signalima koji se šalju klasičnim metodama; one bi, zapravo, blijedjele kako se udaljenost povećava, au svakom slučaju ne bi mogle premašiti brzinu svjetlosti. Svakako mora postojati mogućnost nefizičke komunikacije.

Nelokalnost i ekstrasenzorni fenomeni.

Najiznenađujuće i najintrigantnije obilježje koje proizlazi iz onoga što je do sada rečeno jest da su subatomske čestice sposobne trenutačno razmjenjivati informacije, tj. povezane su na nelokalni način; jednostavnije rečeno, informacija ne prolazi kroz nikakvo fizičko mjesto da bi povezala dvije čestice; ne-lokalna razina je čisto psihička razina (da izbjegnemo korištenje izraza duhovna), to jest, sastavljena od čistih informacija, ili inteligencije.
Moglo bi se također tvrditi da su dvije čestice samo naizgled odvojene dok su zapravo jedna, budući da se upravo tako i ponašaju. Ovo ne rješava problem. Međutim, da su dvije čestice jedna, onda bi cijeli svemir trebao biti jedno, tj. ne bi bio sastavljen od odvojenih objekata (osim na

makrofizičkoj razini), dok bi na subatomskoj razini to bila jedna stvarnost.

Možda govorimo o "Unus Mundus", konceptu koji je proizašao iz suradnje Junga i Paulija, ili možda govorimo o impliciranom svemiru koji je teoretizirao David Bohm. Međutim, čak i u ovom slučaju, bila bi potrebna jedna univerzalna inteligencija za upravljanje Kozmosom.

Albert Einstein oštro se protivio načelu nelokalnosti jer je ono kršilo fizikalne zakone koje je on sam formulirao, a sve se temeljilo na lokalnosti. U svom je životu stalno pokušavao razviti teoriju koja je bila sposobna ujediniti koncepte klasične fizike s konceptima kvantne; na žalost, nije uspio.

Godine 1982., nakon eksperimenata koje je proveo Alain Aspect, teorija isprepletenosti, a s njom i koncept nelokalnosti, definitivno je potvrđena. Od tada znamo da "lokalni realizam" koji opažamo u našoj dimenziji nije apsolutni zakon prirode.

U ovom trenutku postaje moguće zamisliti da su prostor i vrijeme nekonzistentni i da postoje samo na perceptivnoj razini. Aspectov eksperiment pokazao nam je da postoji veza između čestica koja nadilazi prostor-vrijeme. Štoviše, budući da je cijeli svemir sastavljen od čestica, možemo se zapitati treba li fenomen nelokalnosti ograničiti samo na subatomsku stvarnost ili se može manifestirati i među većim objektima, pa čak i među živim bićima.

Je li moguće da biološki organizmi, poput ljudi, pristupe nelokalnoj razini? Ako je odgovor potvrdan, tada bismo mogli zamisliti razmjenu informacija između različitih organizama nekonvencionalnim sredstvima, kroz tu tajanstvenu dimenziju koja je nelokalnost.

Tu mogućnost zapravo ne treba isključiti, naprotiv ona postoji i vrlo je raširena i poznata. To se zove telepatija.

Značajka telepatije je da bolje funkcionira između ljudi povezanih posebnim vezama naklonosti ili srodstva, poput majki i djece, to jest emocionalno "upletenih" između njih.

Naš mozak je svakako sposoban procesuirati želje za povezivanjem s ljudima koji su nam najbliži. Možda nelokalnost predstavlja do sada nepoznato sredstvo kojim se takva komunikacija zapravo može odvijati. Čak i ako ljudska bića ne znaju kako u potpunosti koristiti telepatiju, još uvijek imaju sredstva za to, naime um koji je sposoban obraditi misli i želi ih prenijeti. Ponekad se to događa spontano, odnosno događa se čak i ako ne možemo objasniti kako se to događa.

Telepatija se vjerojatno sastoji od fenomena korelacije između umova. Svijest, u vježbi svoje sposobnosti razvijanja namjera, može povezati dva mozga stavljajući ih u isprepleteno stanje.

Drugi aspekt koji bi se mogao povezati s nelokalnošću je onaj koji se odnosi na fenomene predviđanja i predosjećaja.

Doista, na nelokalnoj razini moglo bi se prepoznati velike korespondencije s kolektivnim nesvjesnim, kozmička razina koju je teoretizirao Jung sadrži svu povijest i mudrost čovječanstva u njegovoj evoluciji. Mogućnost "zapletenosti" koja se razvija na nelokalnoj razini podudara se s mogućnošću kolektivne razine svijesti i čini vjerojatnim da individualne savjesti mogu pristupiti njezinim prošlim, sadašnjim i budućim sadržajima.

U tom bi se smislu pokusi Alaina Aspecta i njegovih suradnika mogli smatrati i pokusima kvantne metafizike. Demonstrirajući nelokalnost, također su pokazali postojanje razine koja nadilazi stvarnost prostor-vremena i opovrgli hipotezu o čisto materijalnom svemiru.

Brian Josephson je velški fizičar, rođen u Cardiffu 1940. godine. Sa samo 22 godine otkrio je Josephsonov efekt i kao rezultat toga 1973. godine dobio Nobelovu nagradu za fiziku.

Josephson je jedan od najpoznatijih znanstvenika među onima koji podupiru mogućnost da su parapsihološki fenomeni stvarni. Osobito se upustio u proučavanje istočnjačkog misticizma i mogućih implikacija koje bi on mogao imati u odnosu na tumačenje znanstvenih fenomena u mističnom ili metafizičkom ključu.

Josephson posebno navodi da je jedna od njegovih vodećih metoda: "nullius in verba" (Ne vjerujte ničijim riječima) s obzirom na činjenicu da:

> „...ako svi znanstvenici odbacuju neku ideju, to se ne treba nužno smatrati dokazom da je gore spomenuta ideja apsurdna; naprotiv, potrebno je pažljivo ispitati motivaciju tih mišljenja, procijeniti podupiru li ona pažljivo ispitivanje ispitivanje."

Isprepleteni svemir

Brian Greene američki je fizičar, jedan od najvažnijih znanstvenika teorije struna. Objavio je knjigu "Tkivo kosmosa. Prostor, vrijeme, stvarnost".

U ovoj knjizi, fokusirajući se na zagonetku vremena, Greene utvrđuje da niti jedno fizičko pravilo ne potvrđuje ideju da vrijeme teče u bilo kojem određenom smjeru. Nadalje, među temama ove knjige, osim osnovnog izlaganja "teorije struna", možete pronaći i tretman kvantne isprepletenosti. To je u biti analiza prirode stvarnosti s izletima o temama kao što su prostorvrijeme, kozmologija i podrijetlo svemira (tzv. teorija svega).

Greene zapravo vjeruje da je svemir cjelina intrinzično isprepletena i koherentna sama sa sobom.

Još jedna autoritativna potvrda dolazi iz knjige "The Non-Local Universe: The New Physics and Matters of the Mind", teksta koji su napisala dva fizičara, Robert Nadeau i Menas Kafatos. Evo citata koji se često uzima iz ovog teksta:

> "Sve čestice u povijesti kozmosa bile su u interakciji s drugim česticama na način otkriven Aspectovim eksperimentima. Gotovo sve u našem neposrednom fizičkom okruženju sastoji se od kvanta koji su na ovaj način djelovali s drugim kvantima od velikog praska do sadašnjeg trenutka. (…) Također treba uzeti u obzir da kvantna isprepletenost raste eksponencijalno s brojem čestica uključenih u izvorno kvantno stanje i da ne postoji teoretsko ograničenje broja tih isprepletenih čestica.
>
> Ako je to slučaj, svemir bi na vrlo osnovnoj razini mogao biti golema mreža čestica, koje ostaju u međusobnom kontaktu na svim udaljenostima i u nultom vremenu te bez prijenosa energije ili informacija. Ovo sugerira, koliko god ovo izgledalo čudno ili bizarno, da je sva fizička stvarnost jedan kvantni sustav koji jednoglasno reagira na daljnje interakcije."

Zapravo, ako uzmemo u obzir teoriju Velikog praska koju sam ranije opisao, njena osnovna pretpostavka je vrlo snažna eksplozija, koja se dogodila prije otprilike 15 milijardi godina, energetske "singularnosti" nalik na točku. Iz ove "singularnosti" bio bi rođen, zahvaljujući ekspanziji koja je još u tijeku, cijeli svemir. To znači da je cijeli svemir u početku bio sabijen u stvarnost gotovo beskonačne gustoće. Činjenica da su sve čestice bile tako blisko povezane i da su sve rođene iz istog eksplozivnog događaja čini opravdanim mišljenje da su sve čestice u svemiru zapravo isprepletene jedna s drugom.

I ne samo to, moguće je pretpostaviti da sve čestice svemira čuvaju sjećanje na svoje bratimljenje sa svakom drugom česticom. To znači da je stvarnost fragmentirana u "različite stvari" samo iluzija. Razdvojenost je posljedica načina na koji percipiramo makroskopsku razinu svemira. U stvarnosti, svemir, iako je proširen u milijarde galaksija koje su međusobno udaljene milijardama godina, ipak je jedna stvar, jer je u svojim dubinama ujedinjen nelokalnim vezama, izvan svakog prostora i svakog vremena. Kad bi se ova intuicija mogla znanstveno dokazati, pokazalo bi se da svi živimo u ogromnoj holističkoj stvarnosti u kojoj je svaki pojedini dio vrijedan cjeline jer uključuje cjelinu.

Zasigurno postoji još puno stvari koje ne znamo, a koje mogu čak i nadmašiti našu maštu

Eksperimentalne potvrde isprepletenosti.

Einstein je bio u krivu kada je rekao: "Bog se ne kocka."
Zapravo, proučavanje crnih rupa sugerira da nas Bog,
osim što igra kockice, ponekad zbunjuje tako što ih baca
tamo gdje ih ne možemo vidjeti.
(Stephen Hawking)

Vjerojatno će se netko sjetiti "Noeina". Riječ je o znanstvenofantastičnoj animiranoj seriji iz 2005. godine u produkciji studija Satelight, koja se sastoji od 24 epizode, koju je osmislio i režirao Kazuki Akane.

Noein, lik po kojem je serija dobila ime, prolazna je figura koju karakterizira zlatna maska s jednim okom. On je taj koji plete radnju događaja od samog početka. Noein je duboko prožet teorijama kvantne mehanike.

Noein tretira koncept vremena kao dimenziju koja rezonira s drugim vremenskim crtama. Konkretno, on vidi kako se svemir grana u beskonačan broj vjerojatnosti, favorizirajući Hugh Everettovu interpretaciju "mnogih svjetova". Međutim, Noein također uključuje mnoge aspekte tumačenja Bohra i Kopenhaške škole, prema kojima je prisutnost promatrača neophodna za određivanje kolapsa vala vjerojatnosti u mjerljivoj situaciji.

Haruka, ženski lik, ima moć "promatrača" unutar multiverzuma, moć koja joj omogućuje da odredi ishod akcije jednostavnim "promatranjem".

U epizodi "Overlays", Uchida objašnjava paradoks Schrödingerove mačke svom tjelohranitelju Koriyami. Ovaj paradoks je primjer idealne situacije u kojoj samo promatrač može potvrditi smrt mačke kada otvori kutiju. U istoj epizodi spominje se i izraz "Bog se ne igra kockicama", poznati citat Alberta Einsteina.

"Bog se ne kocka, jeste li to znali? Recimo da bacite kockicu i taj bacač ispadne broj šest."

"Više bih volio broj jedan, jer je prvi."

“U redu, jedan ili šest je svejedno. Dakle, recimo da je izašao broj jedan. Mogao bi izaći i broj pet, ili bi mogao izaći broj četiri. Imaju istu vjerojatnost, zar ne?

"Zapravo da."

“Možete li zamisliti svijet u kojem se pojavio broj pet i drugi svijet u kojem je izašao broj četiri? Je li moguće da postoje bezbrojni svjetovi u kojima bezbrojne kopije vas bacaju beskonačan broj kockica?”

"Bog se ne kocka"

Ovaj citat jedna je od Einsteinovih najpoznatijih maksima. Ponovio je to nekoliko puta u raznim prilikama. Znanstvenik je upotrijebio ovu metaforu u suprotnosti s nedeterminističkim implikacijama kvantne mehanike, koje su zagovarali Niels Bohr i njegova Kopenhaška škola.

Činjenica da se položaj i brzina elektrona ne mogu sa sigurnošću utvrditi, te da se ti podaci mogu izraziti samo u terminima vjerojatnosti, uvelike je uvrijedila Einsteinov rigorozni znanstveni smisao, čvrsto utemeljen na izvjesnostima lokalnosti i determinizma.

Prema Bohrovoj teoriji, ako se elektron "promatra" nekoliko puta, pod istim eksperimentalnim uvjetima, ne dobiva se uvijek isti rezultat. To ovisi o činjenici da je njegova putanja uvijek podložna "nestabilnom oblaku" vjerojatnosti.

Zamislite da bacate kocku na stol mnogo puta, s istom mehaničkom napravom. Mislite da ćete uvijek dobiti isti broj? Očito se to ne događa zbog bezbrojnih varijacija koje utječu na bacanje kocke. Na primjer, grubost uređaja, temperatura i vlažnost okoline.

Svojim je aforizmom Einstein htio reći da se kvantna mehanika ne može smatrati sličnom bacanju kocke, ali je nužno morala dati vrlo precizne rezultate u svojim izračunima.

Postoje mnogi citati u kojima Einstein snažno izražava svoje sumnje. Dana 4. prosinca 1926. zapisao je ove riječi u svoj dnevnik:

> "Kvantna mehanika je vrijedna svakog poštovanja, ali unutarnji glas mi govori da to još nije pravo rješenje. To je teorija koja nam govori mnogo toga, ali nam ne dopušta da prodremo dublje u tajnu "Boga". U u svakom slučaju, uvjeren sam da se "Veliki starac" ne kocka sa svijetom."

Godine 1942., pišući Corneliusu Lanczosu, mađarskom matematičaru i fizičaru i njegovom velikom prijatelju, Einstein je rekao:

> "Kako je teško moći baciti pogled na Božje karte. Ali ja ni na trenutak ne vjerujem da On igra kockice ili koristi "telepatske" metode kako bi to rekla trenutna kvantna teorija."

Osobito su poznate brojne razmjene mišljenja između Einsteina i Nielsa Bohra, zagovornika dviju suprotstavljenih teza. Mnogi svjedoci i sam Bohr sjećaju se verbalnog sukoba koji se dogodio prilikom Solvayskog kongresa 1927. Bohr piše sljedeće:

"Sa svoje strane, Einstein nas je u šali pitao možemo li doista vjerovati da je božanska Providnost "igrala kockice". Odgovorio sam da su nas drevni mislioci upozorili da budemo vrlo oprezni u definiranju atributa Providnosti u običnom jeziku."

Werner Heisenberg također je bio prisutan tom prilikom i prisjeća se Einsteinijeve šale na koju je Bohr odgovorio:

"Ali nije na nama da govorimo Bogu kako da pokrene svijet!".

Godine 1944., 7. rujna, Einstein je napisao Bohru sljedeće:

"Naše znanstvene perspektive sada su razdvojene. Vi vjerujete da se Bog kocka sa svijetom; ja umjesto toga vjerujem da se sve pokorava zakonu. Vjerujem u svijet objektivnih stvarnosti i pokušavam ih shvatiti na bijesan spekulativan način. Nadam se da će netko otkriti realističniji način od mog.Čak ni veliki početni uspjeh kvantne teorije ne uspijeva me uvjeriti da je nasumičnost temelj svega.

No, znam da mlađi kolege takav stav smatraju učinkom moje skleroze. Jednog dana će se znati koji je od ova dva instinktivna stava bio ispravan."

Einsteinova se teza temeljila na konceptu skrivenih varijabli. Prema njegovim riječima, ako je verzija kvantne mehanike Kopenhaške škole dala nedeterminističke rezultate, to je svakako ovisilo o činjenici da je neki važan parametar zanemaren.

EPR paradoks.

Kvantna isprepletenost, proizašla iz kopenhagenske interpretacije, smatrana je paradoksalnom jer se smatrala nekompatibilnom s posebnom teorijom relativnosti koja brzinu svjetlosti smatra maksimalnom kojom bilo koja vrsta informacije može putovati. Nadalje, kvantna isprepletenost bila je nespojiva s načelom lokalnosti. Otuda Einsteinovo uvjerenje da je kvantna teorija nepotpuna. Prema njegovim riječima, teorija je bila nepotpuna zbog "skrivenih varijabli", odnosno parametara koji nisu uzeti u obzir u izračunima.

Godine 1935., zajedno s Borisom Podolskim i Nathanom Rosenom, Einstein je predložio misaoni eksperiment u eseju "Može li se kvantno-mehanički opis fizičke stvarnosti smatrati potpunim?"

Esej je objavljen u "Physical Review" XLVII, 1935, str. 777-780).

U ovom radu, poznatom kao "EPR paradoks" prema inicijalima njihovih imena, tri tvorca namjeravala su pokazati da je kvantna mehanika dovela do valjanih rezultata, ali je proizvela paradoksalne posljedice. Posljedično, prema njima, to nije bila potpuna fizikalna teorija.

Pet mjeseci kasnije, Niels Bohr je odgovorio objavljivanjem članka pod istim naslovom u istom časopisu (Physical Review XLVIII, 1935., str. 700).

U stvarnosti, u tadašnjem sukobu dvojice znanstvenika nije bilo pobjednika, prije svega zato što tadašnji instrumenti nisu dopuštali pravu eksperimentalnu provjeru zastupanih teza. Kako se i danas koristi, predloženi "eksperimenti" nazvani su "mentalni eksperimenti" ili "Gedankenexperiment", prema njemačkom izrazu koji je skovao danski fizičar Hans Christian Ørsted. Misaoni eksperiment i dalje je usmjeren na testiranje, potvrđivanje ili opovrgavanje hipoteze ili teorije. Nažalost, ovaj eksperiment ima imaginarni i neempirijski karakter. To je zato što ga praktična ograničenja čine materijalno neizvedivim.

Također se mora reći da je EPR eksperiment koji su osmislila trojica znanstvenika imao takav stupanj složenosti da su zaključci koji se iz njega mogu izvući bili upitni.

Unatoč tome, Einstein nije bio jedini koji je sumnjao, već su i drugi znanstvenici u svojim radovima isticali paradoksalne strane kopenhagenskog tumačenja kvantne mehanike.

Paradoks Schrödingerove mačke.

Godine 1935. Erwin Schrödinger, austrijski fizičar koji je 1933. dobio Nobelovu nagradu, objavio je članak u kojem je opisao poznati "mačji paradoks", pokušavajući pokazati koliko je bizarna teorija superpozicije stanja. Zapravo, Schrödinger je, predlažući ovaj paradoks, namjeravao, poput Einsteina, pokazati granice kvantne fizike, iako je on sam bio među utemeljiteljima ove znanosti. Kao što je već spomenuto, prema kvantnoj fizici, ponašanje elementarne čestice ne može se točno predvidjeti, već samo na probabilistički način.

Slika 47 - Gore, Erwin Schrödinger na starinskoj fotografiji i na austrijskoj prigodnoj marki. U nastavku, razigrani post o poznatom mačjem paradoksu, s bloga "Cenacolo Jung-Pauli".

To nije slučaj za makroskopske sustave, tj. sastavljene od milijuna agregatnih atoma: kada se saznaju neki podaci, moguće je točno izračunati što će se u njima dogoditi i kada će se dogoditi.

Schrödingerov misaoni eksperiment prilično je kompliciran. Uključuje mačku koja je zatvorena u kutiju s radioaktivnom tvari. Sa sigurnošću znamo da će jedan atom ove tvari emitirati zračenje, ali ne možemo točno reći kada će se to dogoditi.

U kutiji se, zajedno s mačkom, nalazi i uređaj pomoću kojeg će, kada radioaktivna tvar emitira zračenje, doći do pucanja bočice s cijanidom što će usmrtiti mačku.

Svakako da su se vremena promijenila i znanstvenik koji bi danas predložio eksperiment ove vrste odmah bi naišao na svoj laboratorij pod opsadom boraca za prava životinja. Međutim, znamo da Schrödinger nijednu mačku nije stavio ni u jednu kutiju, dapače, vjerojatno je imao mačku koju je jako volio.

Da se vratimo na eksperiment, znamo da će se smrt malene životinje dogoditi samo ako radioaktivna tvar emitira zračenje, ali ne znamo hoće li se to dogoditi i kada će se, eventualno, dogoditi.

Kutija će se držati zatvorena jedan sat. Znajući da postoji 50% šanse da će se atom raspasti unutar ovog sata, možemo utvrditi da imamo jednake šanse pronaći mačku mrtvu ili živu kada otvorimo kutiju.

Prema kvantnoj mehanici u Kopenhagenskoj interpretaciji, ako se ponašanje atoma ne promatra eksplicitno, potonji je u superpoziciji stanja, to jest, raspao se, ali se, u isto vrijeme, nije raspao; atom ostaje u ovoj superpoziciji sve dok netko ne otvori kutiju uzrokujući "kolaps valne funkcije".

Primjenjujući Schrödingerov paradoks na kvantnu mehaniku, sve dok je kutija zatvorena, imamo i raspadnuti i neraspadnuti atom, cijelu i razbijenu bočicu cijanida i mrtvu i živu mačku.

Međutim, kada se kutija otvori, sustav pada u određeno stanje. To je slično onome što je rečeno u slučaju eksperimenta s dvostrukim prorezom: kad se foton baci prema barijeri, ponaša se poput vala, prolazi kroz oba proreza i uzrokuje pojavu interferencije. Ako umjesto toga primijenimo instrument na jedan od dva proreza da promatramo njegov prolaz, valna funkcija kolabira i foton se ponaša kao čestica, prolazeći kroz jedan prorez.

Stoga tek nakon otvaranja kutije sustav sastavljen od radioaktivnog atoma, bočice cijanida i mačke poprima jedinstveno, koherentno stanje bez preklapanja.

U šali možemo reći da bismo u ovoj situaciji bili svjesni da bismo otvaranjem kutije mogli utvrditi smrt mačke.

Umjesto toga, mačka bi i dalje bila živa (ili barem i mrtva i živa) sve dok bi kutija bila zatvorena.

Očito, paradoks Schrödingerove mačke opisuje situaciju koja je apsolutno daleko od stvarnosti. U obranu kvantne fizike možemo reći da je Schrödinger u određenom smislu varao spajajući dvije stvarnosti, kvantnu i makroskopsku. Naravno, još nismo dosegli objedinjavanje različitih fizikalnih zakona dviju razina.

Nejednakost Johna Stewarta Bella.

Erwin Schrödinger nije bio jedini koji je podržavao Einsteinove sumnje. Mnogi drugi znanstvenici bili su konceptualno kritični prema tezama Kopenhaške škole. Međutim, većina znanstvene zajednice postupno se uvjerila da je Einsteinov stav pogrešan. Argument je postupno odbačen i, iako bez dokaza, većina znanstvenika priznala je valjanost Bohrove "nelokalne" teorije.

Problem je ponovno pokrenuo John Stewart Bell, (sl. 48), tihi crvenokosi pjegavi mladić rođen u Belfastu, Sjeverna Irska, 1928. godine.

Bell je diplomirao eksperimentalnu fiziku na Queen's University u Belfastu 1948. Nakon nekoliko godina provedenih u raznim institutima, počeo je raditi u CERN-u (Europska organizacija za nuklearna istraživanja) u najvećem laboratoriju za fiziku čestica na svijetu, smještenom na granici između Švicarske i Francuske, na zapadnoj periferiji grada Ženeve u općini Meyrin.

Tijekom godina provedenih u CERN-u Bell je razvijao svoja istraživanja u teorijskoj fizici i radio na području akceleratora čestica. Kompleks CERN-a trenutno se sastoji od sedam velikih akceleratora, izgrađenih u različito vrijeme od osnutka ustanove.

Akcelerator čestica je stroj sposoban proizvoditi zrake iona ili subatomskih čestica, uključujući elektrone, pozitrone, protone i antiprotone, s visokom kinetičkom energijom. Ovi se strojevi koriste u industrijske i medicinske svrhe te za proučavanje strukture materijala. Na razini teorijskog eksperimentiranja, u fizici čestica njihova uporaba omogućuje dobivanje snopova čestica visoke energije koji se koriste za ispitivanje objekata vrlo malih dimenzija. Konkretno, "Veliki hadronski sudarač" (LHC) u Ženevi, koji je počeo s radom 10. rujna 2008., proteže se u opsegu od 27 kilometara. LHC je dizajniran za ubrzavanje protona kako bi se omogućilo njihovo proučavanje u uvjetima sličnim onima iz prvih trenutaka života Svemira, neposredno nakon Velikog praska..

Slika 48 - John Stewart Bell predložio je eksperiment, koji je 1982. proveo Alain Aspect, a koji je pokazao netočnost sumnji koje je izrazio Einstein zajedno s Podolskim i Rosenom (EPR paradoks). Alain Aspect potvrdio je kvantnu isprepletenost.

Dok je bio zadubljen u te obveze, Bell je također našao vremena da se posveti osnovnim pitanjima kvantne teorije koja su bila zaboravljena. Godine 1964., tridesetak godina nakon eseja o EPR paradoksu, Bell je ponovno otvorio raspravu o ovoj temi koja se činila odloženom i napisao je članak za časopis "Physics" pod naslovom "On the Einstein-Podolsky-Rosen paradox". U članku se Bell bavio problemom skrivenih varijabli.

Pitanje koje je Bell postavio bilo je trebaju li kvantnoj teoriji skrivene varijable, kako je tvrdio Einstein, da bi se umirujuće smjestila u kategoriju determinističkih fenomena. Vjerovao je da je to bitno kako bi se kvantna fizika izvukla iz slijepe ulice nelokalnosti, odnosno iz mogućnosti da dvije čestice mogu komunicirati jedna s drugom na nelokalni način, utječući jedna na drugu bez ograničenja prostora i vremena .

Kao što smo već vidjeli, Einstein je, iako je bio jedan od utemeljitelja kvantne teorije, sumnjao u njezinu cjelovitost. Po njegovom mišljenju, cjelovitija teorija trebala je predvidjeti postojanje elemenata stvarnosti, ili skrivenih varijabli, kako bi se očuvao koncept lokalnosti. Štoviše, nelokalnost bi bila u sukobu s njegovom teorijom relativnosti. Zapravo, teorija relativnosti isključuje da se učinci fizičke radnje mogu promatrati trenutačno s udaljenosti. To bi rezultiralo prijenosom informacija bržim od brzine svjetlosti. Umjesto toga, Einsteinova teorija relativnosti ima među svojim temeljnim osnovama vrlo preciznu brzinu svjetlosti, jednaku 299.792,458 kilometara u sekundi. To je parametar koji bi, da se ne uzme u obzir, srušio cijelu teoriju relativnosti.

Nažalost, u vrijeme kada je Einstein iznio svoje prigovore, rad je još uvijek bio u isključivo teoretskom polju, s obzirom na nemogućnost provođenja provjera zbog neadekvatnosti eksperimentalnog hardvera. Kao rezultat toga, Einsteinov "lokalni realizam", valjan na teorijskoj razini, ali u suprotnosti s jednako teorijski valjanim hipotezama, ostao je ograničen na razinu teme za filozofsku raspravu.

Do izlaza iz ove slijepe ulice došlo je kada je 1964. John Bell to pitanje vratio na stol postavljajući problem u terminima koji se mogu provjeriti eksperimentima. Svrha ovih praktičnih eksperimenata bila je izmjeriti fizička svojstva čestica koje su udaljene jedna od druge, ali su međusobno povezane (korelirane) kvantnim učincima.

Bell je formulirao poznatu "Bellovu nejednakost". Ova je teorija pokazala da ni u kojem slučaju dodavanje skrivenih varijabli ne bi moglo reproducirati sva svojstva predviđena kvantnom mehanikom, posebno ona koja se tiču isprepletenosti.

Bellova nejednakost istaknula je alternativu:

- Einstein je bio u pravu. Kvantna teorija koja je potpala pod kišobran Einsteinove lokalnosti zahvaljujući doprinosu skrivenih varijabli bila je točna.

ili:

- Bohr je bio u pravu. Kvantna mehanika Kopenhaške škole bila je točna, sa svojim implikacijama nelokalnosti.

Zapravo, Bell je razvio svoju teoriju polazeći od pretpostavke da zapravo postoji mogućnost zamišljanja integracije kvantne teorije sa skrivenim varijablama, kao što je Einstein sugerirao.

Time se slagao s drugim studijama koje je proveo David Bohm, prema kojima bi skrivene varijable bile vektori informacija. Odnosno, Bohm je sugerirao da čestice već imaju skup uputa koje su im unaprijed govorile kakvo bi njihovo ponašanje trebalo biti u svim okolnostima.

Bellova nejednakost imala je prednost jer je dopuštala eksperimentalnu provjeru mjerenjem polarizacije fotona. Naknadni eksperimenti bili su "puška" protiv lokalnog realizma i pokazali su da je "jeziva radnja na daljinu" predviđena paradoksom EPR-a čvrsto dio stvarnosti.

Nadasve, ovi eksperimenti nedvojbeno pokazuju da bi čak iu hipotezi o postojanju skrivenih varijabli načelo "nelokalnosti" svejedno bilo potvrđeno.

U svojoj knjizi "Information. The new language of science" Hans Christian von Baeyer, američki akademik, piše:

> "Suprotno Einsteinovoj intuiciji, ne samo da Bog igra kockice, nego se čini da je on jedini kome možemo vjerovati da će igrati pošteno."

Eksperimenti koji potvrđuju nelokalnost.

Godine 1969. Bell je primio pismo od mladog fizičara s Berkeleyja Johna Clausera u kojem mu je rekao da je osmislio eksperiment kako bi testirao svoju teoriju nejednakosti. John Clauser nije bio sam u izvođenju ovakvih eksperimenata. Provjera eksperimentalnih rezultata težila je utvrđivanju lokalne ili nelokalne prirode stvarnog fizičkog svijeta. Napredak tehnologije tijekom godina doveo je do značajnih poboljšanja u učinkovitosti, no u svakom slučaju svi su eksperimenti potvrdili kvantnu teoriju nelokalnosti i dali rezultate koji se ne mogu objasniti čak ni dodavanjem skrivenih varijabli.

Godine 1972. John Clauser, u suradnji sa Stuartom Freedmanom, upotrijebio je atome kalcija da dobije, dvostrukim kvantnim skokom elektrona, par koreliranih fotona. Provodeći niz mjerenja od oko 200 sati, Clauser i Freedman su dobili potvrdu fenomena isprepletenosti i nelokalnosti. Ovaj je rezultat zbunio samog Clausera, koji je bio sklon dokazati nekonzistentnost kvantne teorije. Možda iz tog razloga eksperiment nije dobio pozornost koju je zaslužio.

Slučaj pokusa koje je izveo Alain Aspect, (sl.49) bio je drugačiji, rođen 1947. u Agenu, malom francuskom selu nedaleko od Bordeauxa.

Suprotno Clauseru, Aspect je shvatio da kvantna teorija postiže veliki znanstveni uspjeh na teorijskoj razini i da se sukob između lokalnosti i nelokalnosti sugeriran Bellovom nejednakošću može riješiti eksperimentima koji bi pobili tezu o lokalnosti; Aspect je bio uvjeren da može dokazati kvantnu teoriju i njezine nelokalne učinke.

Sredinom 1970-ih, dok je još bio doktorand, predložio je pravi eksperiment, koji se temeljio na dva pojedinačna, ali korelirana fotona jer su zajedno emitirani iz istog atomskog izvora. U njegovom bi eksperimentu dva fotona putovala u suprotnim smjerovima jedan u odnosu na drugi i pratila bi ih dva detektora postavljena na udaljenosti.

Ideja je svakako bila originalna. Bell je, kada je upitan, dao svoje odobrenje; ali s rezervom. Prvo je želio provjeriti ima li mladi Francuz već fiksnu plaću. Zapravo, Bell je vjerovao da je Aspectova ideja toliko bizarna da je mogla ugroziti njegovu karijeru.

Nakon dugog pripremnog rada, Aspect i njegovi suradnici, Jean Dalibard i Gérard Roger, dva istraživača "Institut d'Optique Graduate School", izveli su eksperiment tri puta između 1981. i 1982. Njihov angažman nije smanjen zbog ekonomskih poteškoća. Između ostalog, ručno su izradili polarizatore koji su zahvaljujući svojoj brzoj rotaciji mogli dati odgovor na pitanje lokacije. Trenutno su ovi polarizatori izloženi u povijesnom izlogu Instituta d'Optique, koji je omogućio izvođenje eksperimenata u njegovoj podružnici Orsay. Umjesto toga, glavni ured Instituta nalazi se u Palaiseauu, u kampusu "University Paris-Saclay".

Rad Aspecta je bio uspješan. On i njegov tim pronašli su najbolju moguću potvrdu nelokalnosti u kvantnoj mehanici i glatko opovrgli svaku moguću teoriju lokalnih skrivenih varijabli.

Posljedice eksperimenata otišle su daleko dalje od demonstracije valjanosti kvantne mehanike, ali su istaknule temeljnu ulogu koju igra isprepletenost. Kao što smo vidjeli, u zapetljanom stanju promatranje stanja fotona omogućuje nam da znamo stanje drugog fotona.

Aspectovi eksperimenti imali su ogroman odjek i ustupili mjesto dugom nizu teorijskih i eksperimentalnih uvida u isprepletenost. Može se reći da su eksperimenti Alaina Aspecta označili početak kvantne računalne znanosti.

Godine 2013. Aspect je dobio prestižnu nagradu Balzan sa sljedećom motivacijom:

> “Za njegove vrhunske eksperimente koji su potvrdili kvantnu mehaniku, za razliku od teorija s lokalnim skrivenim varijablama. Njegovi radovi utrli su put

eksperimentalnoj kontroli zapletenih kvantnih stanja, bitnog elementa kvantnog računarstva.”

Godine 2022. trojica fizičara, Alain Aspect, Amerikanac John F. Clauser i Austrijanac Anton Zeilinger dobili su Nobelovu nagradu za postavljanje temelja budućnosti informacija i komunikacija. Njihovi eksperimenti na fenomenu zvanom "kvantna isprepletenost" utrli su put snažnim i vrlo brzim kvantnim računalima.

Među kasnijim eksperimentima korisno je spomenuti onaj Wolfganga Tittela. Ovaj znanstvenik doktorirao je na Sveučilištu u Ženevi, radio je kao postdoktorand na Sveučilištu u Aarhusu i Sveučilištu u Ženevi, a 2006. pridružio se Sveučilištu u Calgaryju (Kanada) kao predsjednik industrijskog istraživanja. Bio je angažiran u revolucionarnim eksperimentima od početka studija kvantne komunikacije primijenjenih na kriptografiju.

Godine 1988. zajedno s "Geneva Group" izveo je eksperiment kojim je pokazao da udaljenost ne utječe na zapetljanost. Svjetlost je poslana kroz optičke kabele na udaljenosti od nekoliko kilometara prije analize, a rezultati nisu varirali.

Deset godina kasnije, 1998., Gregor Weihs i njegova grupa iz Innsbrucka predvođena Antonom Zeilingerom, izveli su eksperiment koji je poboljšao Aspectov eksperiment iz 1982., potvrđujući iste rezultate.

Nažalost, Bell je 1990. neočekivano umro od izljeva krvi u mozak, a da nije mogao primiti Nobelovu nagradu za koju je upravo bio nominiran.

Slika 49 - Alain Aspect, Nobelova nagrada 2022. Od početka 1980-ih nekoliko je puta izveo eksperiment koji je predložio John Bell kako bi potvrdio EPR paradoks. Eksperiment je, naprotiv, potvrdio teoriju isprepletenosti povezanih čestica.

Treći dio. Buduci izgledi.

Sve je "jedno"

Ako je Bog stvorio svijet, ne možemo reći da mu je mnogo stalo da olakša njegovo razumijevanje.
(Albert Einstein)

Pokusi Alaina Aspecta predstavljali su konačnu potvrdu predviđanja kvantne mehanike, a posebice nedeterminizma i nelokalnosti.

U kontekstu općeg prihvaćanja ovih načela bilo je još nekih znanstvenika koji su se istaknuli kao nekonformisti i nisu htjeli odustati od pokušaja da kvantnu mehaniku uokvire u deterministički kontekst. Mislim na Davida Bohma. Međutim, u svojoj želji da racionalizira ono što se neracionalizira, na kraju je razvio još više metafizičku, ako je moguće, verziju ortodoksne kvantne teorije.

Time je Bohm u potpunosti zaslužio svoje mjesto na Olimpu filozofa znanosti.

Priča koju pričam u ovom trećem dijelu je priča o iznimno poštenom i odlučnom čovjeku u svojim odvažnim znanstvenim teorijama. Nije oklijevao transponirati svoje teorije u društvena ponašanja. To mu je donijelo snažne antipatije kad god bi se našao u konformističkim i politički netrpeljivim kontekstima, poput onih tipičnih za njegovo.

David Bohm

David Bohm, američki fizičar i filozof, rođen je 20. prosinca 1917. u Wilkes-Barreu, gradu u Sjedinjenim Američkim Državama smještenom u središtu doline Wyoming, u okrugu Luzerne, u sjeveroistočnoj Pennsylvaniji.

Bohm je poznat po tome što je razradio interpretaciju kvantne mehanike u kojoj razvija koncept "pilot vala" Louisa de Brogliea i uvodi koncept "kvantnog potencijala".

Roditelji su mu bili židovskog podrijetla. Njegov otac, Samuel Bohm, bio je mađarski emigrant, a majka iz Litve.

Otac mu je imao trgovinu namještajem, a bio je angažiran i na poslovima pomoćnika mjesnog rabina, pa je sam osiguravao školovanje Davidove mladeži. Sa 17 godina, 1930., David je počeo pohađati Pennsylvania State College, gdje se upoznao s kvantnom mehanikom. Odmah ga je privukla ova tema koja je postala predmet njegovih studija. Diplomirao je fiziku 1939. godine.

David je nastavio studij pod vodstvom Roberta Oppenheimera. Podsjetili smo da je Oppenheimerova slava vezana prije svega za izradu prve atomske bombe u sklopu projekta Manhattan. Nakon toga, Oppenheimer je imao grižu savjesti i odbio je raditi na hidrogenskoj bombi.

Možda su Oppenheimerova učenja pomogla u daljnjem razvoju Bohmovog snažnog moralnog osjećaja za pravdu.

Nakon nastavka studija na CalTechu (California Institute of Technology) u Pasadeni, upisao se na UC (University of California) na Berkeleyu, gdje je doktorirao 1943. godine. Bohm je svoju djelatnost kao teorijski fizičar prakticirao na najvažnijim američkim sveučilištima.

Od 1947. do 1951. predavao je na Sveučilištu Princeton dok se posvetio proučavanju plazme.

Plazma je visoko ioniziran plin i, u cjelini, električki neutralan: u praksi, sustav sastavljen od slobodnih, pozitivnih i negativnih iona, s jednakim koncentracijama.

Izraz "ionizirani" označava da je značajno veliki dio elektrona ogoljen sa svojih atoma.

Plazma se smatra četvrtim agregatnim stanjem, koje se razlikuje od tri klasična stanja, krutog, tekućeg i plinovitog. U tom smislu, dodavanje plazme reproducira i zaokružuje ideju o četiri elementa (vatra, zemlja, zrak i voda), koja povijesno datira još od grčkog filozofa Empedokla.

Plazmu je identificirao Sir William Crookes 1879., ali naziv "plazma" dolazi od Irvinga Langmuira koji ga je skovao 1928.

Sve do kraja prošlog stoljeća istraživanja o plazmi ostala su više kuriozitet, s vrlo rijetkim iznimkama, među kojima možemo spomenuti ona Nikole Tesle o plazma pražnjenjima, plazma lampama i hladnoj plazmi koja se koristi u proizvodnji ozona. Nakon 1920. Irving Langmuir proučavao je interakciju plazme sa stijenkama spremnika u kojem su nastale, dobivši Nobelovu nagradu 1932. za to istraživanje.

Konkretniji interes za plazmu razvio se kada je ženevska konferencija "Atomi za mir" pokrenula studije o mirnom iskorištavanju nuklearne fuzije.

U svom proučavanju plazme Bohm je odmah uočio jednu neobičnost, tipičnu za elektrone. Kada elektroni postanu dio plazme, gube svoj "individualizam" i počinju se ponašati kao dio veće, međusobno povezane stvarnosti. U ovim okolnostima elektroni, ostavljajući dojam da ih pokreće inteligencija koja je sposobna koordinirati njihovu aktivnost.

Ubrzo je otkrio, zajedno sa svojim kolegom Yakirom Aharonovom, Aharonov-Bohmov efekt, kvantno mehanički fenomen u kojem na nabijenu česticu utječu elektromagnetska polja u područjima gdje su ta polja jednaka nuli.

Godine 1947. Bohm je proučavao ponašanje elektrona u metalima. Na temelju onoga što je promatrao za plazmu, primijetio je da čak iu metalima pojedinačna kretanja pojedinačnih elektrona mogu proizvesti organizirane "kolektivne" učinke.

Slika 50 - Fizičar David Bohm predložio je fascinantnu holističku interpretaciju kvantne mehanike, koja je služila kao kontrapunkt ortodoksnom gledištu poznatom kao "Kopenhagenska interpretacija".

U svojoj filozofskoj interpretaciji Bohm je identificirao ponašanje masa elektrona s ponašanjem zajednica ljudskih bića. Uspostavio je vezu između koordiniranog ponašanja pojedinačnih elektrona u metalima i ponašanja pojedinaca u njihovim društvenim kontekstima. Prema Bohmu, tipično ponašanje plazme čini valjanu metaforu za organizirana ljudska ponašanja. Razvio je uvjerenje da su glavne sličnosti one između "društva plazme" i ljudskih društava organiziranih prema marksističkim teorijama.

Ove su ideje osnažile Bohmove marksističke ideale u njegovoj mladosti. Međutim, u kasnijim godinama odlučno je napustio te ideje zbog njihove materijalističke utemeljenosti i radije se posvetio spiritualnijem pogledu na kozmos.

Rezultati njegovih studija o ponašanju elektrona u metalima uvjerili su njegovog starog učitelja, Oppenheimera, da ga uključi među znanstvenike pozvane da rade u Los Alamosu, na projektu Manhattan, vojnom istraživačkom i razvojnom programu koji je doveo do stvaranja bomba atomska bomba tijekom Drugog svjetskog rata. Nažalost, Bohmova politička prošlost nije bila baš umirujuća za to vrijeme i general Leslie Groves protivio se Bohmovom ulasku u projekt, zbog ideja koje je zagovarao u mladosti.

Doista, između kasnih 1940-ih i sredine 1950-ih SAD je doživljavao vrhunac takozvanog "lova na vještice" ili "makartizma". Bio je to široko rasprostranjen politički stav u Sjedinjenim Američkim Državama, karakteriziran pogoršanom klimom sumnje i progoniteljskog ponašanja prema ljudima ili skupinama koje se smatraju subverzivnima. Ime je dobio po senatoru J.R. McCarthyja, koji je bio direktor Komisije za suzbijanje neameričkih aktivnosti.

Tisuće ljudi bilo je podvrgnuto nadzoru, a mnogi su pretrpjeli osobne napade, često temeljene na neutemeljenim optužbama.

Posebna je pažnja posvećena vladinim dužnosnicima, zabavljačima i kulturnjacima te istaknutim članovima industrijske srednje klase koji su označeni kao "komunisti predani potkopavanju temelja američkog društva".

U takvoj klimi, 1948. Bohm je pozvan da svjedoči zbog svog članstva u Komunističkoj partiji koje se dogodilo 1942., ali je prestalo nakon samo devet mjeseci. Bohm se odbio pojaviti pozivajući se na peti amandman, odnosno pravo na šutnju.

Nakon godinu dana ponovno je pozvan pred veliku porotu, ali je ponovno odbio pozivajući se na istu ustavnu odredbu.

Međutim, u tom trenutku fokus je bio na njemu. Godine 1949. uhićen je zbog nepoštivanja suda i proveo je nekoliko dana u zatvoru, dok nije pušten uz jamčevinu.

Godine 1950. oslobođen je optužbi. Nažalost, u međuvremenu je ostao bez posla na Sveučilištu Princeton koje ga je otpustilo zbog pritiska nekih utjecajnih ljudi koji su financirali institut.

Do sada je Bohm bio na "listi proskripcija" istraživača i čak mu Einstein, koji bi ga želio za pomoćnika, nije mogao ponuditi priliku. Bio je prisiljen emigrirati u Brazil kako bi radio na Sveučilištu S. Paolo, ali je i dalje bio američki državljanin; stoga mu je veleposlanstvo SAD-a povuklo putovnicu strahujući da bi mogao otići u Sovjetski Savez.

Kako bi izbjegao potpunu izolaciju, Bohm je uzeo brazilsko državljanstvo. To mu je omogućilo da 1955.

godine napusti Brazil i ode u Izrael na dvije godine, u Institut Technion u Haifi. Odavde se preselio na Sveučilište u Bristolu u Velikoj Britaniji na četiri godine i konačno se 1961. trajno nastanio u Londonu gdje je imenovan profesorom teorijske fizike na koledžu Birkbeck.

Godine 1951. Bohm je objavio "Kvantnu teoriju", tekst o kvantnoj fizici u kojem je analizirao tumačenje kvantne teorije i, preuzimajući neke ideje iz EPR misaonog eksperimenta, svrstao se među kritičare kopenhaške interpretacije. Zapravo, Bohm je istaknuo nejasne aspekte teorije i osporavao nemogućnost proširenja slučajnosti i determinizma na objekte kvantne mehanike. Bohm je, poput Einsteina, bio duboko uznemiren pozicijom znanstvene zajednice koja je do sada "pasivno" prihvaćala realnost neodređenosti i nelokalnosti.

Bohm se posvetio misiji uvođenja oblika determinizma koji je djelovao čak iu iznimno malima. Osjetio je zadovoljstvo dajući primjerak svoje knjige Einsteinu.

Kvantni potencijal.

Heisenbergov princip kaže da nije moguće utvrditi putanju čestice, kao što je elektron, budući da bi bilo potrebno znati njegovu brzinu i položaj u isto vrijeme. Kao što je već spomenuto, jedina mogućnost sastoji se u izračunavanju valne funkcije unutar koje čestica zauzima vjerojatnosnu poziciju. Kada se izvrši mjerenje na čestici, generira se "kvantni kolaps" i čestica se pojavljuje na točno određenom mjestu. Međutim, između jednog mjerenja i drugog, čestica "nestaje" u oblaku vjerojatnosti.

To se nije svidjelo Bohmu. Odbacio je ideju da bi valna funkcija vjerojatnosti mogla biti najbolji mogući prikaz čestice. Stoga je odlučio istražiti način na koji elektron uspostavlja putanju kojom će morati putovati. Jednostavno rečeno, Bohm je pokušao ponovno uvesti koncept uzročnosti ili identificirati precizan mehanizam koji može voditi čestice. Na taj bi način čestice bile oslobođene neodređenog i probabilističkog konteksta.

Bohm je krenuo od Heisenbergova principa nesigurnosti i preradio formulu, dodajući novi parametar, "kvantni potencijal". Time je stvorio novu kvantnu matematiku, "Bohmianovu mehaniku".O ovoj se teoriji još uvijek mnogo raspravlja zbog njezinih metafizičkih implikacija.

"Bohmova mehanika" predlaže da se čestica ne kreće nasumično, već kao odgovor na silu, "kvantni potencijal". Ova sila daje čestici informacije kroz trenutne, tj. nelokalne veze.

Da bi djelovao nelokalno, kvantni potencijal mora zadržati svoj intenzitet bez obzira na udaljenost. To jest, kvantni potencijal mora djelovati na način suprotan onom svih drugih elektromagnetskih sila. Kao što je poznato, ostale elektromagnetske sile smanjuju se za obrnuti kvadrat udaljenosti.

Prema Bohmu, kvantni potencijal pokreće elektron na način koji nije ni slučajan ni mehanički, već inteligentan. Drugim riječima, Bohm tvrdi postojanje informacijskog polja, zahvaljujući kojem čestica nije podložna tajanstvenim hirovima slučajnosti, već se neprestano informira o okolini koja je okružuje, dobivajući informacije iz iste okoline. Očito, Bohm sugerira metafizičko, bezprostorno i bezvremeno okruženje.

Stoga, kada se čestice kreću na svom putu (a sjećamo se da su čestice u stalnom uznemirenju) one to ne čine nasumično, već odgovaraju na informacijski paket koji pruža kvantni potencijal.

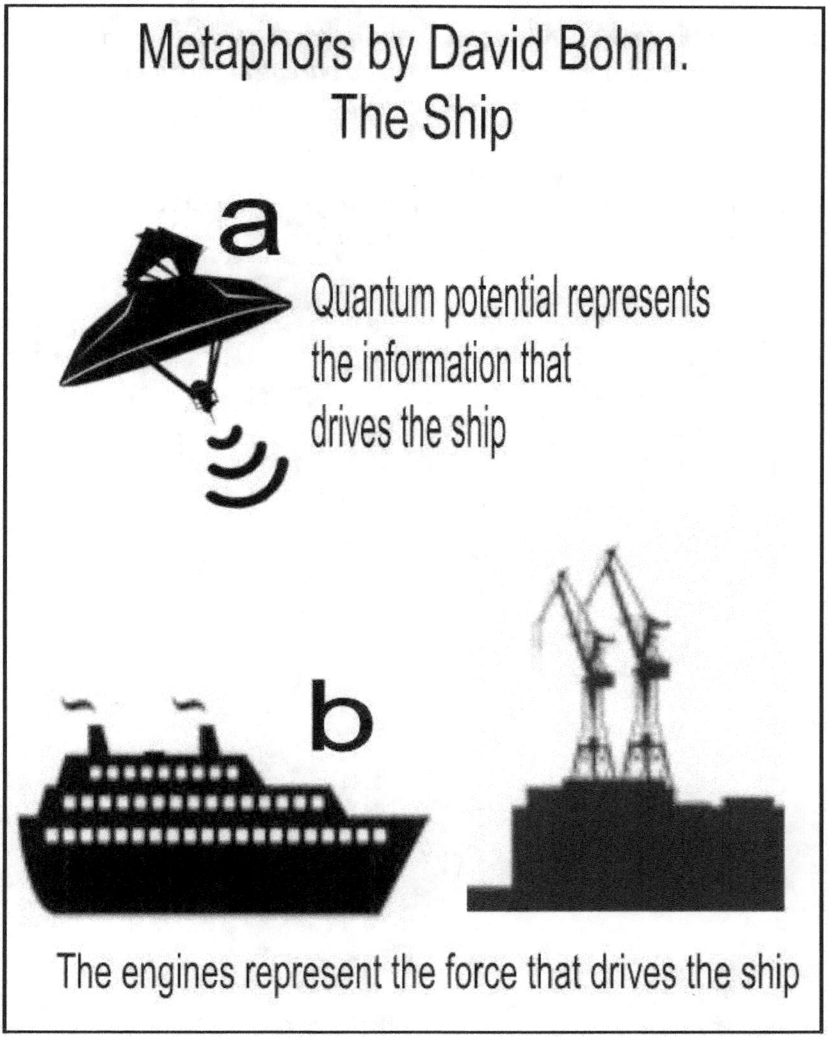
Metaphors by David Bohm.
The Ship
a
Quantum potential represents
the information that
drives the ship
b
The engines represent the force that drives the ship

Slika 51 - U metafori broda, Bohm predstavlja česticu kao brod "pokretan" "grubom silom" svojih motora, ali "vođen do odredišta" pomoću inteligencije instrumenata. Instrumentacija je kvantni potencijal koji ulazi u globalne informacije i prenosi ih na brod.

Metafore Davida Bohma. Brod

A- Kvantni potencijal predstavlja informaciju koja pokreće brod

B- Motori predstavljaju silu koja gura brod.

Na ovaj način Bohm obnavlja determinističko ponašanje elementarnih čestica, koje je međutim posljedica apsolutno tajanstvene sile.

Bohm predstavlja ovaj koncept jednom od svojih poznatih metafora, onom o brodu.

Brod (sl. 51) se može kretati zahvaljujući snazi svojih motora, ali je vođen navigacijskim instrumentima, bez kojih nikada ne bi stigao do luke i riskirao bi da se svakog trenutka razbije o neki plićak.

Motori predstavljaju snagu, sigurnost klasične fizike koja pokreće brod u moru. Umjesto toga, navigacijski instrumenti, od drevnog kompasa do modernog radara, informacija su koja određuje sigurnu rutu i predstavljaju kvantni potencijal.

Mali radarski signal, ne previše jak, dovoljan je za navođenje broda. Prema Bohmu, kvantni potencijal ne ovisi o intenzitetu nego o "obliku". To je energija koja je, iako skromna, visoko informirana i uspijeva dati oblik velikoj energiji motora, koja bi sama po sebi bila "sirova" i "bezoblična".

Mnogi konkretni elementi sugeriraju da kvantni potencijal nije samo Bohmova teorijska apstrakcija. Postojanje golemog mora energije koje prožima cijeli svemir predviđa sama klasična kvantna teorija. Ova gotovo beskonačna naslaga bila bi "kvantni vakuum", koji se često naziva i "polje nulte točke" ili "Casimirov efekt". Ova zadnja definicija proizlazi iz činjenice da je nizozemski fizičar Hendrik Casimir dokazao postojanje "kvantnog vakuuma" još 1948. godine.

Casimirov efekt sastoji se od privlačnosti koja se stvara između dva tijela koja se nalaze u vakuumu, tj. tamo gdje ne bi trebalo biti razloga za privlačenje. No, budući da privlačnost postoji, to znači da praznina zapravo nije prazna. Zapravo, pretpostavlja se da postoji sila koja se naziva "polje nulte točke". Ovo polje proizlazi iz energije vakuuma, određene virtualnim česticama koje se kontinuirano stvaraju djelovanjem kvantnih fluktuacija, kao što je predviđeno Heisenbergovim načelom nesigurnosti.

Dakle, vakuum posjeduje "temeljnu energiju", koja nadilazi stvarnost materije.

Ova "moć" se proteže u svako "prazno" područje svemira. Gustoća njegove energije procijenjena je jednakom golemim vrijednostima, koje uspostavljaju nemjerljivo neuravnotežen odnos s kozmosom koji poznajemo i koji je predstavljen u obliku materije.

Ako uzmemo sliku atoma, sjetimo se da se on smatra gotovo u potpunosti sastavljenim od praznine. Pa, Casimirov učinak predviđa da ta praznina nije prazna, već energija. Iz ovoga razumijemo kako je energija vakuuma neizmjerno veća od energije "nepraznog". Ako svoj toj energiji damo mogućnost da se izrazi u obliku kvantnog potencijala, shvatit ćemo snagu koncepta koji je razradio Bohm.

Uloga promatrača.

Kvantna mehanika predviđa da je kozmička stvarnost rezultat dva faktora. Prvi čimbenik je "gruba sila" svojstvena materiji. Drugi čimbenik je "sustav za vođenje" koji daje materiji upute sposobne natjerati njezinu silu da radi inteligentno.

Prvi faktor, brute force, karakterizira makroskopsku razinu, odnosno razinu srednje veličine, u kojoj živimo i koju tumačimo prema zakonima Newtonove fizike i Einsteinove relativnosti.

Na ovoj razini uloga promatrača nema utjecaja. Dapače, vrlo je teško da netko može promijeniti tijek nekog događaja svojim "gledanjem". Nećemo moći pomaknuti nijednu stolicu gledajući u nju. U isto vrijeme, ako ne gledamo stolicu, prema kvantnoj teoriji, ona se neće sama kretati nizom mogućih putanja.

Drugi faktor, tj. sustav vođenja, zahtijeva od promatrača da bude dio same pojave i da samim promatranjem utječe na njen razvoj. Kao što je već spomenuto. to se događa u slučaju fotona koji se ponašaju kao čestice kada se promatraju i kao valovi kada se ne promatraju. Na subatomskoj razini uloga promatrača poprima vrlo specifične karakteristike. Promatrač postaje dio jedinstvenog sustava koji uključuje i njega i promatrani objekt. Promatrač i promatrano postaju nerazlučivi i vrše recipročan utjecaj koji se ne može zanemariti.

U kvantnoj fizici znanstvenik ne može zamisliti da je "vanjski" objektivni promatrač, jer sama njegova prisutnost doprinosi oblikovanju stvarnosti koju promatra.

John Wheeler bio je američki fizičar, karizmatična osoba u fizici 1930-ih i 1940-ih; mnogi poznati fizičari, uključujući Richarda Feynmana, obučavani su pod njegovim vodstvom. Wheeler je, između ostalog, skovao izraz "crvotočina" koji označava moguće tunele ili svemirske prolaze između različitih područja prostor-vremena.

Wheeler vjeruje da je uključenost promatrača u promatranu subatomsku stvarnost čak i najvažniji aspekt kvantne fizike, do te mjere da predlaže eliminiranje pojma "promatrač" zamjenom pojma "sudionik". On to uvjerenje izražava u poznatom citatu:

"U kvantnoj mehanici ništa nije važnije od činjenice da je koncept shvaćen kao "nešto izvana" uništen. To vrijedi čak i kada je promatrač na sigurnoj udaljenosti, odvojen od promatranog objekta staklenim pločama debelim dvadesetak centimetara. Pri promatranju sićušnog objekta kao što je elektron, promatrač mora izaći izvan stakla: mora "ući" kako bi instalirao mjerni uređaj po svom izboru. Promatrač mora odabrati želi li mjeriti položaj ili zamah. Instalacija uređaja za mjerenje jedne od dviju veličina sprječava ga da instalira drugi uređaj za mjerenje druge veličine.

Nadalje, mjerenje mijenja stanje elektrona. Nakon mjerenja, svemir više nije isti. Kako bismo opisali što se dogodilo, staru riječ 'promatrač' treba izbaciti i zamijeniti novim izrazom 'sudionik'. Na neki način, svemir je participativni svemir"

Nema fragmentacije.

Prema Bohmu, subatomske čestice su, zahvaljujući kvantnom potencijalu, uronjene u "polje oblika". Iz tog polja čestice u svakom trenutku dobivaju sve informacije potrebne za odlučivanje o kretanju.

No, budući da je makroskopska razina sastavljena od gotovo beskonačnog broja subatomskih čestica, svako je živo biće podložno polju oblika koje u svakom trenutku svakoj čestici njegova tijela sugerira koordinate njezinih mikroskopskih kretanja.

Razlika između dva faktora (makroskopskog i mikroskopskog) je u tome što prvi treba prostor i vrijeme da bi se razvio, tj. ima lokalne karakteristike, dok mikroskopski faktor, tj. pogonski sustav, ne treba ni prostor ni vrijeme. Mikroskopska razina izražava se u dimenziji koja se naziva "nelokalna". Sustav navođenja je izraz "beskonačnog" koji se nalazi izvan prostora i vremena. Sustav za vođenje ne proizvodi informacije primajući ih s točno određenog mjesta, već ih posjeduje u "univerzalnoj cjelini", svojevrsnom "prostornom predsoblju" u kojem se nalazi svijest svemira.

U kontekstu Bohmove mehanike, čestice sustava su "nelokalno" povezane kvantnim potencijalom. To se događa bez obzira koliko su udaljeni. Najneposrednija posljedica je zapažanje da ne postoje odvojeni i neovisni objekti, već je sve međusobno povezano kako bi tvorilo jednu stvar.

Štoviše, kao što smo već vidjeli, ne postoji ništa "izvan" nas, što možemo promatrati izvana. Mi sami smo aktivni dio cjeline. Kvantna mehanika manifestira potpuno međusobno povezan svemir. To je stvarnost koju ne možemo rastaviti na elementarne dijelove obdarene samostalnim životom. Proučavajući intimnost materije dolazimo do shvaćanja da čestice od kojih se ona sastoji ne predstavljaju temeljne građevne blokove u smislu kako je to namjeravao Demokrit. Čestice su čiste idealizacije, hipoteze studija koje mogu pružiti idealne prikaze stvarnosti koju je nemoguće prikazati. Doista, čestice su konvencionalne apstrakcije.

U stvarnosti postoji kozmička međupovezanost sastavljena od probabilističkih vibrirajućih energija, koje se ne mogu točno smjestiti u prostor kako ga mi razumijemo. O meritumu, Bohm se ovako izražava u eseju koji je napisao zajedno s Basilom Hileyem za časopis "Foundation of Physics", objavljenom 1975. pod naslovom "O intuitivnom razumijevanju nelokalnosti kao što je implicirano kvantnom teorijom":

Metaphors by David Bohm. The fish

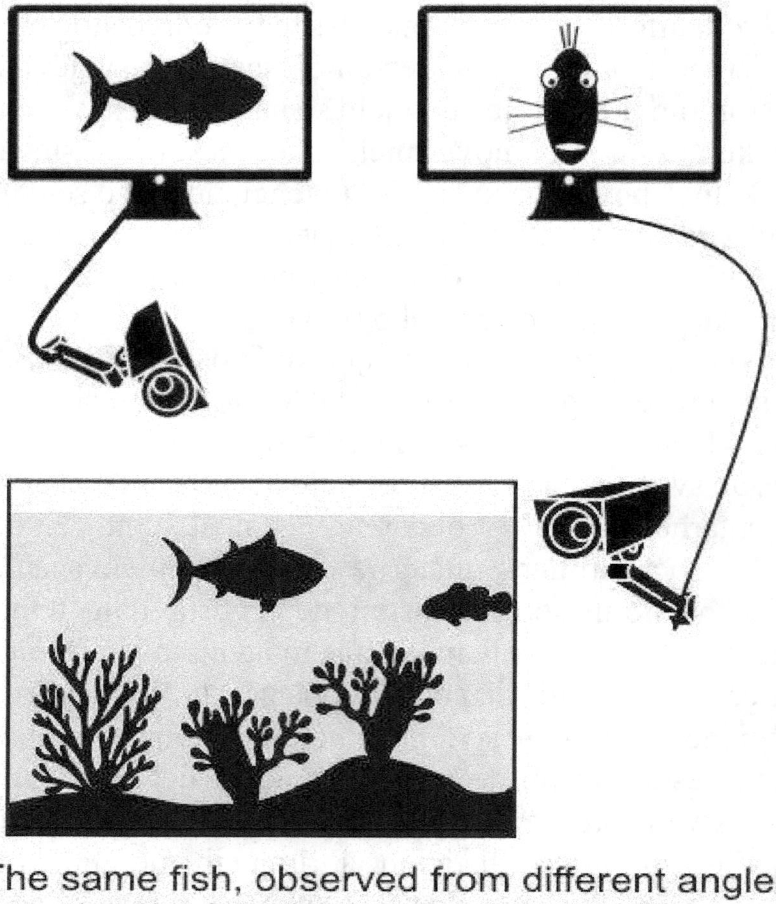

The same fish, observed from different angles, can give the impression that it is two fish

Slika 52 - Bohmova metafora o kvantnoj superpoziciji.
Metafore Davida Bohma. Riba.
Ista riba, promatrana iz različitih kutova, može dati dojam da se radi o dvije različite ribe.

Metaphors by David Bohm.
The folded sheet

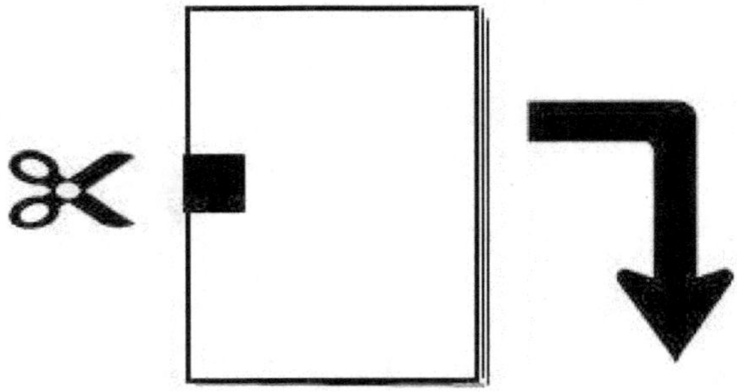

Make a cut on
a folded sheet
of paper
three times.
When you unfold
the sheet you
get a lot of
the separate cuts.

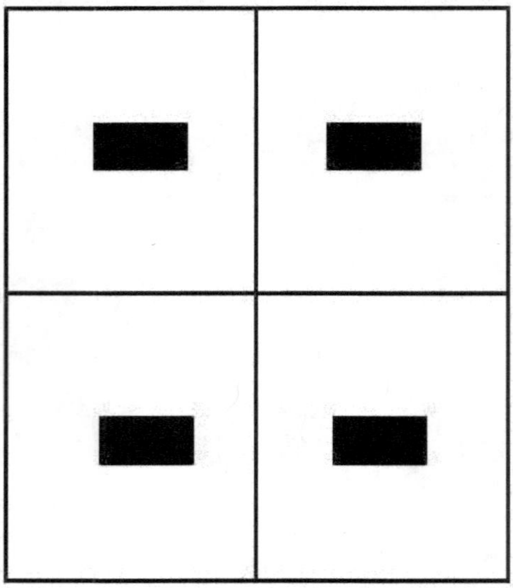

Slika 53 - Mnoge rupe koje se pojavljuju na presavijenom listu zapravo su rezultat jednog reza.

Metafore Davida Bohma. Presavijeni list papira.

Napravite rez na listu papira presavijenom tri puta na sebi.

Kada otvorite list, dobit ćete mnogo zasebnih rezova.

> Preokrenuli smo uobičajenu klasičnu koncepciju prema kojoj su neovisni "elementarni dijelovi" svijeta temeljna stvarnost, a različiti sustavi samo pojedini i kontingentni oblici i rasporedi tih dijelova.
> Umjesto toga, kažemo da je temeljna stvarnost kvantna međupovezanost cijelog svemira. Dijelovi koji imaju relativno neovisno ponašanje samo su posebni i kontingentni oblici unutar ove cjeline.

Kao da se želi reći da bojna kola kralja Milinda nisu slučajan zbroj kotača, osovina i konja, kako tvrdi materijalizam. Umjesto toga, različiti dijelovi su elementi koji su inteligentno odabrani da čine cjelinu koja je kočija.

Bez obzira na oblik osovine, bez obzira na broj žbica na kotačima, bez obzira na boju ili broj konja, nevažni su detalji u odnosu na transcendentni projekt "kola".

Na subatomskoj razini objekti u kojima se čvrsta materija materijalizira rastvaraju se u valovima vjerojatnosti međusobno povezanih u "univerzalnu cjelinu".

Nema fragmentacije, već samo unicum koji vrvi vibracijama. Ako nosimo naočale za kvantnu fiziku, više ne možemo vidjeti svemir kao skup različitih objekata, od peludnih zrnaca do galaksija, dobro definiranih i međusobno različitih. Ono što nam se čini je ogromna mreža energija povezanih u cjelinu koja uključuje i nas same.

U eseju "S-matrix interpretation of Quantum Theory" američki fizičar Henry Pierce Stapp navodi:

> "Svijet se pojavljuje kao komplicirano tkivo događaja, u kojem se različite vrste međupovezanosti izmjenjuju, preklapaju i kombiniraju, određujući strukturu cjeline".

Metafora ribe koja je uzeta iz različitih kutova (sl. 52) izvrsno opisuje koncept prema kojem, iako postoje naizgled različite manifestacije nekog objekta, koje nas navode na vjerovanje da se radi o nekoliko različitih objekata, zapravo oni su jedan objekt.

"Implicitni poredak" i "eksplicirani poredak"".

"Na vrlo dubokoj razini materija i svijest potpuno su neodvojivi i međusobno povezani, baš kao što su u videoigri igrač i ekran ujedinjeni sudjelovanjem u zajedničkom procesu. U ovom pogledu, um i materija su dva aspekta "cjeline" koja je "jedno". "Um i materija" nisu razdvojiviji od "forme i sadržaja". Na vrlo dubokim razinama svijest čovječanstva je jedna.

(David Bohm)

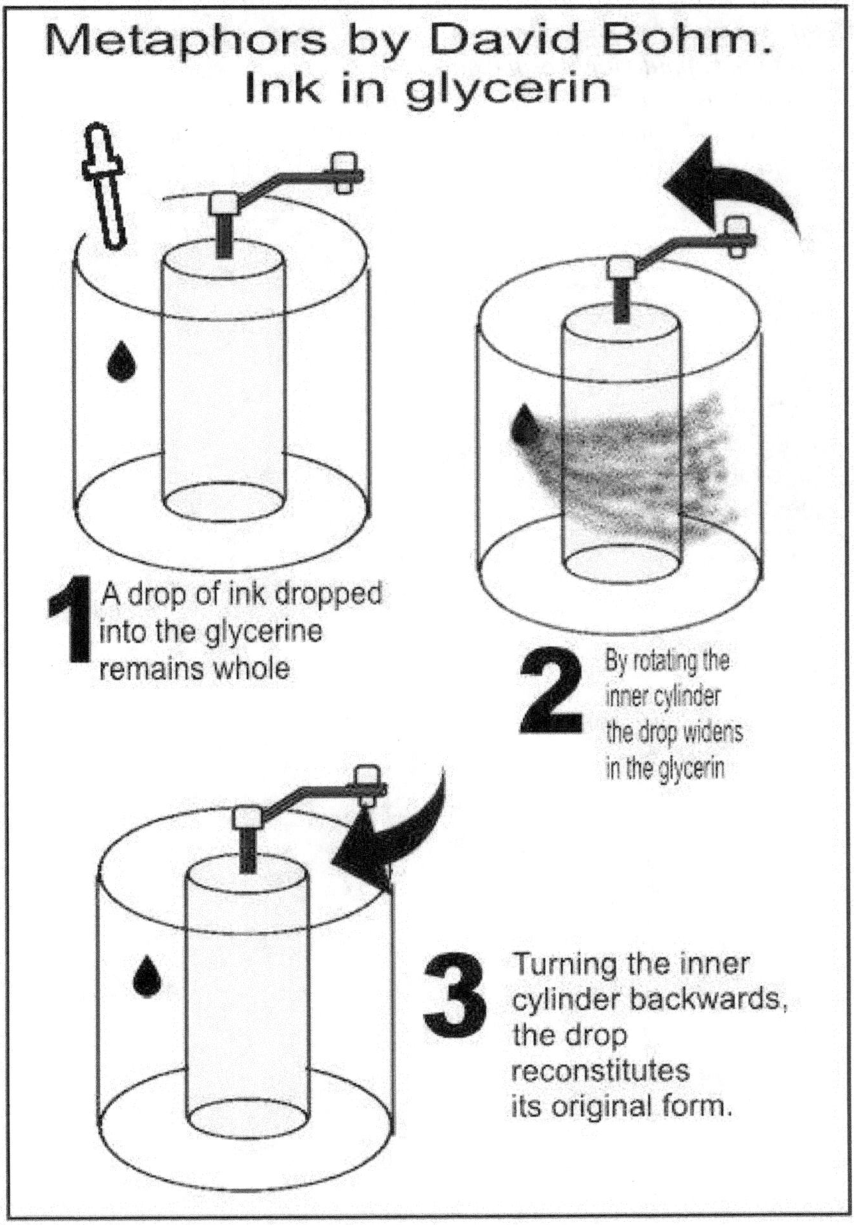
Metaphors by David Bohm.
Ink in glycerin
1 A drop of ink dropped into the glycerine remains whole
2 By rotating the inner cylinder the drop widens in the glycerin
3 Turning the inner cylinder backwards, the drop reconstitutes its original form.

Slika 54 - Metafora Davida Bohma o kapi tinte raspršene u glicerinu.
Metafore Davida Bohma. Tinta u glicerinu
1 Kap tinte kapnuta u glicerin ostaje cijela
2 Okretanjem unutarnjeg cilindra, kapljica se širi u glicerinu
3 Okretanjem unutarnjeg cilindra u suprotnom smjeru, kap ponovno uspostavlja svoj izvorni oblik.

U svojim studijama o plazmi, Bohm je bio fasciniran time kako se, u površinskoj situaciji prividnog kaosa, red koji dolazi iz dubljeg sloja može iznenada pojaviti. Ovo ga je iskustvo pogodilo do te mjere da je postalo karakterističan element svih njegovih studija. Svaka od njegovih intuicija polazila je od mogućnosti da se neki fenomen može razumjeti u njegovim najintimnijim konotacijama polazeći od pretpostavke o postojanju temeljne, ili implicitne, "regulatorne inteligencije".

To ga je dovelo do teorije o postojanju poretka koji nadilazi vrijeme i prostor, svojstven najdubljim naborima stvarnosti, a koji je nazvao "impliciranim poretkom" ili "omotanim poretkom". Bohm je pretpostavio da taj red ne postoji samo u svijetu elementarnih čestica, već u cijelom svemiru. Implicitni poredak, tipičan za najskriveniji dio kozmosa, suprotstavljen je "ekspliciranom poretku".To je poredak stvari onako kako ih vidimo, ili kako nam se čine u našem iskustvu.

Bohm je imao prve intuicije o postojanju impliciranog reda kada je sanjao o svemiru sastavljenom od beskonačnog broja sfernih zrcala, koja se međusobno reflektiraju. Zamišljao je materiju sastavljenu od atoma gdje svaki atom, poput ogledala, odražava beskonačne refleksije.

Metafora slike 53 ilustrira kakav odnos može postojati između impliciranog reda i ekspliciranog reda. Zamislite savijanje lista papira na tri ili više dijelova. Škarama otvaramo jedan prozor bilo gdje na listu. Bit će dovoljno da razmotamo list kako bismo uočili postojanje mnogo prozorčića, prostorno odvojenih jedan od drugoga: ta je odvojenost potpuno iluzorna ako uzmemo u obzir presavijeni list, ali se našim osjetilima objašnjava kao zbroj prozorčića kad rasklopimo list.

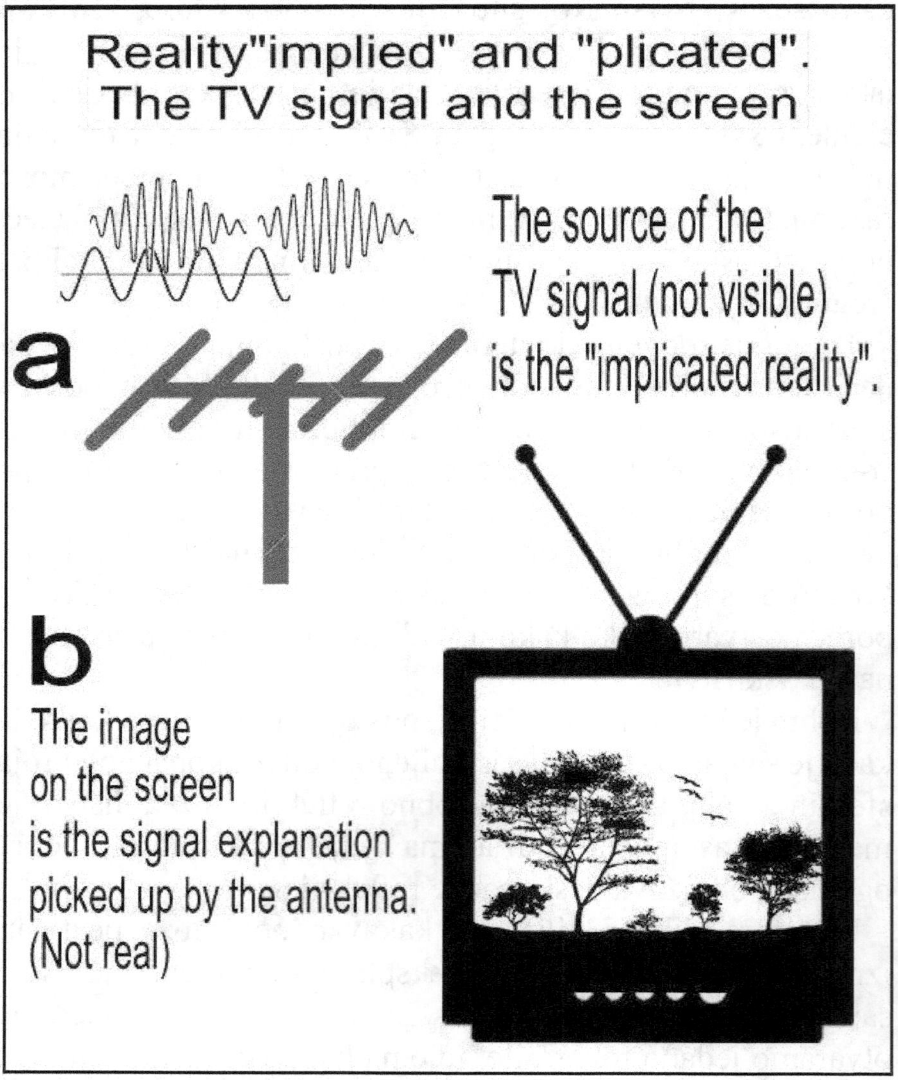
Reality"implied" and "plicated".
The TV signal and the screen
The source of the
TV signal (not visible)
is the "implicated reality".
a
b
The image
on the screen
is the signal explanation
picked up by the antenna.
(Not real)

Slika 55 - "Objašnjena stvarnost" samo je nestvarna interpretacija signala primljenih iz vanjskog izvora kroz antenu.

"Implicitna" i "eksplicirana" stvarnost.

TV signal i ekran

a - Izvor TV signala (nije vidljiv) je "implicirana stvarnost".

B - Slika na ekranu je razumljivo objašnjenje signala koji je uhvatila antena)

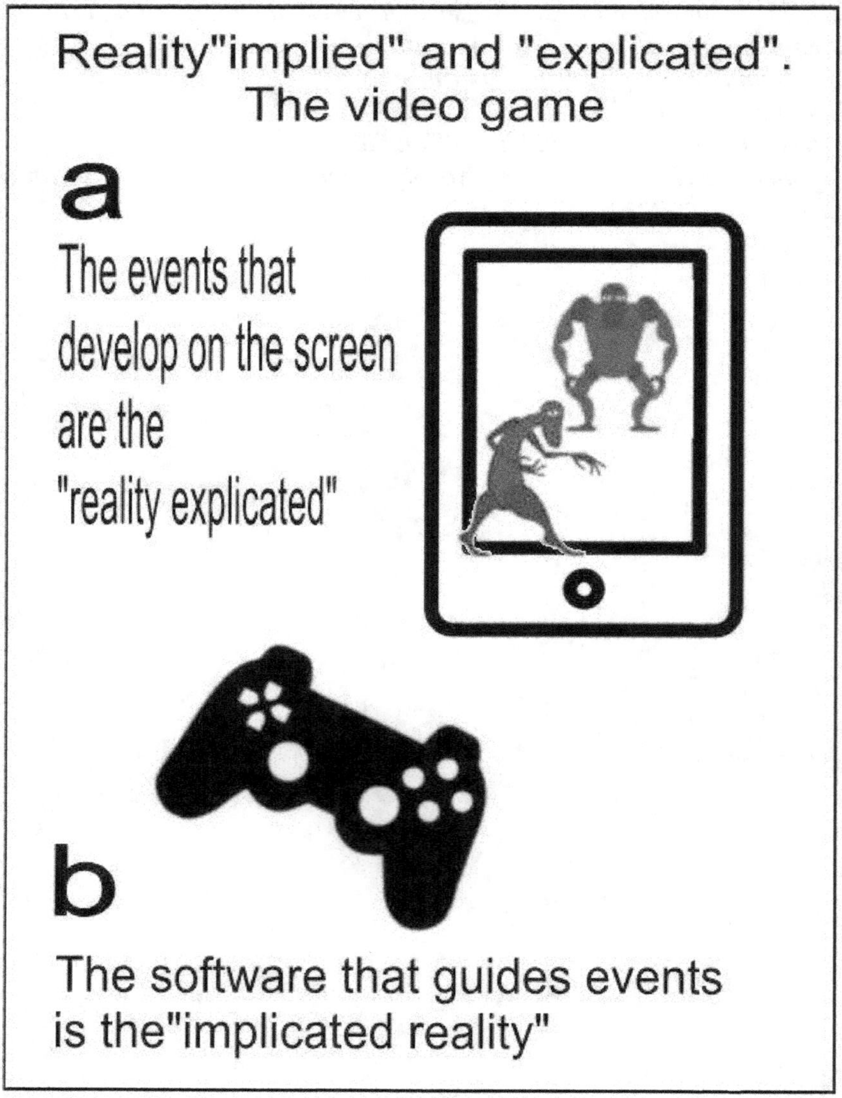
Reality"implied" and "explicated".
The video game
a
The events that
develop on the screen
are the
"reality explicated"
b
The software that guides events
is the"implicated reality"

Slika 56 - Eksplicirana stvarnost (ono što vidite na ekranu) je prikaz, prilagođen našim osjetilima, implicirane stvarnosti, tj. softvera koji dolazi iz uloška učitanog u konzolu.

"Implicitna" i "eksplicirana" stvarnost. Video igrica

a - Događaji koji se odvijaju na ekranu su "eksplicirana stvarnost"

b - Softver koji pokreće događaje je "implicirana stvarnost"

Očigledno je da presavijeni list papira predstavlja skriveni ili implicitni poredak, dok nesavijeni list papira predstavlja eksplicitni poredak.

Bohm je volio razvijati metafore kako bi potkrijepio svoje teze. Što se tiče impliciranog i ekspliciranog poretka, zamislio je impliciranu dimenziju koja sadrži informacije o stvarnosti u obliku koji nije razumljiv našim osjetilima, ali se može eksplicirati u oblicima i na načine koji su nam razumljivi. Ali naše razumijevanje ne odgovara stvarnosti.

U metafori TV signala (sl. 55) implicirani poredak čine radiofrekvencije, nama nevidljive i nedokučive, koje se protežu u eter i mogu ih uhvatiti antene. Kada se radijske frekvencije prenesu na prijemni uređaj, one se razvijaju na način da ih naše oči i uši mogu razumjeti. Naravno, ono što vidimo na ekranu samo je transpozicija u oblike i boje stvarnosti sačinjene od frekvencija koje ne bismo mogli dešifrirati.

Još prikladnija je, ako je moguće, metafora videoigre (sl. 56) u kojoj inteligencija strana našem okruženju i našoj savjesti, tj. softver koji dolazi iz uloška umetnutog u konzolu, stvara za nas iluziju fantastičnog svijeta s s kojim smo u stanju komunicirati kao da smo stvarno uronjeni u njega dok je, u stvarnosti, to čista iluzija.

Druga metafora predviđa da se dva poretka mogu ilustrirati raspoređivanjem uređaja na slici 54 koji je objasnio sam Bohm tijekom intervjua danog stranici "oubliettemagazine.com":

> "Dok sam razvijao teoriju 'upletenog svemira', znanstveni program na BBC-ju pokazao je uređaj koji dobro ilustrira koncept.

> Sastoji se od dva koncentrična staklena cilindra. Među njima je viskozna tekućina, poput glicerina. Ako se kap netopljive tinte stavi u glicerin i vanjski cilindar se polako okreće, kap tinte će stvoriti trag. Konačno, trag postaje toliko difuzan da postaje gotovo nevidljiv. U tom trenutku čini se da nema reda.
>
> Međutim, ako polako okrenete cilindar unatrag, glicerin se vraća u svoj izvorni oblik i iznenada je kapljica tinte ponovno vidljiva. Kap tinte koja je bila raspršena u glicerinu rekonstituirana je zahvaljujući obrnutoj rotaciji."

Imamo dva koncentrična staklena cilindra, od kojih se jedan može polako okretati. Prostor između dva cilindra ispunjen je viskoznom tekućinom poput glicerina. Kada se cilindar okreće, tekućina koja se nalazi u blizini se odnosi s njim. Ali pretpostavimo da se pomični cilindar sada okreće u obrnutom smjeru. Ako je tekućina vrlo viskozna, poput glicerina, a cilindar se ne okreće prebrzo, tada će element tekućine ponoviti svoje točne korake kako bi rekonstituirao izvornu kapljicu tinte.

Ova metafora uči da postoji skriveni red čak i u prividnom kaosu. Kada se oblik kapljice tinte otopi izvan vidokruga, njen poredak se ne uništava, već ostaje impliciran u glicerinu. Ova otopljena kapljica tinte predstavlja implicirani poredak, dok cijela kap predstavlja eksplicirani poredak, tj. stvarnost kakva se čini našim osjetilima. Rotacija cilindra igra odlučujuću ulogu i predstavlja dinamiku koja ujedinjuje dva poretka. U Bohmovoj elaboraciji ova dinamika se naziva "holomovement".

Ogromni kozmički hologram.

Pojam hologram općenito označava trodimenzionalne slike, a posebno stereoskopske, tj. one koje se pojavljuju iz različitih perspektiva ovisno o točki promatranja. Dakle, hologram je trodimenzionalni prikaz stvarnosti, i mogao bi se usporediti s normalnom fotografijom, kada fotografija ne bi bila dvodimenzionalna. Fotografiranjem objekta klasičnim metodama moći ćete ga ponovno vidjeti samo u onom dijelu koji je uokviren objektivom. Ako fotografirate osobu sprijeda, uvijek ćete vidjeti njezino lice, ali nikada ne možete vidjeti njezina leđa. Nasuprot tome, hologram će vratiti trodimenzionalnu sliku snimljene scene, gdje će se objekti i ljudi pojaviti kao da su postavljeni u središte pozornice.

Hologrami se dobivaju posebnim tehnikama. Snimanje se odvija pomoću zrake laserskog svjetla koja se šalje prema objektu koji se reproducira i prema ploči od osjetljivog materijala.

Zahvaljujući igri zrcala, svjetlost koja dolazi iz izvora interferira s onom koju reflektira predmet. Zbog toga na ploči nastaju linije koje se nazivaju interferencijskim rubovima. Jednostavnije rečeno, na ploči se ne pojavljuje slika fotografiranog predmeta, već splet linija koje sadrže informaciju o trodimenzionalnosti.

Naravno, snimljena slika može se reproducirati s izvanrednom preciznošću, jednostavnim osvjetljavanjem ploče drugom laserskom zrakom. Ta zraka, naime, uspijeva dekodirati informaciju rekonstruirajući trodimenzionalnu sliku snimljenog objekta, koji se gledatelju čini kao da je fizički prisutan.

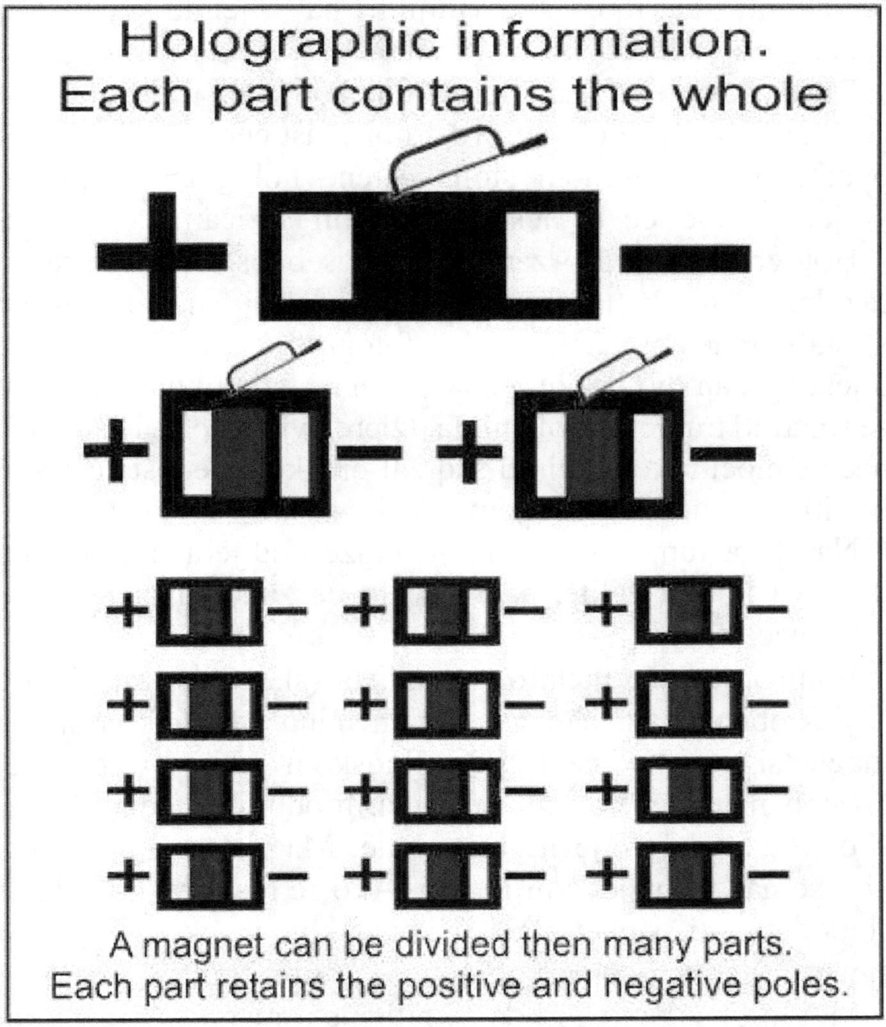

Slika 57 - Magnet može predstavljati holografsku stvarnost. Ako se magnet razlomi na bilo koji broj dijelova, svaki dio zadržava karakteristike cjeline.

Holografske informacije. Svaki dio sadrži cjelinu

Magnet se može podijeliti na mnogo dijelova. Svaki dio zadržava pozitivni i negativni pol.

Zahvaljujući tehničkim poboljšanjima i razvoju, hologrami sada mogu biti vidljivi i na "bijelom svjetlu" ili sunčevoj svjetlosti.

Danas postoje i tiskani hologrami, kod kojih je difrakcijska rešetka reproducirana na prozirnoj plastičnoj podlozi, koja opet leži na srebrnom sloju. Slične holograme možemo vidjeti, primjerice, na nekim kreditnim karticama.

Hologram ima vrlo zanimljivu posebnost, koja ga jasno razlikuje od obične fotografije na kojoj su informacije kristalizirane na papiru. Ako fotografiju izrežete na dva dijela i jedan dio bacite, podaci koji se na njoj nalaze mogu se smatrati trajno izgubljenima. Iz preživjele polovice nikada nećete moći rekonstruirati sadržaj one koja nedostaje, osim intuitivnom aproksimacijom.

Nasuprot tome, hologram se može podijeliti na onoliko dijelova koliko želite, a svaki dio će zadržati cjelokupnu informaciju.

Bohm predlaže metaforu magneta (sl. 57). Ovaj objekt, koji se obično naziva magnetom, metalno je tijelo koje stvara magnetsko polje nevidljivo ljudskom oku i proizvodi općepoznate učinke: može privući ili odbiti druge magnete, kao i, naravno, željezne materijale. Magnet ima dva pola, koji se nazivaju sjeverni i južni. Ako se magnet pusti da se slobodno vrti, sjeverni pol je onaj koji je okrenut prema sjeveru. Naravno, na drugom kraju je Južni pol.

Moglo bi se pomisliti da se piljenjem magneta po sredini dobivaju dva dijela, jedan samo sa sjevernim, a drugi samo s južnim polom. Nije tako. Svaka od dvije strane odmah rekonstituira polaritet koji nedostaje. Magnet možete podijeliti na onoliko dijelova koliko želite; u svakom slučaju, koliko god mali bio, svaki dio će imati sjeverni pol i južni pol, tj. svaki dio će zadržati netaknute sve informacije originalnog magneta iz kojeg je dobiven.

Rezanjem holograma na dva, deset, sto ili tisuću dijelova događa se ista stvar. Svaki dio čuva sve informacije matrice iz koje dolazi.

Štoviše, hologram posjeduje nevjerojatan kvantitativni kapacitet pohranjivanja: dovoljno je promijeniti kut pod kojim dvije laserske zrake utječu na film kako bi se akumulirali milijuni milijardi informacija u jednom kubičnom centimetru prostora.

Analogija s "impliciranim svemirom" je očita: i ovdje je svaki dio međusobno povezan sa svim ostalima tvoreći jedinstvenu stvar, a u ovoj mreži veza čak i najmanji dio, kao što je jedna čestica, sadrži globalnu informaciju.

Budući da se informacija o cijelom kozmosu može prepoznati u najmanjoj čestici, Bohmian teorija poprima holografske karakteristike i svemir, shvaćen kao implicitni i eksplicitni poredak, može se zamisliti kao golemi hologram

Holografski svemir.

Ono što je najviše začudilo u vezi s holografskim modelom bilo je to što je iznenada dao smisao širokom rasponu opskurnih fenomena, koji se smatraju izvan granica znanosti. To uključuje telepatiju, prekogniciju, mistične osjećaje jedinstva sa svemirom, pa čak i psihokinezu, odnosno sposobnost uma da pomiče materijalne objekte, a da ih nitko ne dodiruje."
(Michael Talbot, "Sve je jedno")

Bohmova intuicija ubrzo je poprimila točan smjer, smjer svemira zamišljenog kao gigantski hologram. No, nužno je bilo uzeti u obzir činjenicu da svemir nije statična stvarnost, već dinamična, golemi niz vibrantnih energija i uzburkane materije; zapravo, ništa u subatomskom svemiru nije statično, kao što smo vidjeli kada smo opisivali atom.

Tako je Bohm skovao novi izraz "holomovement". Svemir je, u Bohmianovom poimanju, golemo holokretanje u kojem svaki dio, čak i onaj najmanji, sadrži svu povijest i kozmičku inteligenciju dok se odvijaju u vremenu i prostoru.

Upravo zato što "implicirani" svemir u sebi podrazumijeva sve fizičke svemire i njihovo postajanje našim osjetilima, rezultirajući hologram čak i ne poznaje pojam statičnosti, već predstavlja vječno kretanje "implikacije" i "eksplikacije".

Implicitni poredak sadrži u sebi svako vrijeme, prošlost, sadašnjost i budućnost, i svako mjesto. Vrijeme i mjesto, koji se u ekspliciranom poretku (to jest, u našem iskustvu i razumijevanju) odvijaju u odvojenim stvarnostima, jedno su u impliciranom poretku.

Holokretanje omogućuje da implicirani poredak sadrži sve različitosti ekspliciranog reda. U intervjuu Bohm objašnjava holokretanje ovim riječima:

> “Isti implicitni poredak otkriven je u složenom kretanju elektromagnetskih polja u obliku svjetlosnih valova. Takvo kretanje svjetlosnih valova prisutno je posvuda i obuhvaća cijeli svemir prostora i vremena u svakoj regiji. Ovo zatvaranje i odvijanje odvija se ne samo u kretanju elektromagnetskog polja, već iu drugim poljima koja se pokoravaju zakonima kvantne mehanike koji podrazumijevaju diskontinuitet i svojstva

nelokalnosti. Cjelokupnost pokreta zatvaranja i otvaranja može ići neizmjerno dalje od onoga što je otkriveno tijekom naših promatranja. Taj totalitet nazivamo holokretanje”.

U istom intervjuu Bohm ponovno kaže:

“Predlažem nešto poput ovoga: Zamislite beskonačno more energije koje ispunjava prazan prostor, s valovima koji se kreću kroz njega, povremeno se okupljaju i proizvode intenzivno pulsiranje. Kažemo da se određeni impuls skuplja i širi, stvarajući naš svemir prostor-vremena i materije. Moglo bi se pojaviti više takvih impulsa. Nama ovaj impuls izgleda kao Veliki prasak; u širem kontekstu, to je mali val. Sve proizlazi iz rasporeda u "holopokretu". Sve se savija na sebe u impliciranom poretku. Proces preklapanja ili zatvaranja nazivam "impliciranjem". Suprotno tome, proces odvijanja ili otvaranja nazivam "objašnjavajućim". Implicitno i eksplicitno jedna su tečna i nepodijeljena stvar. “

Bohm zatim dovršava svoju viziju svemira na izuzetno mističan način zamišljajući, kao u matrjoški, vrlo duge teorije implicirane stvarnosti koja stoji iza drugih, sve dok ne dosegne "super-implicirani poredak", tj. "kozmički um". Prema Bohmu, ovaj Um stvaralački doživljava u sebi aktivnost viših redova. Svako živo biće svjesno sudjeluje u cjelini dajući cjelini smisao. Bez svijesti živih bića, svemir bi bio nepotpun. Zahvaljujući sudjelovanju svakog živog bića, "kozmički um" ide prema svijesti i samospoznaji.

Karl Pribram

Karl Pribram rođen je u Beču 1919., a život je završio 2015. Bio je neurokirurg, profesor psihijatrije i psihologije na raznim američkim sveučilištima, uključujući sveučilišta Stanford i Georgetown.

Njegove najvažnije studije tiču se ljudskog mozga i živčanog sustava: posebno je pomogao definirati prirodu limbičkog sustava i odnos između njega i frontalnog korteksa.

Činit će se čudnim da o tome govorimo u ovom kontekstu, posvećenom velikom većinom fizičarima ili filozofima, ali postoji vrlo konkretan razlog. Doista, Pribram je uglavnom poznat po razvoju, u suradnji s Davidom Bohmom, takozvanog "holonomskog modela mozga" također poznatog kao "Pribramov i Bohmov holografski model" ili kao "holografska paradigma".

Ovim modelom Pribram je postavio teoriju da informacije, a time i sjećanja pohranjena u našem mozgu, nisu "zabilježena" u neuronima, već su rezultat recipročne interakcije oblika valova koji generiraju "obrasce". Na taj način objašnjava sposobnost mozga da pohrani ogromnu količinu informacija na relativno malom prostoru.

Pribram je vjerovao da su sjećanja pohranjena u mreži živčanih impulsa koji se isprepliću u mozgu, baš kao što se laserske zrake križaju na filmu koji sadrži holografsku sliku i omogućuju, ovisno o kutu, otkrivanje ogromnih količina informacija.

Slika 58 - Karl Pribram, neovisno o Bohmu, došao je do razrade koncepta holografskog uma.

U svojim neurokirurškim studijama Pribram je, poput Bohma, došao do zaključka da je funkcioniranje pamćenja razumljivije smatrajući ga sličnim holografskoj stvarnosti. Naravno, obojica su svoja uvjerenja sazrijevala potpuno različitim putevima. Bohm je svoju teoriju formulirao nakon studija kvantne fizike, dok se Pribram uvjerio u holografsku stvarnost zbog mnogih, ponekad nepremostivih, poteškoća u objašnjenju nekih neurofizioloških pitanja.

U 1970-ima Pribram je istraživao hipotezu o holografskoj stvarnosti, polazeći od principa da naš mozak obrađuje signale primljene iz očiju kako bi predstavio posredovanu stvarnost, sličnu hologramu.

Budući da mu je sin bio fizičar, mislio mu se obratiti da usporedi neke ideje, no sin mu je odmah savjetovao da kontaktira Davida Bohma, koji je svakako najprikladnija osoba. Pribram je to i učinio, a iz njihova susreta rođena je kao kamen čvrsta istovjetnost pogleda na mogućnost da je svemir holografska stvarnost.

U svojoj knjizi "Holografski svemir: Revolucionarna teorija stvarnosti" Michael Talbot ovako opisuje plodove susreta dvojice znanstvenika:

> “Uzete zajedno, Bohmove i Pribramove teorije pružaju duboko novi način gledanja na svijet. Naši mozgovi konstruiraju objektivnu stvarnost matematički, tumačeći frekvencije koje su u konačnici projekcije iz druge dimenzije, dubljeg poretka postojanja izvan prostora i vremena: mozak je hologram skriven u holografskom svemiru.

Pribram tvrdi da ga je ta sinteza osvijestila da objektivni svijet ne postoji, ili barem ne u onom smislu u kojem smo navikli vjerovati. Ono što postoji "vani" golemi je ocean valova i frekvencija, a stvarnost nam se čini konkretnom samo zato što su naši mozgovi u stanju transformirati ovaj nejasni holografski oblik u osnovne građevne blokove i poznate objekte koji čine naš svijet. (...)

Imamo dva vrlo različita aspekta stvarnosti. Sebe možemo vidjeti kao materijalna tijela koja se kreću kroz prostor. U suprotnom, mogli bismo sebe vidjeti kao mutnu sliku interferencijskih uzoraka skrivenih kroz cijeli kozmički hologram.

Bohm vjeruje da je ovo drugo gledište ispravnije."

Postoji li stvarnost ili ne?

Kombinacija Pribramovog holografskog modela mozga s Bohmovom teorijom holomementa daje iznenađujući rezultat. Ako je stvarnost, u konkretnosti koju opažamo, iluzija, a sve što postoji nije ništa drugo nego masa frekvencija i vibrirajućih energija, što ostaje? Ako mozak nije ništa više od holograma koji dekodira primljene frekvencije pretvarajući ih u osjetilne percepcije, postoji li objektivna stvarnost?

Odgovor bi trebao biti: ne, "objektivna stvarnost" ne postoji, čime se potvrđuje ono što su oduvijek zastupale istočnjačke filozofije, prema kojima je svijet samo iluzija.

I ne samo to: ovim odgovorom također rehabilitiramo prebrzo ismijane teorije mnogih zapadnih filozofa, poput Georgea Berkeleya, prema kojem svi predmeti za koje vjerujemo da postoje nemaju tijelo. Predmeti su samo ideje koje naša osjetila prenose u mozak. U mozgu su te ideje konfigurirane i zaodjenute lažnim dojmom materijalnosti.

Pribramova holografska paradigma i Bohmovo holokretanje dovode do zaključaka koje mnogi osporavaju, ali mnogi drugi vjeruju da su najtočniji mogući opis stvarnosti do danas.

Gdje idemo.

"Morate razumjeti cijeli život, a ne samo njegov dio. Zato morate čitati, zato morate gledati u nebo, zato morate pjevati i plesati, i pisati poeziju, i patiti i razumjeti, jer sve je to život.
(Jiddu Krishnamurti)

Živimo u privilegiranoj eri u kojoj nas tajanstveni sinkronicitet s kozmičkim dimenzijama vodi prema neslućenim ciljevima. Kada postignemo te ciljeve, dogodit će se da će duh i materija, konačno s istim pravom postojanja, moći uključiti cijelo čovječanstvo u znanja i mogućnosti koje se i danas čine nedokučivim i nedostižnim. Taj nas sinkronicitet vodi u prijelazu između ere nesvjesne materije i ere svjetlećeg duha.

Porazom materijalizma već je učinjen važan prvi korak, unatoč činjenici da i danas postoje mjesta, institucije i ljudi koji ne odustaju od postavljanja materijalizma kao načela svoje intelektualne vježbe. U mnogim slučajevima to se događa radi zaštite položaja privilegija ili interesa.

Do sada su materijalističke teorije potpuno zastarjele u najnaprednijim znanstvenim područjima. Počinjemo se pitati jesmo li zapravo samo "nasumično sklopljeni strojevi" ili ne posjedujemo "svijest" sposobnu oblikovati svemir koji nas sadrži.

U tom kontekstu, pitanje koje je do prošlog stoljeća bilo zatvoreno u nebulozu metafizike, postaje izuzetno aktualno i počinje mučiti umove najprosvijećenijih znanstvenika: jesmo li mi ti koji kreiramo svoju stvarnost?

Proučavanje duše postaje dio fizike.

Sve do prošlog stoljeća svaki govor o postojanju duše bio je ograničen na teološku ili filozofsku sferu. Sada je, iznenađujuće, to pitanje postalo dio dnevnog reda teorijske fizike, čvrsto postavljeno na vrh popisa tema vrijednih daljnjeg proučavanja.

Konkretno, fizičar Henry Pierce Stapp provodi studije deklamirane s određenim naglaskom na webu kroz naslove slične ovome: "Henry Stapp želi dokazati postojanje duše" (Henry Stapp želi pokazati postojanje duše). Istina, Stapp ne želi toliko dokazati postojanje duše, koliko želi da se ona, shvaćena kao svijest živog bića, ne može zanemariti. Duša, odnosno svijest, mora postati aktivna i utjecajna varijabla u jednadžbama i formulama koje opisuju funkcioniranje svemira.

Stapp je rođen 1928. u Clevelandu, Ohio, SAD. Doktorirao je fiziku čestica pod mentorstvom nobelovaca Emilija Segrèa i Owena Chamberlaina na Kalifornijskom sveučilištu Berkeley. Poznat je po svojim radovima na polju kvantne mehanike, posebice po razvoju aksiomatske teorije S-matrice; objavio je, među ostalim, mnoge radove vezane uz nelokalne aspekte kvantne mehanike i Bellov teorem.

Godine 1958. pozvao ga je Wolfgang Pauli na ETH u Zürichu da s njim osobno radi na osnovnim problemima u kvantnoj mehanici. Od 1969. bio je izravni suradnik Wernera Heisenberga na Institutu Max Planck u Münchenu. Nakon toga, od 1976. radio je s Johnom Wheelerom. To je akademska karijera koja se uvijek odvija na najvišim razinama.

Henry Stapp. Kvantna teorija i slobodna volja.

Stapp je 2017. objavio knjigu "Kvantna teorija i slobodna volja. Kako se mentalne namjere prevode u tjelesne radnje".

Ova knjiga objašnjava, na jednostavan, ali precizan način, kako funkcionira ortodoksna kvantna mehanika i pokazuje kako ova teorija, realno tumačena, pripisuje važnu ulogu našim svjesnim i slobodnim izborima. Stapp polazi od načela da tradicionalna biologija i neuroznanost još uvijek podupiru suštinski opovrgnute i promašene klasične predrasude, prema kojima mentalne namjere ne utječu na ponašanje materije. Pokazuje kako kvantna mehanika pruža racionalnu osnovu za bolje razumijevanje veza između svijesti i ponašanja, također dopuštajući objašnjenje određenih fenomena koji se trenutno smatraju "paranormalnim". Ove ideje imaju važne implikacije za razumijevanje nas samih i naših misaonih procesa, a time i za smisao naših života.

Stapp se u knjizi bavi jednim od najtežih pitanja ikada, pitanjem slobodne volje. To je koncept koji "Enciclopedia Italiana Treccani" definira na sljedeći način:

> Slobodna volja. Izraz koji se koristi za označavanje slobode čovjeka, čija djela nisu određena superiornim silama (nadnaravnim ili prirodnim), već proizlaze iz njegovih autonomnih izbora.
>
> Izraz je nastao na tlu kršćanskih teoloških rasprava, u odnosu na pomirljivost između božanske svemoći i sveznanja i ljudske slobode. Protagonisti humanizma i renesanse posebno su zagrijano podržavali tezu o slobodnoj volji.

S religioznog gledišta vrlo je teško pomiriti slobodnu volju s idejom sveznajućeg Boga: ako Bog već zna budućnost i stoga zna kako će čovjek djelovati, može li se čovjek smatrati slobodnim u donošenju izbora?

Ostavimo vjeru na trenutak po strani, jer je ona osoban i neobjektivan pojam i da se čak i vjernici različitih vjera često ne slažu oko nje.

Znanost, kao što znamo, postupa sa svojim metodama koje možemo definirati kao objektivne: ona izvodi pokuse iz kojih izvlači konkretne zaključke. Ako eksperimentalni rezultati potvrde hipotezu na nepobitan način, to postaje fizikalni zakon, inače se presuda može poreći ili suspendirati.

U slučaju slobodne volje, nitko nikada nije mogao tvrditi da je ona valjani zakon. Zapravo, nikada nije bilo moguće dokazati da se, ispitivanjem određene situacije nekoliko puta, uvijek dobiva isti rezultat.

Polazeći od ove znanstvene osnove možemo formulirati šire razmišljanje, vezano uz sigurnost da je čovjek sastavljen od atoma i čestica.

Znamo da su atomi u stalnoj uznemirenosti, i znamo da, kao dio tog kretanja, teže agregaciji s drugim atomima. Ali jednu stvar ne znamo: zašto se atomi međusobno privlače i agregiraju? Kojom silom se tri atoma (dva vodika i jedan kisika) spajaju u molekulu vode? Postoji li "savjest" koja ih navodi da provode upravo ovaj izuzetno koristan oblik združivanja, umjesto mnogih drugih mogućih?

Doista, atom ne bi trebao imati svijest, stoga ne bi trebao biti u stanju "svjesno" odlučiti koju će vrstu agregacije izvesti. Štoviše, čak se ni molekula vode ne može definirati kao svjesna. Ali atomi se također mogu agregirati na složeniji način, na primjer tako da tvore biološki "živo" biće, to jest sigurno obdareno sviješću ili barem instinktom. Čudesno, bića obdarena sviješću rađaju se iz agregacije milijardi atoma bez svijesti.

Zašto? To je prava zagonetka. Što može biti rješenje? Ili atomi posjeduju svijest, suprotno popularnom vjerovanju, ili su vođeni sviješću koja im je vanjska: u svakom slučaju, "pilot svijest" mora postojati u procesu agregacije.

S religioznog gledišta moglo bi se reći da je sve predodređeno od Boga; svijest iz koje dolaze sve svijesti i sva svjesna ponašanja je Božja.

Međutim, znanost ne smatra ova metafizička razmišljanja valjanima i nastavlja svoj rad na otkrivanju mehanizama koji određuju agregaciju materije.

Razumjeti kako i zašto se atomi spajaju značilo bi otkriti kako nastaju savjesti živih bića, prije svega čovjeka, te bismo zaključili da se nastanak savjesti odvija na temelju jasno definiranog procesa. To bi bio proces koji se može prenijeti na formulu.

Kad bi to bio slučaj, "formiranje" svijesti bilo bi dio predvidljivog i ponovljivog procesa. Stoga bi se moglo pretpostaviti postojanje "standardnih" svijesti. U tim bi uvjetima jednom zauvijek postalo jasno da slobodna volja ne postoji.

Kvantna fizika razvija potpuno drugačiji pogled, koji Stapp istražuje u svojoj knjizi. Česticu ne možemo promatrati utvrđujući njen položaj i brzinu, odnosno to možemo samo probabilistički. Višestrukim ponavljanjem mjerenja s istim podacima česticu nalazimo na više različitih mjesta. I ne samo to: promatranjem čestice kolapsiramo valnu funkciju koja je sadrži; dakle, mi odlučujemo gdje ćemo ga pronaći.

Zapravo, čestica je suspendirana u magličastom stanju sve dok samim promatranjem, tj. gledanjem u nju, sami ne odlučimo gdje ćemo tu česticu smjestiti.

To ima nemjerljive etičke i filozofske posljedice. Ako mi, promatrajući ih, odlučujemo gdje ćemo smjestiti čestice, odnosno ako je na nama da biramo karakteristike materije, onda to znači da slobodna volja postoji. Više nismo strojevi kojima dominira materija, već bića sposobna svojom voljom dominirati nad materijom.

U jednom od svojih brojnih intervjua, Henry Stapp ovako se izražava o teoriji koju je razvio, "Kvantnoj teoriji svijesti":

> Važno nam je, kao pojedincima i kolektivu, ispraviti trenutno raširenu predodžbu da je znanost pokazala da smo mehanički automati. Ova ideja se temelji na klasičnoj mehanici, sada empirijski poništenoj. Njena nasljednica, kvantna mehanika, predstavlja nas kao psihofizička bića čije svjesne namjere nisu određene fizičkim aspektima Prirode, ali koja ipak uzročno utječu na tijek fizičkih događaja.
>
> Pitanje koje se odmah nameće je sljedeće: "Kakva je veza između naših svjesnih iskustava i fizički opisanog svijeta?".
>
> Klasične fizikalne teorije koje su prevladavale u znanosti tijekom 18. i 19. stoljeća tvrdile su da je svako fizičko svojstvo unaprijed određeno samo prethodnim fizičkim svojstvima, bez ikakvih "dodanih elemenata" od strane svijesti. Ova bi izjava, ako je istinita, implicirala da su naši životi besmisleni; to bi svelo svakoga od nas na suštinski bezumne mehaničke automate, nesposobne utjecati na tijek budućih fizičkih događaja bilo za vlastitu korist ili za dobrobit bilo koga drugoga.
>
> Danas je poznato da su klasične fizikalne tehnike u osnovi pogrešne. Ove zastarjele teorije zamijenila je kvantna mehanika. U ovoj teoriji naši svjesni "slobodni izbori" igraju bitnu dinamičku ulogu u određivanju budućnosti. Takvi se izbori nazivaju "slobodnim" jer

nisu ograničeni nijednom drugom značajkom teorije, statističkom ili drugom."

Energija Duha.

Naša sposobnost promatranja elementarnih čestica određuje realnost onoga što promatramo i stoga svjedoči o našoj slobodnoj volji. Ali tada se možemo zapitati: tko je taj koji promatra naše čestice da bi ustanovio da one moraju upravo tvoriti naše tijelo, a time i našu svijest? Mi, tko nas promatra?

Postoji li promatrač koji nas određuje? Ili: postoji li igra u kojoj smo promatrači i promatrani, stvoreni i kreatori? Tko vodi ovu igru? Ili je možda igra nastala iz "incipita" koji nas od samog početka vidi kao igrače i suce?

Možda je stvarnost gigantski Ouroboros, mitski zmaj koji grize vlastiti rep, oblikujući krug bez početka i kraja?

Naizgled nepomičan, ali u vječnom kretanju, ouroboros predstavlja snagu koja samu sebe proždire i obnavlja, univerzalnu energiju koja se neprestano troši i obnavlja. Stoga simbolizira jedinstvo i ukupnost svega, beskonačnost, vječnost, ciklično vrijeme, vječni povratak, besmrtnost i savršenstvo.

Zanimljivo je primijetiti kako je ovaj simbol prisutan u mnoštvu mističnih i filozofskih tradicija svakog vremena i mjesta.

Činjenica da sva materija dobiva oblik promatranjem sadrži neizbježnu nužnost: trebamo biti promatrani.

Moto Georgea Berkeleya "Esse est percipi" (Biti znači biti percipiran) ponovno je prosvjetljujući.

S tog gledišta postaju razumljive i riječi psalmiste, koji se obraća Bogu zahvaljujući mu što ga je pogledao, štoviše, što nije mogao pobjeći njegovu pogledu. I ne samo to: priznajući da ga je Bog promatrao otkako je stvoren u majčinoj utrobi, priznaje da ga je taj pogled učinio savršenim "kao čudo".

David Bohm, koji je bio sin rabinovog pomoćnika, vjerojatno se u djetinjstvu mnogo puta molio riječima Psalma 138

> "Gospodine, ti me ispituješ i poznaješ me,
> znaš kad sjedim i kad ustajem.
> Iz daleka mi prodireš u misli,
> gledaš me kad hodam i kad se odmaram.
> Kamo otići od svoga duha, kamo pobjeći od tvoje prisutnosti?
> Tvoje su me oči vidjele dok sam još bio bez oblika"

Posljednjih godina života Bohm je bio fasciniran teorijama Jiddua Krishnamurtija, rođenog u Indiji 1895. Uspostavio je kulturno i duhovno partnerstvo s ovim filozofom, toliko da su zajedno napisali neke knjige uključujući "Gdje vrijeme završava".

Tijekom tog prijateljstva Bohm je postao vrlo blizak istočnjačkom misticizmu i transformirao je svoju mladenačku želju za izgradnjom pravednijeg društva (želju koja je bila zaražena sovjetskim materijalizmom) u težnju koja teži istom cilju, ali kroz put duhovni rast.

U kontekstu ovog kulturnog i duhovnog partnerstva Bohm je razradio misao koju je iznio u ovom citatu iz knjige “Bohm. Fizika beskonačnosti” Massima Teodoranija:

„Polje „razgraničenog“ je sve što možemo vidjeti, čuti, dodirnuti, zapamtiti i opisati. Ovo polje je u osnovi ono što je očito ili opipljivo. Bitna kvaliteta beskonačnog, kontrasta, je njegova neuhvatljivost. Ova osobina ima oblik riječi Duh, čije je izvorno značenje "vjetar, dah".

Ovo sugerira postojanje nevidljive, ali prožimajuće energije na koju reagira manifestirani svijet konačnog. Ta energija, o Duše, prožima sva živa bića i bez nje bi se svaki organizam raspao na svoje sastavne elemente. Ono što je stvarno živo u živom biću je energija Duha. Ova energija nikada nije rođena i nikada neće umrijeti.”

Bohm je duh nazvao Dušom svijeta, superimpliciranim poretkom koji leži u osnovi i oživljava sve kasnije implikacije i objašnjenja. Mislio je na poredak koji se nalazi na razini vrhovne slobode i, kao takav, slobodan od bilo kakve filozofske ili dogmatske konotacije.

Kao što je pokazao u svom životu, Bohm je slobodu smatrao velikim dobrom i težio je osvojiti je u njezinoj apsolutnosti kako bi je mogao dijeliti. Umro je od srčanog udara 27. listopada 1992. u Londonu, ostavivši veliku prazninu u znanstvenoj zajednici i ogromno nasljeđe ideja koje čekaju da budu razrađene i znanstveno i filozofski.

Bibliografija.

Acheson David # One thousand eighty-nine and other magic numbers.
Aguirre Anthony # Zen and Multiverses
Allen Steve # Deceptions of logic
Ambesi Alberto # Panteismo
Amir Dan Aczel #Entanglement. The greatest mystery of physics. Amir Dan Aczel # The Mystery of the Alef
Amir Dan Aczel # The God Equation
Anderl Sybilla # The universe and me. A philosophy of astrophysics
Angier Natalie # The canon of science. Guided tour from the infinitesimal to infinity for enthusiastic beginners...
Anthes Emily # Quick Guide for Brainiacs: The Mind
Arecchi Tito & Eva # Simboli e realtà
Argentieri Niccolò # Ci sono elettroni nel mondo della vita?
Armstrong David # What is metaphysics
Asimov Isaac # The Physics Book
Asimov Isaac # In the beginning. The book of genesis interpreted.
Asimov Isaac # The invisible universe

Astrolabio Ubaldini # Neuroscienze e spiritualità. Mente e coscienza nelle tradizioni
Baker Stephen # The secret power of mathematicians
BakerJoanne # Quantum Physics. 50 great ideas
Barbour Julian # The point of Janus. A new theory of time
Julian Barbour # The End of Time.
Barcelli Simone # La storia che verrà
Baron Vincenzo # Albert Einstein. Il costruttore di universi
Barrow, Tipler # The anthropic principle.
Barrow John David # 1+1 does not (always) do 2
Barrow John David # Zero to . The great story of nothing. Oscar Mondadori.
Barrow John David # From the Self to the Cosmos
Barrow John David # The numbers of the universe
Barrow John David # The Book of Universes. Complete guide to possible universes
Barrow John David # The mono within the world
Barrow John David # Infinity
Barrow John David # The universe as a work of art
Barrow John David # The Pictures of Science
Barrow John David # The Origins of the Universe
Barrow John David # Why is the world mathematical? The third
Barucca, Jannaccone Scacchi # Forced science
Barzaghi Giuseppe # Compendio di storia della filosofia
Battiston Roberto # La prima alba del cosmo. Dal big bang alla vita nell'universo
Beitman Bernard # Messages of coincidences.
Bellone Enrico # Corpi e cose
Bergson Henri # Essay on the immediate data of consciousness
Berkeley George # Philosophical Works

Bersani-Peres # Proverbial mathematics
Bersani R, Peres E. # Mathematics. Survival course
Berti Enrico # History of metaphysics
Bocchi G, Ceruti M. # Origins of stories
Bodanis David # $E=mc^2$. Biography of the equation that changed the world
Bogdanov Igor # Before the Big Bang. The origin of the universe
Bohm - Khrisnamurti # Where time ends
Bohm - Khrisnamurti # The limits of thought
Bõhm Conrad # The Keys of the Cosmos
Bohm David # Universe Mind Matter
Bojowald Martin # Before the Big Bang. Complete history of the universe
Bonaventura, Colombo, Miluzio # The made-to-measure universe. Journey into the incredible cosmic coincidences that allow us to be here
Boncinelli, Inherited # Everything is transformed. Brief history of energy
Borgna Eugenio # Il tempo e la vita
Brockmn John # That's not true but I believe it
Bruno Giordano # Of the infinite universe and worlds
Bryson Bill # A Brief History of (Almost) Everything
Bui Daniele, LeoniSilvio # Mente, cervello e coscienza. Il vicolo cieco del materialismo nel pensiero di Sir John Eccles
Burgin Luc # Errors of science
Cambray Joseph # Synchronicity. Nature and psyche in an interconnected universe.
Campbell, Joseph # Dee. The mysteries of the divine feminine
Campbell, Joseph # The Inner Reaches of the Cosmos. The metaphor in myth and religion

Cantalupi -Santarcangelo # Psiche e realtà
Cappelletti Valentina # From order to things. Essay on Werner Heisenberg
Capra F. Luisi P.L. # Life and nature. A systemic view.
Goat Fritjof # The turning point
Goat Fritjof # The Tao of Physics.
Goat Fritjof # The science of life
Goat Fritjof # Towards a new wisdom
Carlson W. Bernard#Tesla. The inventor of the electric age
Casati Roberto # La scoperta dell'ombra
Castorina Paolo # La «particella di Dio» e l'origine della massa
Cattabiani Alfredo # Planetarium
Cederquist John # Coincidences don't exist.
Cesati Cassin Marco # Non siamo qui per caso. Il potere delle coincidenze.
Chandrasekhar Sub. # Truth and beauty. The reasons for aesthetics in science.
Chiaberge Riccardo # Il Dio variabile
Chinnici Giorgio # Si dà il caso. Il funzionamento segreto del mondo quantistico
Chopra Deepak # Coincidences.
Ciuffardi, Perissi # La fine della coscienza? Dalla mente bicamerale all'intelligenza artificiale
Clark Michael # Paradoxes A to Z
Close Frank # Theories of everything
Scatti Monica # Buchi neri evanescenti
Coppens Yves # The construction of prehistory
Couliano Joan # The journeys of the soul
Coustè Alberto # Brief history of the devil
Crespi Marco # L'equazione della coscienza
Currivan Jude # The Cosmic Hologram

D'Ancona Vittorino # Greek mythology
Dal Buono Lucio # Dall'atomo all'anima. Tutto quello che devi sapere
Damasio Antonio # Emotion and conscience
Damasio Antonio # Descartes' error. Emotion, reason and the human brain
Dask Mike # Beyond Borders
Davies Paul # How to build a time machine
Davies Paul # God and the new physics
Davies Paul # The last three minutes
Davies Paul # The Mysteries of Time. The universe after Einstein
Davies Paul # The Intelligent Cosmos
Davies Paul # The fleeing universe
Davies Paul # The Mind of God
Davies Paul # Are we alone?
Davies Paul # On the edge of infinity. Naked singularities and distribution of space-time
Dawkins Richard # The Blind Watchmaker
De Agostini # Biology
De Agostini # Large paperbacks. Geographical atlas. Historical. Astronomy
De Crescenzo Luciano # Ordine e disordine
De Crescnzo Luciano # empo e felicità
De Santillana Giorgio, Von Dechend Hertha # Hamlet's mill. Essay on myth and the structure of time.
De Santillana Giorgio #Sirio
Dehaene Stanislas # Brain and consciousness
Della Sala, Dewar # Never trust your mind. N+1 experiments to understand how it deceives us and why
Delmastro Marco # Particelle familiari. Le avventure della fisica e il bosone di Higgs

By Francesco Michele, Marraffa, Tomasetta # Filosofia della mente. Corpo, coscienza, pensiero
Mondadori Dictionary # Dizionario della saggezza orientale
Donà Massimo # Magia e filosofia
Du Sautou Marcus # The perfect mess
Du Sautou Marcus # The Million Dollar Equation
Du Sautou Marcus # The impossible theories. What are the limits of science?
Dumezil Geoges # Archaic Roman religion
Edelmen, Tononi # Un universo di coscienza. Come la materia diventa immaginazione..
Albert Einstein # Albert Einstein. Relativity and new physics
Einstein Albert # The world as I see it
Einstein Albert # Thoughts, ideas, opinions
Einstein, Infeld # The evolution of physics
Ekelan Ivar # Chaos
Ereditato Antonio # Le particelle elementari
Hermes Trismegistus # Poimandres
Fabbro Franco # The biological foundations of philosophy. The symbolic nature of DNA, psyche and language
Facchini Fiorenzo # L'avventura dell'uomo. Caso o progetto?
Facchini Fiorenzo # Origini dell'uomo ed evoluzione culturale
Facchini- Magnani # Myths and rites of prehistory
Faggin Federico # Irriducibile, Conscience, life, computers and our nature
Faggin Federico # Silicon
Falletta Nicholas # The Book of Paradoxes
Federrici Vescovini G. # Magico Medioevo
Ferrini Federico # Onde gravitazionali. Una nuova porta per il cosmo

Ferris Timothy # The Adventure of the Universe. From Aristotle to quantum theory and beyond: a never ending story
Ferrone Vincenzo # Una scienza per l'uomo
Feynman Richard # The meaning of things
Feynman Richard # QED
Feynman Richard # Six Easy Pieces
Albertini Foundation # Prove e indizi dell'aldilà
Andrea Sardos Foundation # Prove e indizi dell'aldilà. Il caso Andrea
Ford Kenneth # The quantum world. Quantum physics for everyone.
Fosar-Bludorf # Hyperconsciousness. Intelligence is hidden in the DNA
Foster Charles # We human beings. 40,000 years of history of consciousness
Franks E.M. # Carl Jung's theory of psychological types
Fraser J. T. # Time: an unknown presence
Frazer James # The golden branch
Friedman Richard # Who Wrote the Bible?
Frova Andrea # Il Cosmo e il Buon Dio. Dialogo su astronomia, evoluzione e mito
Find Andrea # Luce. Una storia da Pitagora ad oggi
Find Andrea # Perché succede quello che succede
Galfard Cristophe # How to understand E=mc2
Galilei Galileo # DDialogo dei principali sistemi
Gallippi Angelo # Federico Faggin. Il padre del microprocessore
Gamow George # Gravity
Gamow George # The Adventures of Mr. Tompkins. Daedalus Editions
Gamow George # New World of mr. Tompkins. Zanichelli
Gamow George # Thirty Years That Shocked Physics

Gasperini Maurizio # L'universo prima del big bang. Cosmologia e teoria delle stringhe
Gazzaniga Michael # Conscience is an instinct. The mysterious link between the brain and the mind
Giacobbo Roberto # Secret cities
Giacobini, d'Errico # The Neanderthal hunters
Giacomelli Giorgio # Dal quark al big bang
Giuliodori Lucio # Sul concetto di sincronicità: Jung tra psicoanalisi e quantismo
Giuliodori Lucio # Tra fisica e metafisica. Alcune implicazioni
Atlanti Giunti # Geografia generale, astronomia e cartografi
Gleick James # Chaos. The birth of a new science
Goldman Jane #Xfiles. The Book of Incredible Facts
Goswami Amit # Quantum Guide to Enlightenment. Mediterranean Editions
GrazianoMichael # Rethinking conscience
Grecchi Vittorio # The brain field lies
Greek Peter # The origin of the universe
Greene Brian # Until the end of time. Mind, matter and the search for meaning in an ancient universe
Greene Brian # The elegant universe. Superstrings. hidden dimensions and the search for the ultimate theory.
Greene Brian # The Elegant Universe
Greene Brian # The Hidden Reality
Greene Brian # The hidden reality - parallel universes and profound laws of the cosmos. Philosophies of sciences
Greene Brian # The plot of the cosmos. Space, reality.
Gribbn John # Encyclopedic Dictionary of Quantum Physics
Guido Paolo # Da Buddha a Einstein

Hack Margherita Ferreri Cossard # La lunga storia delle origini. I grandi miti e le teorie con cui l'umanità ha spiegato l'universo
Hall Nna # Chaos. A science for the real world
Hand David # Chance does not exist. Because the most amazing things happen every day
Harner Michael # The Way of the Shaman
Harrison Edward # The Masks of the Universe
Hawking - Penrose # The nature of space and time
Hawking Heckler # The Grand Design.
Hawking -Mlodinov # From the Big Bang to black holes. Brief history of the universe. Mondadori
Hawking Stephan # Holes nr and newborn universes
Hawking Stephen # The universe in a nutshell. Oscar Saggi Mondadori.
Hawking Stephen # The Great History of Time. Mondadori
Stephen Hawking # The Theory of Everything. Origin and destiny of the universe. Mondadori.
Hawking Stephen # Gazing up at the stars
Heckler Richard # Coincidences
Heidegger, Martin # What is metaphysics?
Heidegger, Martin # The concept of time
Heisenberg Werner # Physics and Philosophy
Hermann Greta # Physics and philosophy
Higfield, Roger # The Science of Henry Potter
Hillman, James # The Soul Code
Hope Murry # The Secret of Sirius
Hopke Robert # Nothing happens by chance. Oscar Mondadori
Hoyle Fred # The Origin of the Universe and the Origin of Religion

Humphrey Nicholas # Soul Dust. The Magic of Consciousness
Hunter Tobias # A new idea of the world
Huxley Aldous # Brave New World. Back to the new world.
Jaffè Aniela # Dreams, prophecies, apparitions
Jaynes Julian # The Breakdown of the Bicameral Mind and the Origin of Consciousness
Johnson Steven # Where great ideas are born. Natural history of innovation
Joseph Frank # The Power of Coincidences. The meeting point.
Jou David # Rewrite Genesis. In search of the mathematical formula of creation
Jung Carl # Animus and anima
Jung Carl # Experience and mystery
Jung Carl # The Red Book. Liber novus.
Jung Carl # Jung speaks Interviews and meetings
Jung Carl # The analysis of dreams. The archetypes of the unconscious. The synchronicity.
Jung Carl # The ego and the unconscious
Jung Carl # Man and his symbols
Jung Carl # The psychic dimension. Collection of writings.
Jung Carl # Psychology of the unconscious
Jung Carl # Memories and reflections.
Jung Carl # Psychological types
Kaku Michio # The future of humanity
Kaku Michio # Hyperspace
Kaku Michio # The divine equation
Kane Gordon # The Garden of Building Blocks. Longanesi
Karsenti Eric # A Brief History of the Origins of Life. From the cell to the human being, the most beautiful story ever told: ours

Kauffman Stuart # Reinventing the sacred
Kinnebriock Werner # Where does the passing of time go. Physics, philosophy and daily life
Kippenhahn Rudolf # Pocket Cosmology. From the big bang to the poetry of the starry sky
Koch Christof ok # The search for conscience
Kornelius Martin #Einstein Light
Kosko Bart # The fuzzy-thinking
Krauss Lawrence # The Dark Heart of the Universe. In search of the «Fifth essence
Krauss Lawrence # The Universe from Nothing
Krauss Lawrence # The Physics of Star Trek
Kumar Manjit # Quantum. From Einstein to Bohr, a new idea of reality.
Kundera Milan # Immortality
Kung Hans # Chinese Christianity and Religiosity. Arnoldo Mondadori editor.
Lalumera Elisabetta # Cosa sono i concetti
Lambert Karel, G. Gordon # Introduction to the philosophy of science
Lanternari Vittorio # Religione, magia e droga
Lanza R. + Herman # Biocentrism
Lanza Robert # The grand biocentric design
Lanza Robert # Beyond biocentrism
Laszlo Erwin # Science and the Akashic Plan
LaszloErvin # The Immortal Mind
Lazzara Salvatore # Vedi alla voce scienza
Lederman-Hill # Quantum Physics for Poets
Ledoux Joseph # The emotional brain
Licata Ignazio # Observing the Sphinx. DiRenzo Publisher.
Lindley David # Einstein's moon
Lipton Bruce # The Biology of Belief

Livio Mario # La sezione aurea. Storia di un numero e di un mistero che dura da tremila anni
Lu Tung-pin # The Secret of the Golden Flower
Luc Georg # Il magico nella cultura antica
Luccio Riccardo # FDall'anima alla mente. Breve storia della psicologia
Lurker Manfrd # Dictionary of Biblical Pictures and Symbols
Marchesi Fabio # Exotropia
Marchi Vittorio # La scienza dell'Uno. Chiave per l'universo nascosto
Marconi Momolina # Prelude to the history of religions
Marletto Chiara # La scienza dell'impossibile. Alla ricerca delle nuove leggi della fisica
Martini Francesco # Persuasive communication 4 books
Massalenti (curator) # Qualcosa di grande. L'infinita bellezza e complessità di tutto ciò che esiste
Massimini Tononi # Nothing greater
Mavaldi Marco # The two heads of the tyrant. Mathematical methods for freedom
Mazzitelli Italo # What if God existed? E se Dio esistesse? I limiti della conoscenza scientifica quando si indaga su Dio e la religione
McTaggart Lynne # The secret force of the universe. The zero point field
McTaggart Lynne # The Bond. The quantum link
Mecacci Luciano # Identikit of the brain
Michell John # Astroarchaeology
Miramonti Reseghetti # Neutrino. La particella fantasma
Mondadori # Dictionary of oriental wisdom
Morowitz Harold # The birth of everything

Mortier Roland # Imposters and gullible people in the Age of Enlightenment
Matteo Motterlini # Mental traps. Rizzoli
Mugnos Sabrina # The universe that thinks
Mullis Kary # They dance naked in the field of mind
Musso Paolo # Science and the idea of reason. Science, philosophy and religion from Galileo to black holes and beyond.
Muzzio Publisher # Caos. Una scienza per il mondo reale
Nagel Thomas # A very short introduction to philosophy
Neumann Erich # History of the origins of consciousness
Nietzsce # Beyond good and evil
Nietzsche Friedrich # Thus Spoke Zarathustra
New Syntheses # Galileo Newton Einstein
O'Keane Veronica # The Bazaar of Memory. How we build memories and how memories build us
O'Regan J. Kevin # Why colors don't play. A new theory of consciousness
Odifreddi Piergiorgio # Una via di fuga. Il grande racconto della geometria moderna
Oldstone Moore # Understanding Taoism
Oliverio Alberto # Dove ci porta la scienza
Oliverio Alberto # L'arte di ricordare. La memoria e i suoi segreti
Oreglio Flavio # Curiosa storia della scienza. Le radici pagane dell'Europa
Osho # Rajneesh's bible
Overbye Dennis # Einstein innamorato. La vita di un genio, tra scoperte scientifiche e passione romantica
Palazzi Pablo # The Great Illusion
Palmarini and others # Musica, luce, colori, nuova energia
PanekRichard # The invisible century

Paolelli Ermanno # Neuro-quantum. The new frontier of neuroscience
Parigi Silvia # Magia e scienza nell'età moderna
Paris Giorgio # In un volo di storni. Le meraviglie dei sistemi complessi
Pauli Wolfgang # Psyche and nature
Pearson Carol S. # The hero within us
Peat David # The Paths of Chance
Peat David # Synchronicity. A union between matter and psyche. Magi Editions
Peiretti Federico # Il matematico si diverte. Duecento giochi e puzzle che hanno fatto la storia della matematica
Pellegrini Massimo # Fisica quantistica per principianti
Penrose Roger # The Universe is still a secret
Penrose Roger # The Emperor's New Mind
Penrose Roger # The road that leads to reality
Perconti Pietro # Conscience. Philosophical lexicon
Pichot André # The birth of science. Mesopotamia, Egypt, Ancient Greece
Pim van Lommel # Consciousness beyond life
Pinotti-Baccarini # Italia esoterica
Pizzuti Marco # From man 2.0 to the universal matrix of ooscience. Unauthorized evolution
Plato # Against Democracy
Plez Ugo # The lost sciences
Poli Eric Francesca # Anatomy of quantum consciousness
Polkinghorne John # Quantum theory
Popper Karl # The ego and its brain. Armando Publisher.
Powell Arthur # The astral body and related phenomena
Prattico Franco # From chaos… to conscience
Privitera Agata # MBT The Myers-Briggs theory and the 16 personalities

Proverb Edward # Archaeoastronomy
Radin Dean # Interconnected Minds. Psychic phenomena explained by quantum physics.
Ramorino Felice # Classic mythology illustrated
Randall Lisa # Curved passes. The mysteries of the hidden dimensions of the universe
Ranucci Stefano # Physics of the other world. When consciousness and quantum physics explain the paranormal
Reda Giuseppe # Energy and its forms of existence
Reeves Hubert # Cosmic Evolution
Regge Tullio # Infinity
Renn Jurgen # The evolution of knowledge
Rey Olivier # Itineraries of bewilderment. What if science were a great metaphysical enterprise?
Rezzolla Luciano # The irresistible attraction of gravity. Journey to the discovery of black holes
Rhine Louisa # Psychokinesis. Mind dominates matter. Golem Books.
Richet Pascal # A natural history of time
Robinson Richard # Why does toast always fall buttered side up?
Robinson Richard # Why does toast always fall buttered side up? The brilliant scientific explanation of Murphy's Laws
Rodriguez Pepe # God was born a woman
Romano Giuliano # Archeoastronomia italiana
Romanus Julian # Orientamenti ad sidera
Rosati Giancarlo # Cosmic consciousness. Path to enlightenment
Rossi Daniela # Matter that dreams
Roth Reme # The Seekers of God
Rovelli Carlo # Heligoland

Rowan Robinon # The nine numbers of the cosmos. The origin and nature of our universe
Rucker Rudy # The Fourth Dimension. A guided journey into higher order universes
Russel Bertrand # Dictionary of physical and moral logic
Russo Lucio # The forgotten revolution. Greek scientific thought
Russo Michele # Is life a "case" of matter?
Essay Isabella # Age, if any
Sale Musio Carla # Communicating with those who no longer have a body
Sarle John # The Mystery of Conscience
Schoch Robert # The voice of the stones. Lost civilizations
Schoepflin Maurice # 100 Philosophers
Schopenhauer Arthur # The art of getting right
Schumacher Ernst # A guide for the perplexed
Searle John # The mind
Sermonti Giuseppe # A science without a soul.
Serra Pietro # From the soul to the conscience. An incursion into the folds of the mind
Severino Emanuele # The anti philosophy
Shapira Haim # Lessons on Infinity
Sheldrake Rupert # The Extended Mind. Hooray.
Sheldrake Rupert # The illusions of science. Hooray.
Siegfried Tom # The Number of Heavens. A story of the multiverse and the quest to understand the cosmos
Sigman Mariano # The Secret Life of the Mind. How our brain works when it thinks, feels, decides
Singer Charles # A Brief History of Scientific Thought
Sissa ISAS laboratories # Chaos and complexity
Smith Michael # Jung and shamanism.

Smolin, Lee # Einstein's Unfinished Revolution. The search for what is there
Sorensen Roy # Philosophical Wonder Room
Sparzani and Panepucci # Jung e Pauli. La corrispondenza originaria:
Stanzani Maserati # Consciousness and meaning
Stapp Henry# Quantum Theory and Free Will. Springer International Publishing.
Stavros Joshua # Shamanism
Stein Murray # The principle of individuation. Towards the development of consciousness
Stenger Victor # Why Science Doesn't Believe in God. Faith's Lost Challenge to Reason
Styer Daniel # Really understanding relativity. Discovering Einstein's theory
Sun-Tzu # The Art of War
Surace Graziano # The Quantum of Challenge
Surprise Kirby # Sincronicità. Comprendere e utilizzare coincidenze significative
Tagliagambe Malinc # Jung e il libro rosso: il sé e il sacrificio dell'ego. Moretti & Vitali.
Malinc Legcutter. # Pauli e Jung. Un confronto tra materia e psiche.
Tagliagambe Silvano # Lo sguardo e l'ombra
Talbot Michael # All is one. Feltrinelli
Teilhard de Chardin # The human phenomenon
Teilhard de Chardin # The future of man
Teillard De Chardin # The place of Man in Nature
Teillard De Chardin # The singularities of the human species
Teodorani Massimo # Bohm. The physics of infinity.
Teodorani Massimo # Entanglement. The entanglement in the quantum world: from particles to consciousness.

Teodorani Massimo # The great celestial numbers
Teodorani Massimo # The atom and the elementary particles. Macro Editions
Teodorani Massimo # The creative mind. From the physical universe to intelligent life. Macro Editions.
Teodorani Massimo # Telling the universe. Popular introduction to astrophysics
Teodorani Massimo # Synchronicity. The link between physics and psyche. From Pauli to Jung to Chopra.
Teodorani Massimo # Teleportation
Teodorani Massimo # Tesla. A brillant idea
Tesla Nicola # My inventions. The autobiography of a genius
Tesla Nikola # On increasing human energy
Frank Tipler # The physics of immortality. Double day.
Tong Ziya # When you look at the world and you don't see it
Toni Paolo # Mathematical sparks. Games and competitions of creativity and logic
Tononi Edelman # A universe of consciousness
Tononi Giuio # PHI A journey from the brain to the soul
De Agostini # Illuminismo
Vaas Rudiger # Hawking. Universe, space, time
Vacca Roberto # You too are a mathematician
Vafa Cumrun # Puzzles to decipher the world
Vassallo Nicola # Philosophies of the sciences
Vidali Paolo # History of the idea of nature. From Greek Thought to Anthropocene Consciousness
Vincenzo Lorenzo # Enlightenment.
Vitebski Piers # Shamans
Von Franz Marie-Louise # Divination and synchronicity. Psychology of significant coincidences
Von Franz Marie-Louise # Fairy tales interpreted
Von Franz Marie-Louise # Psyche and matter

Von Franz Marie-Louise-ok # Psychological typology. The functions of consciousness: thinking and feeling, intuition and sensation
White John # The meeting of science and spirit. Publishing Practices.
Widmann Claudio # Introduction to synchronicity. Magi Editions.
Widmann Claudio # Synchronicities and significant coincidences. Magi Editions.
Wiener Anna # The dark valley
Wigner Eugene # The unreasonable efficacy of mathematics in the natural sciences
Wilber Ken # Quantum Issues
Wilson Edward # Wonderful Harmony
Wolf Fred # Time loops and space twists. How God created the universe. Find out why space, time and matter are closely connected
Wolke Robert # To his barber Einstein told it like this. Daily life and scientific questions
Zeilinger Anton # Einstein's Veil
Zeilinger Anton # The dance of photons
Zichichi Antonino # The irresistible charm of time. From the resurrection of Christ to the subnuclear universe
Zichichi Antonino # Infinity
Zolla Elemire # Archetypes. auras. Secret truths. Wandering Dionysus
Zoppi Giorgi0 # Cosmology with six difficulty levels

Bruno Del Medico, bloger, pisac, urednik, specijaliziran za širenje problematike povezanih s društvenim aktualnostima i novim granicama znanosti. Autor je mnogih tekstova vezanih uz nedavnu pandemiju i specijalizirane serije o kvantnoj fizici i metafizici. pandemiju i specijalizirane serije o kvantnoj fizici i metafizici.

www.ingramcontent.com/pod-product-compliance
Lightning Source LLC
LaVergne TN
LVHW010648051026
849532LV00001B/218

* 9 7 9 8 2 2 3 8 4 9 7 7 3 *